高等学校土木工程本科指导性专业规范配套系列教材

总主编 何若全

建筑工程造价 （第3版）

JIANZHU GONGCHENG
ZAOJIA

编著 袁建新
主审 任 宏
　　　 杨 宾

重庆大学出版社

内容提要

本书用通俗的实例,循序渐进地介绍了建筑工程造价的理论、方法与实训内容,论述了工程造价原理,阐述了定额计价和清单计价方式,介绍了人工单价、材料单价、机械台班单价的编制和预算定额应用的方法,分析了建筑工程造价费用的内容,设计了建筑工程费用计算程序,解释了建筑面积计算规范的内容,并通过实例和示意图深入讲述了定额工程量、清单工程量的计算方法和施工图预算、工程量清单报价的编制方法,总结了设计概算和工程结算的编制内容与方法,给出了建筑工程造价综合练习的施工图和指导书,是本科土木类专业学生学习工程造价的首选教材。

本教材可以作为高等教育工程管理、土木工程、工程造价、房屋建筑工程等专业全日制本、专科教材,还可以供建筑工程技术人员及从事经济管理的工作人员学习参考。

图书在版编目(CIP)数据

建筑工程造价/袁建新编著.--3版.--重庆:
重庆大学出版社,2018.5(2021.8重印)
高等学校土木工程本科指导性专业规范配套系列教材
ISBN 978-7-5624-8594-0

Ⅰ.①建… Ⅱ.①袁… Ⅲ.①建筑工程—工程造价—
高等学校—教材 Ⅳ.①TU723.3

中国版本图书馆 CIP 数据核字(2018)第 062752 号

高等学校土木工程本科指导性专业规范配套系列教材
建筑工程造价
(第3版)
编 著 袁建新
主 审 任宏 杨宾
责任编辑:王 婷 版式设计:莫 西
责任校对:刘志刚 责任印制:赵 晟

*

重庆大学出版社出版发行
出版人:饶帮华
社址:重庆市沙坪坝区大学城西路21号
邮编:401331
电话:(023)88617190 88617185(中小学)
传真:(023)88617186 88617166
网址:http://www.cqup.com.cn
邮箱:fxk@cqup.com.cn(营销中心)
全国新华书店经销
重庆天旭印务有限责任公司印刷

*

开本:787mm×1092mm 1/16 印张:20.75 字数:518 千
2012 年 9 月第 1 版 2018 年 5 月第 3 版 2021 年 8 月第 8 次印刷
印数:19 001—22 000
ISBN 978-7-5624-8594-0 定价:49.00 元

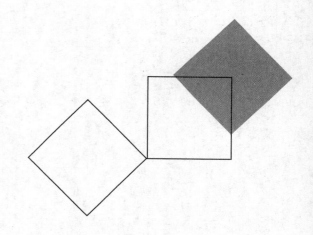

编委会名单

总　序

　　进入 21 世纪的第二个十年，土木工程专业教育的背景发生了很大的变化。《国家中长期教育改革和发展规划纲要（2010—2020 年）》正式启动，中国工程院和国家教育部倡导的"卓越工程师教育培养计划"开始实施，这些都为高等工程教育的改革指明了方向。截至 2010 年底，我国已有 300 多所大学开设土木工程专业，在校生为 30 多万人，这无疑是世界上该专业在校大学生最多的国家。如何培养面向产业、面向世界、面向未来的合格工程师，是土木工程界一直在思考的问题。

　　由住房和城乡建设部土建学科教学指导委员会下达的重点课题"高等学校土木工程本科指导性专业规范"的研制，是落实国家工程教育改革战略的一次尝试。"专业规范"为土木工程本科教育提供了一个重要的指导性文件。

　　由《高等学校土木工程本科指导性专业规范》研制项目负责人何若全教授担任总主编，重庆大学出版社出版的《高等学校土木工程本科指导性专业规范配套系列教材》力求体现"专业规范"的原则和主要精神，按照土木工程专业本科期间有关知识、能力、素质的要求设计了各教材的内容，同时对大学生增强工程意识、提高实践能力和培养创新精神做了许多有意义的尝试。这套教材的主要特色体现在以下方面：

　　（1）系列教材的内容覆盖了"专业规范"要求的所有核心知识点，并且教材之间尽量避免了知识的重复；

　　（2）系列教材更加贴近工程实际，满足培养应用型人才对知识和动手能力的要求，符合工程教育改革的方向；

　　（3）教材主编们大多具有较为丰富的工程实践能力，他们力图通过教材这个重要手段实现"基于问题、基于项目、基于案例"的研究型学习方式。

　　据悉，本系列教材编委会的部分成员参加了"专业规范"的研究工作，而大部分成员曾为"专业规范"的研制提供了丰富的背景资料。我相信，这套教材的出版将为"专业规范"的推广实施，为土木工程教育事业的健康发展起到积极的作用！

中国工程院院士　哈尔滨工业大学教授

沈世钊

第3版前言

　　《建筑工程造价》是高等学校土木工程本科指导性专业规范配套系列教材。通过本课程的学习,使学生掌握预算(计价)定额应用,建筑工程量计算,施工图预算编制方法与技能以及工程量清单报价编制方法与技能是本课程的主要学习目标。

　　第3版教材根据《中华人民共和国增值税暂行条例》的规定以及《住房和城乡建设部办公厅关于做好建筑业营改增建设工程计价依据调整准备工作的通知》(建办标[2016]4号)文件要求,增加了"营改增"后工程造价计算方法的内容。

　　本教材根据中华人民共和国住房和城乡建设部颁发的《房屋建筑与装饰工程消耗量定额》(TY 01-31—2015)的内容,全面改写和更新了教材中有关章节的内容。

　　采用最新的规范与标准编写《建筑工程造价》教材,将最新的内容呈现给广大学员与读者,是我们保证教材的实用性以及理论与实践紧密结合的一贯追求。

　　本书由四川建筑职业技术学院袁建新教授编著和修订。

　　书稿修订过程中得到了重庆大学出版社的大力支持和帮助,在此一并表示衷心的感谢。

　　由于作者水平有限,书中难免会有不足之处,敬请广大读者批评指正。

作　者

2018年2月

前　言

　　受"高等学校土木工程本科指导性专业规范配套系列教材"编写委员会的委托，作者历经暑假、寒假和一个学期的时间，编写了书稿并进行了 3 次改稿，最终完成了这本《建筑工程造价》本科教材的编写任务。

　　作者从 20 世纪 70 年代起就开始从事建筑工程造价的教学工作，在承担"建筑工程概预算""安装工程预算""建设项目评估""工程造价管理""房地产估价""工程量清单计价""定额原理与编制方法""建筑装饰工程预算""建筑工程计量与计价"等十余门专业课程教学的同时，完成了大量的设计概算、施工图预算、工程量清单报价、工程结算的编制和审核工作，并通过发表论文、出版著作、编写教材，将在长期的教学和工程造价实践中积累的经验和方法上升到了理论层面，逐渐形成了自己的风格和特点。

　　作者喜欢具有挑战性的教材编写内容和体系结构，这次也得益于编写全新的"高等学校土木工程本科指导性专业规范配套系列教材"，促使本人进一步研究工程造价的技术方法和编制理论，进而从建筑工程造价的总体层面来研究理论、方法与实践的内容以及其相互关系。

　　简单地说，工程造价是指建设项目全过程建设中发生的全部费用。因而，工程造价的确定过程长、内容多、涉及面广，很难通过一本教材来表述。本教材以建设工程造价员、造价工程师的主要工作内容来编排工程造价的学习内容，以全过程工程造价控制中的设计阶段（设计概算、施工图预算）、交易阶段（工程量清单计价）、竣工验收阶段（工程结算）工程造价确定的工作内容构建本课程的内容体系。其重点是掌握建筑工程预算及工程量清单报价编制的理论、方法和技能。

　　遵循"高等学校土木工程本科指导性专业规范配套系列教材"面向应用性人才培养的定位，本教材力求处理好工程造价理论与实践的关系。在教材的编写过程中，作者重点研究了工程造价的方法如何满足工程造价技能的需求、理论学习的内容如何满足方法的要求，认真处理好工程造价理论、方法、实践之间在不断循环的学习过程中提高工作能力的关系和符合"三个基本"的要求。

　　本教材的主要创新内容有：①构建了工程造价原理的内容体系，能从建筑产品特性研究开始，用经济学原理的方法，较深入系统地阐述了定额计价及清单计价方式产生的原因、计价原理和计价方法；②根据社会主义市场经济的实际，研究和阐述了符合实际的人工单价、材料单价、机械台班单价的编制方法；③根据经济学原理和工程造价行政主管部门颁发的费用文件提出了建筑工程费用（造价）计算程序的设计方法；④对工程量计算规则进行了通俗的解读；⑤总结了预算定额(计价定额)应用中有规律的换算方法;⑥采用示意图的方式直观地表述了工程量计算方法;⑦在计算方法上设计了采用各种材料的基础放脚增加面积计算的通用公式;⑧设计了钢筋弯钩增加长度的通用计算公式;⑨设计了信息量较大、计算思路清晰的"综合单价计算表(表式二)";⑩通过每一章的"拓展思考的问题"指出了学习延伸的方向。⑪本书免费提供了配套的电子课件,在重庆大学出版社教学资源网上供教师下载(网址:http://www.cqup.net/edustrc)。

本教材是以"三个面向"为宗旨进行编写的一次实践,也是作者进一步完善工程造价理论与方法的一次实践。能顺利出版本教材要特别感谢何若全教授和重庆大学出版社给予的帮助与支持。

本书由四川建筑职业技术学院袁建新教授(中国造价工程师)编著,由教育部高等教育工程管理教学指导委员会主任委员、重庆大学建设管理与房地产学院院长任宏教授和该学院的杨宾老师主审,对任宏教授提出的修改意见,在此表示感谢。

本书是具有一定创新内容的教材,加上本人水平有限,书中难免出现错误,敬请广大读者和师生批评指正。

作　者

2012 年 5 月

目 录

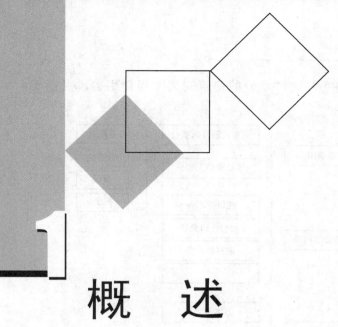

概 述

1.1 工程造价的概念

工程造价是对建设项目在决策、设计、交易、施工、竣工 5 个阶段的整个过程中,确定投资估算、设计概算、施工图预算、招标控制价、工程量清单报价、工程结算价和竣工决算价的总称。

建设项目各阶段以及造价之间关系示意如图 1.1 所示。

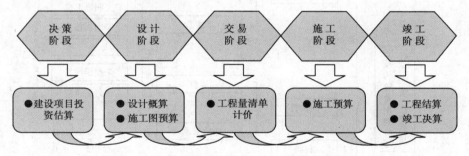

图 1.1　建设项目各阶段以及造价之间的关系示意图

1)建设项目在决策阶段发生的工程造价费用

建设项目在决策阶段发生的工程造价费用称为建设项目总投资,包括建设投资、建设期利息、固定资产投资方向调节税和流动资金,通过编制投资估算来确定工程造价。我们称这时的工程造价为"决策阶段工程造价"。建设项目总投资费用构成如图 1.2 所示。

2)建设项目在设计、交易、施工、竣工阶段发生的工程造价费用

建设项目在设计、交易、施工、竣工 4 个阶段发生的建筑安装工程费用包括工程直接费、间接费、利润、税金,主要通过编制设计概算、施工图预算、工程量清单报价、工程结算来确定工程造价。我们称这时的工程造价为"四阶段工程造价"。按传统费用划分的建筑安装工程

费用构成如图 1.3 所示。按建标〔2013〕44 号文件划分的建筑安装工程费用构成见图 1.4 所示。

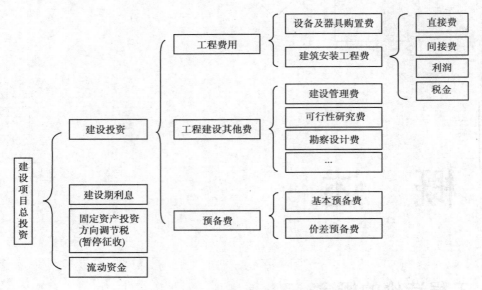

图 1.2　建设项目总投资示意图

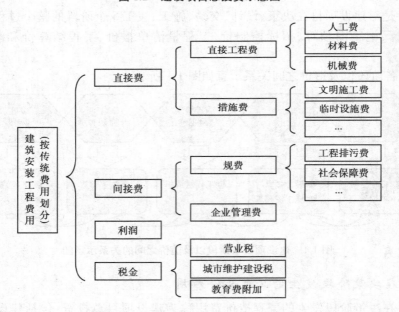

图 1.3　建筑安装工程费用构成示意图（按传统费用划分）

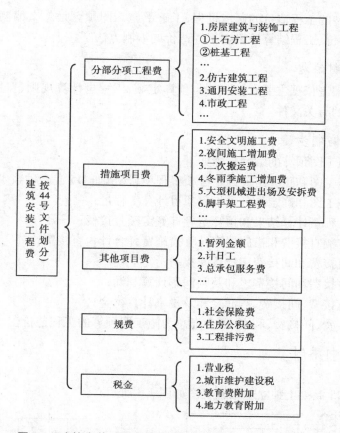

图 1.4 建筑安装工程费用构成示意图(按 44 号文件划分)

说明:2016 年按国家有关规定,建筑业营业税改为增值税。一般情况下已将城市维护建设税、教育费附加、地方教育附加归并在企业管理费中计算。

1.2 本课程的研究对象

我们把建设项目在决策、设计、交易、施工、竣工 5 个阶段中,确定投资估算、设计概算、施工图预算、招标控制价、工程量清单报价、工程结算价和竣工决算价的计价原理和计价方法作为本课程研究对象。

1.3 本课程的任务

通过对工程造价原理的学习,掌握定额计价和清单计价两种不同的计价方式,重点掌握"设计、交易、施工、竣工 4 个阶段工程造价确定"的方法,熟悉设计概算,会编施工图预算和工程量清单报价,能看懂工程结算,能在工程设计、施工过程中运用工程造价专业知识和方法控制工程造价,为国家和企业取得更好的经济效益。

1.4 施工图预算编制简例

你想很快了解工程造价的计算过程吗? 下面举一个简单的例子来说明施工图预算的编制

过程。通过这个典型的工程造价的确定过程,了解了施工图预算是怎么编制的,也就能较快理解设计概算、清单报价、工程结算等确定工程造价的编制方法了。

1)施工图预算编制依据

施工图预算的编制依据主要有:施工图、预算定额、工程量计算规则、费用定额及主管部门规定计算工程造价的有关文件。

2)施工图预算的编制步骤

一般情况下,施工图预算的编制步骤如下:

第1步,根据施工图和预算定额确定分项工程项目(例如 M5 混合砂浆砌砖基础);

第2步,根据施工图和确定的分项工程项目计算工程量;

第3步,根据工程量计算结果和预算定额计算定额直接费;

第4步,根据定额直接费和措施费率计算措施费并合计为直接费;

第5步,根据直接费和间接费率计算间接费;

第6步,根据直接费和间接费之和及利润率计算利润;

第7部,根据直接费、间接费、利润之和及税率计算税金;

第8步,将直接费、间接费、利润、税金汇总为施工图预算的工程造价。

3)施工图预算编制举例

(1)施工图

某工程现浇 C25 混凝土独立基础施工图如图 1.5 所示。

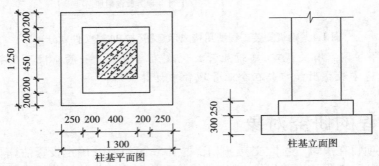

图 1.5 混凝土独立基础

(2)预算定额

现浇 C25 混凝土独立基础的预算定额见表 1.1。

(3)工程量计算规则

现浇混凝土独立基础的计算规则是:基础与柱以基础上表面为分界,以上算作混凝土柱,以下算作独立基础。

(4)费用定额

临时设施、模板等措施费按定额直接费的 5.5% 计算;间接费按定额直接费与措施费之和的 7% 计算;利润按定额直接费、措施费、间接费之和的 8% 计算;税金按定额直接费、措施费、间接费、利润之和的 3.41% 计算。

表 1.1　预算定额摘录

工程内容:1.混凝土水平运输。2.混凝土搅拌、捣固、养护。　　　　　　　　　　　单位:10 m³

定额编号				5-396	5-397
项　目	单　位	单价(元)		C25 混凝土独立基础	C25 混凝土杯型基础
基　价	元			3 424.13	3 366.83
其中	人工费	元		1 005.10	944.30
	材料费	元		2 292.73	2 296.22
	机械费	元		126.31	126.31
人工	综合用工	工日	95.00	10.58	9.94
材料	C25 混凝土	m³	221.60	10.15	10.15
	草袋子	m²	8.20	3.26	3.67
	水	kg	1.80	9.31	9.38
机械	400 L 混凝土搅拌机	台班	119.06	0.39	0.39
	插入式混凝土振捣器	台班	12.68	0.77	0.77
	1 t 机动翻斗车	台班	89.89	0.78	0.78

(5)计算工程量

根据独立基础施工图、预算定额和相应的工程量计算规则计算工程量。

由于 5-396 号预算定额的计量单位为 m³,所以工程量按体积计算,计算式如下:

$$独立基础工程量 V = (1.30×1.25)×0.30+(1.30-0.25×2)×(1.25-0.20×2)×0.25$$
$$= 0.658(m³)$$

(6)套用预算定额计算定额直接费

现浇混凝土独立基础,应套用表 1.1 中的 5-396 号定额计算定额直接费。

$$独立基础定额直接费 = 工程量×定额基价$$
$$= 0.658×342.41$$
$$= 225.31(元)$$

(7)按传统费用划分计算措施费、间接费、利润和税金,汇总为工程造价

根据计算出的定额直接费和第(4)项中的费用定额,最终汇总计算出现浇 C25 混凝土独立基础的工程造价(表 1.2)。

表 1.2　工程造价计算表(按传统费用划分)　　　　　　　　　　　　　　单位:元

序　号	费用名称	计算式	金　额
1	定额直接费	见本节第(6)项	225.31
2	措施费	225.31×5.5%	12.39
3	间接费	(225.31+12.39)×7%	16.64
4	利　润	(225.31+12.39+16.64)×8%	20.35
5	税　金	(225.31+12.39+16.64+20.35)×3.41%	9.37
	工程造价		284.06

注:若计价定额的材料单价已过时,需调整材料价差。

（8）按建标〔2013〕44 号文件中划分费用的方法和规定的费率计算工程造价

该工程按某地区 44 号文件费用项目的费用计算规定,各项费用(税金除外)均以定额人工费为计算基数,管理费费率 20%、利润率 15%、总价措施项目费率 14%、规费费率 15%、税率 11%。工程量计算和套用预算定额过程同前,按照上述规定费率计算的工程造价见表 1.3。

表 1.3　工程造价计算表(按 44 号文件费用划分)　　　　　　　　单位:元

序　号	费用名称		计算式	金　额
1	分部分项工程费	人工费、材料费、机械费	工程量×定额基价 =0.658×342.41＝225.31 其中人工费: 0.658×100.51＝66.14	248.46
		管理费	分部分项工程定额人工费×管理费率 =66.14×20%＝13.23	
		利润	分部分项工程定额人工费×利润率 =66.14×15%＝9.92	
2	措施项目费	单价措施费	脚手架及模板费(按规定计算):7.05	16.31
		总价措施费	分部分项工程定额人工费×总价措施费率 =66.14×14%＝9.26	
3	其他项目费		无	
4	规费		分部分项工程定额人工费×费率 =66.14×15%＝9.92	9.92
5	增值税税金		(序 1+序 2+序 3+序 4)×11% =274.69×11%＝30.22	30.22
	工程造价		(序 1+序 2+序 3+序 4+序 5)	304.91

说明:表中序 1~序 4 各费用均以不包含增值税可抵扣进项税额的价格计算。

拓展思考题

学习本章内容后,你发现或思考了以下问题吗?

（1）在建设项目决策阶段的工程造价是广义的工程造价,在建设项目设计、交易、施工、竣工阶段的工程造价是狭义的工程造价,是实际工作中最多出现的工程造价,也是本课程重点研究的对象。

（2）为什么我们首先举施工图预算编制的例子?因为只要掌握了施工图预算的编制方法,就可以较快地掌握工程量清单报价的编制方法,进而能学会工程结算的编制方法。

（3）如何才能熟悉施工图预算的编制过程?

提示:通过学习 1.4 中"施工图预算编制举例"中(1)~(7)的内容,可以非常清楚地看到,完成了上述步骤,即通过工程量计算,套用预算定额进行定额直接费计算和措施费、间接费、利润和税金计算后,就能得到施工图预算工程造价。

(4)设计概算、工程量清单报价、工程结算与施工图预算有何区别和联系?

提示:用概算定额编制设计概算的步骤和方法与施工图预算非常相似,主要差别是概算定额项目内容的综合程度比预算定额高,因此定额项目和工程量计算规则有所不同。

由于工程量清单报价的造价费用划分不同,所以计算方法有所不同。不过只要掌握好施工图预算的编制方法,了解它们的区别,就可以用较少的时间,掌握好工程量清单报价的编制方法。

工程结算是在工程竣工后,在施工图预算和工程量清单报价的基础上,根据变化的工程量和费用进行调整的工程造价。所以,只要掌握好施工图预算和工程量清单报价的编制方法,就可以很快掌握工程结算的编制方法。

(5)施工图预算包含直接费、间接费、利润、税金,那设计概算、工程量清单报价、工程结算也包含直接费、间接费、利润、税金吗? 施工预算呢?

(6)从施工图预算举例中可以看出,建筑工程预算要计算定额直接费、措施费、间接费、利润和税金,那安装工程施工图预算、市政工程施工图预算、装饰工程施工图预算也要计算这些费用吗?

(7)我们知道了编制施工图预算必须要有施工图才行。那如果没有预算定额,可以编施工图预算吗? 为什么?

(8)通过本章内容的学习,你对设计概算、工程量清单报价、工程结算与施工图预算的关系理解了吗? 有哪些问题引起你对它们的关注,说说看。

上述应思考的问题就是本章内容学习的思路和重点。同学们,只要你跟着老师的思路走,发挥独立思考的学习能力,那么恭喜你,学完本课程的内容你就能达到造价员水平了。

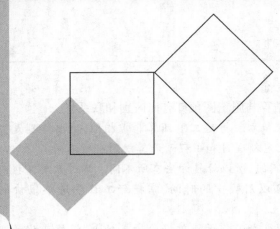

2 工程造价原理

对工程造价的研究是从研究建筑产品的特性开始的。与其他工业产品的生产特点不同,建筑产品生产的单件性、建设地点的固定性、施工生产的流动性等特性是造成建筑产品必须通过编制设计概算、施工图预算、工程量清单报价确定工程造价的根本原因。

2.1 建筑产品的特性

1)产品生产的单件性

建筑产品的单件性是指每个建筑产品都具有特定的功能和用途,在建筑物的造型、结构、尺寸、设备配置和内外装修等方面都有不同的具体要求。即使用途完全相同的工程项目,在建筑等级、基础工程等方面都可能会不一样。可以这么说,在实践中找不到两个完全相同的建筑产品。因此,建筑产品的单件性使建筑物在实物形态上千差万别,各不相同,进而导致每个建筑物的工程造价各不相同。

2)建设地点的固定性

建设地点的固定性是指建筑产品的生产和使用必须固定在某一个地点,一般情况下,建成后不能随意移动。建筑产品固定性的客观事实,使得建筑物的结构和造型受到当地自然气候、地质、水文、地形等因素的影响和制约,使得功能相同的建筑物在实物形态上仍有较大的差别,从而使每个建筑产品的工程造价各不相同。

3)施工生产的流动性

施工生产的流动性是指施工企业必须在不同的建设地点组织施工、建造房屋。建筑产品的固定性是产生施工生产流动性的根本原因。因为建筑物固定了,施工队伍就相应地必然流动了。

由于每个建设地点离施工单位基地的距离不同、资源条件不同、运输条件不同、工资水平不同等,都会影响建筑产品的工程造价。

2.2 确定工程造价的重要基础

建筑产品的三大特性决定了其人工、材料、机械台班等要素在价格上千差万别的特点。这种差别形成了制定统一建筑产品价格的障碍,给建筑产品定价带来了困难,通常工业产品的定价方法已经不适用于建筑产品的定价。

当前,建筑产品价格主要有两种表现形式,一是政府指导价;二是市场竞争价。施工图预算确定的工程造价属于政府指导价;编制工程量清单报价,通过招标投标确定的承包价,属于市场竞争价。

产品定价的基本规律除了价值规律外,还应该有两条:一是通过市场竞争形成价格;二是同类产品的价格水平应该保持一致。

对于建筑产品来说,价格水平一致性的要求和建筑产品单件性的差别特性是一对需要解决的矛盾,因为我们无法做到以一个建筑物为对象来整体定价而达到保持价格水平一致的要求。

通过长期实践和探讨,人们找到了用编制施工图预算或编制工程量清单报价确定产品价格的方法来解决价格水平一致的问题。因此,施工图预算或编制工程量清单报价是确定建筑产品价格的特殊方法。这个特殊的方法就是将复杂的建筑工程分解为具有共性的基本构造要素——分项工程,然后编制单位分项工程人工、材料、机械台班消耗量及货币量的消耗量定额(预算定额),从而建立了确定建筑工程造价的重要基础。

2.2.1 建设项目的划分

按照合理确定工程造价和工程建设管理的要求,基本建设项目可划分为建设项目、单项工程、单位工程、分部工程、分项工程5个层次。

1)建设项目

建设项目一般是指在一个总体设计范围内,由一个或几个工程项目(单项工程)组成、经济上实行独立核算、行政上实行独立管理、并且具有法人资格的建设单位。

2)单项工程

单项工程又称工程项目,是建设项目的组成部分,是指具有独立设计文件,竣工后可以独立发挥生产能力或使用效益的工程。例如,一个工厂的生产车间、仓库,学校的教学楼、图书馆等都分别是一个单项工程。

3)单位工程

单位工程是单项工程的组成部分。单位工程是指具有独立的设计文件,能单独施工,但建成后不能独立发挥生产能力或使用效益的工程。例如,一个生产车间的土建工程、电气照明工程、给排水工程、机械设备安装工程、电气设备安装工程等分别是一个单位工程,它们是生产车间这个单项工程的组成部分。

4)分部工程

分部工程是单位工程的组成部分。分部工程一般按工种工程来划分,例如土建单位工程划分为土石方工程、砌筑工程、脚手架工程、钢筋混凝土工程、木结构工程、金属结构工程、装饰工程等。分部工程也可按单位工程的构成部分来划分,例如,土建单位工程也可分为基础工程、墙体工程、梁柱工程、楼地面工程、门窗工程、屋面工程等。编制建筑工程预算定额时综合了上述两种方法来划分分部工程。

5)分项工程

分项工程是分部工程的组成部分。按照分部工作划分的方法,可再将分部工程划分为若干个分项工程。例如,基础工程还可以划分为基槽土方开挖、基础垫层、基础砌筑、基础防潮层、基槽回填土、土方运输等分项工程。

分项工程是建筑工程的基本构造要素,通常把这一基本构造要素称为"假定建筑产品"。"假定建筑产品"虽然没有独立存在的意义,但是这一概念在工程造价确定、计划统计、建筑施工及管理、工程成本核算等方面都是十分重要的概念。

建设项目划分如图 2.1 所示。

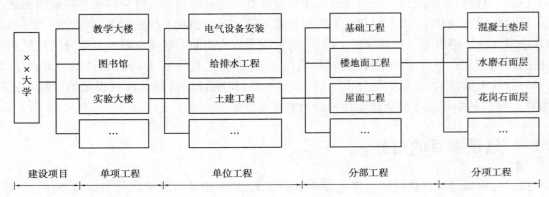

图 2.1　建设项目划分示意图

2.2.2　确定工程造价原理的重要基础

1)假定建筑产品——分项工程

建筑产品是结构复杂、体形庞大的工程,要对这样一类完整产品进行统一定价,不太容易办到,这就需要按照一定的规则,将建筑产品进行合理分解,层层分解到构成完整建筑产品的共同构造要素——分项工程为止,这样才能实现对建筑产品进行定价的目标。

从建设项目划分的内容来看,将单位工程按结构构造部位和工程工种来划分,可以分解为若干个分部工程。但是,从对建筑产品定价的要求来看,仍然不能满足要求。因为以分部工程为对象定价,其影响因素较多。例如,同样是砖墙,构造可能不同(如实砌墙或空花墙),材料也可能不同(如标准砖或灰砂砖),受这些因素影响,其人工、材料消耗的差别较大。所以,还必须按照不同的构造、材料等要求,将分部工程分解为更为简单的组成部分——分项工程,例如 M5 混合砂浆砌 240 mm 厚灰砂砖墙,现浇 C20 钢筋混凝土圈梁等,分别是一个分项工程项目。

因此,分项工程是经过逐步分解的能够用较为简单的施工过程生产出来的,可以用适当计量单位计算的工程基本构造要素。

2）假定建筑产品的消耗量标准——预算定额（消耗量定额）

将建筑工程层层分解后，就能采用一定的方法，编制出单位分项工程的人工、材料、机械台班消耗量标准——预算定额。

虽然不同的建筑工程由不同的分项工程项目和不同的工程量构成，但是有了预算定额（消耗量定额）后，就可以计算出价格水平基本一致的工程造价。这是因为预算定额（消耗量定额）确定的每一单位分项工程的人工、材料、机械台班消耗量起到了统一建筑产品劳动消耗量水平的作用，从而使我们能够对千差万别的各建筑工程不同的工程数量，计算出符合统一价格水平的工程造价。

例如，甲工程砖基础工程量为 68.56 m^3，乙工程砖基础工程量为 205.66 m^3，虽然其工程量不同，但使用统一的预算定额（消耗量定额）后，它们的人工、材料、机械台班消耗量水平（单位消耗量）是一致的。

如果在预算定额（消耗量定额）消耗量的基础上再考虑价格因素，用货币反映出定额基价，那么就可以计算出直接费、间接费、利润和税金，而后就能算出整个建筑产品的工程造价。

2.2.3　施工图预算确定工程造价的方法

有了上述分解建设项目的思想和编制预算定额（消耗量定额）方法的基础，我们就可以通过编制施工图预算的方式来确定工程造价。

1）施工图预算确定工程造价的数学模型

施工图预算确定工程造价，一般采用下列 3 种方法，因此也需构建 3 种数学模型。

（1）单位估价法

单位估价法是编制施工图预算常采用的方法。该方法根据施工图和预算定额，通过分项工程量和定额直接费计算，将分项工程定额直接费汇总成单位工程定额直接费后，再根据措施费费率、间接费费率、利润率、税率等分别计算出各项费用和税金，最后汇总成单位工程造价。其数学模型如下：

$$工程造价 = 直接费 + 间接费 + 利润 + 税金$$

即：

$$以直接费为取费基础的工程造价 = \left[\sum_{i=1}^{n} (分项工程量 \times 定额基价) \times (1 + 措施费费率) \times (1 + 间接费费率) \times (1 + 利润率) \right] \times (1 + 税率)$$

$$以人工费为取费基础的工程造价 = \left[\sum_{i=1}^{n} (分项工程量 \times 定额基价) + \sum_{i=1}^{n} (分项工程量 \times 定额基价中的人工费) \times (1 + 措施费费率 + 间接费费率 + 利润率) \right] \times (1 + 税率)$$

（2）实物金额法

当预算定额中只有人工、材料、机械台班消耗量，而没有定额基价的货币量时，我们可以采用实物金额法来计算工程造价。

实物金额法的基本做法是：先算出分项工程的人工、材料、机械台班消耗量，然后汇总成单位工程的人工、材料、机械台班消耗量，再将这些消耗量分别乘以各自的单价，最后汇总成单位工程直接费。后面各项费用的计算同单位估价法。其数学模型如下：

$$工程造价 = 直接费 + 间接费 + 利润 + 税金$$

即：

$$以直接费为取费基础的工程造价 = \left\{ \left[\sum_{i=1}^{n} (分项工程量 \times 定额用工量)_i \times \right. \right.$$

$$工日单价 \times \sum_{j=1}^{m} (分项工程量 \times 定额材料用量)_j \times$$

$$\left. 材料单价 + \sum_{k=1}^{p} (分项工程量 \times 定额机械台班量)_k \times 台班单价 \right] \times$$

$$(1 + 措施费费率) \times (1 + 间接费费率) \times (1 + 利润率) \Big\} \times$$

$$(1 + 税率)$$

$$以人工费为取费基础的工程造价 = \left[\sum_{i=1}^{n} (分项工程量 \times 定额用工量)_i \times 工日单价 \times \right.$$

$$(1 + 措施费费率 + 间接费费率 + 利润率) +$$

$$\sum_{j=1}^{m} (分项工程量 \times 定额材料用量)_j \times$$

$$\left. 材料单价 + \sum_{k=1}^{p} (分项工程量 \times 定额机械台班量)_k \times \right.$$

$$\left. 台班单价 \right] \times (1 + 税率)$$

（3）分项工程完全单价计算法

分项工程完全单价计算法的特点是，以分项工程为对象计算工程造价，再将分项工程造价汇总成单位工程造价。该方法从形式上类似于工程量清单计价法，但又有本质上的区别。

分项工程完全单价计算法的数学模型为：

$$以直接费为取费基础计算工程造价 = \sum_{i=1}^{n} \left[(分项工程量 \times 定额基价) \times \right.$$

$$(1 + 措施费费率) \times (1 + 间接费费率) \times (1 + 利润率) \times$$

$$\left. (1 + 税率) \right]_i$$

$$以人工费为取费基础计算工程造价 = \sum_{i=1}^{n} \left\{ \left[(分项工程量 \times 定额基价) + (分项工程量 \times \right. \right.$$

$$定额用工量 \times 工日单价) \times (1 + 措施费费率 +$$

$$\left. 间接费费率 + 利润率) \right] \times (1 + 税率) \Big\}_i$$

说明：上述数学模型分两种情况表述的原因是，建筑工程造价一般以直接工程费为基础计算；装饰工程造价或安装工程造价一般以人工费为基础计算。单位估价法和分项工程完全单价法数学模型中，税金的计算基础还包括材料价差。

2）施工图预算的编制程序与依据

按单位估价法编制施工图预算的程序和依据如图 2.2 所示。

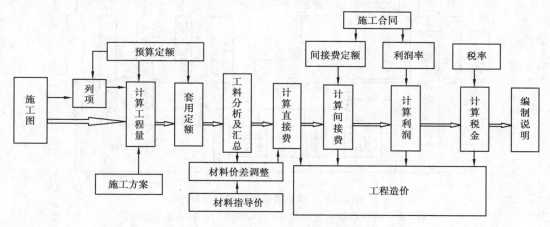

图 2.2 施工图预算编制程序示意图（单位估价法）

注：图中的双线箭头连接编制内容，单线箭头连接编制依据

2.2.4 工程量清单报价确定工程造价的方法

按照《建设工程工程量清单计价规范》（GB 50500—2008）的要求，工程量清单报价确定工程造价的数学模型如下：

$$\begin{array}{c}\text{单价工程}\\\text{工程造价}\end{array} = \left[\sum_{i=1}^{n} (\text{清单工程量} \times \text{综合单价})_i + \right.$$

$$\left. \text{措施项目清单费} + \text{其他项目清单费} + \text{规费} \right] \times (1 + \text{税率})$$

其中：

$$\text{综合单价} = \left\{ \left[\sum_{i=1}^{n} (\text{计价工程量} \times \text{人工消耗量} \times \text{人工单价}) + \right. \right.$$

$$\sum_{j=1}^{m} (\text{计价工程量} \times \text{材料消耗量} \times \text{材料单价})_j +$$

$$\left. \sum_{k=1}^{p} (\text{计价工程量} \times \text{机械台班消耗量} \times \text{台班单价}) \right]_k \times$$

$$\left. (1 + \text{管理费率} + \text{利润率}) \right\} \div \text{清单工程量}$$

上述工程量清单报价确定工程造价的数学模型反映了编制报价的本质特征，同时也反映了编制清单报价的步骤与方法，这些内容可以通过工程量清单报价编制程序来表述（图2.3）。

将建筑工程项目划分为分项工程项目，并确定其工料机消耗量、单位价格以及工程造价数学模型的构建，构成了工程造价原理的基本方法与核心内容。

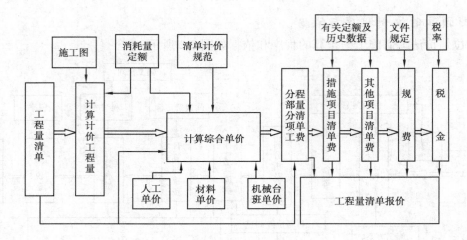

图 2.3　工程量清单报价编制程序

注:图中的双线箭头连接编制内容,单线箭头连接编制依据

2.3　定额编制原理与方法

2.3.1　概述

马克思主义政治经济学论述的"价值规律"告诉我们,产品的价值是由生产这个产品的社会必要劳动(量)时间确定的。定额就是研究生产建筑产品社会必要劳动(量)时间的工作成果。

1)定额的概念

定额是国家行政主管部门颁发的、用于规定完成建筑安装产品所需消耗的人力、物力和财力的数量标准。定额反映了在一定时期社会生产力水平条件下,施工企业的社会平均生产技术水平和管理水平。

建筑工程定额按用途主要分为劳动定额、材料消耗定额、机械台班使用定额、施工定额、预算定额、概算定额、概算指标和费用定额。

2)定额的起源和发展

定额是资本主义企业科学管理的产物,最先由美国工程师泰罗(F.W.Taylor,1856—1915)开始研究并总结发展的。

在 20 世纪初,为了通过加强管理提高劳动生产率,泰罗将工人的工作时间划分为若干个组成部分。如划分为准备工作时间、基本工作时间、辅助工程时间等。然后用秒表来测定完成各项工作所需的劳动时间,以此为基础制定出工时消耗定额,作为衡量工人工作效率的标准。

在研究工人工作时间的同时,泰罗又把工人在劳动中的操作过程分解为若干个操作步骤,去掉那些多余和无效的动作,制定出能节省工作时间的操作方法,以期达到提高工效的目的。可见,工时消耗定额是建立在先进合理的操作方法基础上的。

制定科学的工时定额,实行标准的操作方法,采用先进的工具设备,再加上有差别的计件工资制,这就构成了"泰罗制"的主要内容。泰罗制给资本主义企业管理带来了根本的变革。因此,在资本主义管理史上,泰罗被尊为"科学管理之父"。在企业管理中用实行定额管理的方法来促进劳动生产率的提高,正是泰罗制中科学的有价值的内容,我们应该用它来为社会主义市场经济建设服务。

我国的建筑安装工程定额是中华人民共和国成立以后逐渐建立和日趋完善起来的。我国20世纪50年代的定额管理工作吸取了苏联定额管理工作的经验,70年代后期又参考了欧美、日本等国家有关定额方面科学管理的方法,在各个时期都结合我国建筑施工生产的实际情况,编制了切实可行的定额。

1955年,建工部编制了全国统一建筑工程预算定额;1957年,又在1955年定额的基础上进行了修订,重新颁发了全国统一建筑工程预算定额。在这以后,国家建委将预算定额的编制和管理工作下放到各省、市、自治区,各地区于1959年、1962年、1972年、1977年,先后组织力量编制了本地区使用的建筑工程预算定额。1981年,国家建委组织编制了全国建筑工程预算定额,而后各省、市、自治区在此基础上于1984年、1985年先后编制了本地区建筑工程预算定额。1995年,建设部颁发了全国建筑工程基础定额,各省、市、自治区在此基础上又编制了新的建筑工程预算定额。一般情况下,各省、市、自治区每隔5年左右修订一次建筑工程预算定额,每次编制新定额的主要工作是:在原定额的基础上进行项目增减和定额水平修正。

3)定额的分类

(1)概算指标

概算指标是以整个建筑物或构筑物为对象,以"m^2""m^3""座"等为计量单位,确定其人工、材料、机械台班消耗量指标的数量标准。概算指标是建设项目投资估算的依据,也是评价设计方案经济合理性的依据。

(2)概算定额

概算定额亦称扩大结构定额,它规定了完成单位扩大分项工程所必须消耗的人工、材料、机械台班的数量标准。

概算定额是由预算定额综合而成的,是将预算定额中有联系的若干个分项工程项目综合为一个概算定额项目。例如,将预算定额中人工挖地槽土方、基础垫层、砖基础、墙基防潮层、地槽回填土、余土外运等若干个分项工程项目综合成一个概算定额项目,即砖基础项目。

概算定额是编制设计概算的依据,也是评价设计方案经济合理性的重要依据。

(3)预算定额

预算定额是由工程造价行政主管部门颁发的,用于确定一定计量单位的分项工程,人工、材料、机械台班消耗的数量标准。

预算定额是编制施工图预算、确定工程预算造价的依据,也是工程量清单报价的依据。

预算定额按专业划分,一般有建筑工程预算定额、安装工程预算定额、装饰工程预算定额、市政工程预算定额、园林绿化工程预算定额等。

(4)间接费定额

间接费定额是指与施工生产的个别项目无直接关系,而为维持企业经营管理活动所发生的各项费用开支的标准。间接费定额是计算工程间接费的依据。

(5)企业定额

企业定额是确定单位分项工程人工、材料、机械台班消耗的数量标准,也是企业内部管理的基础,是企业确定工程投标报价的依据。

（6）劳动定额

劳动定额亦称人工定额,它规定了在正常施工条件下,某工种某等级的工人(或工人小组),生产单位合格产品所必需消耗的劳动时间,或者是在单位工作时间内生产合格产品的数量。劳动定额是编制企业定额、预算定额的依据,也是企业内部管理的基础。

（7）材料消耗定额

材料消耗定额规定了在正常施工条件和合理使用材料的条件下,生产单位合格产品所必需消耗的一定品种规格的原材料、半成品、成品或结构构件的数量标准。材料消耗定额是编制企业定额、预算定额的依据,也是企业内部管理的基础。

（8）机械台班定额

机械台班定额规定了在正常施工条件下,利用某种施工机械,生产单位合格产品所必需消耗的机械工作时间,或者在单位时间内机械完成合格产品的数量标准。机械台班定额是编制企业定额、预算定额的依据,也是企业内部管理的基础。

（9）工期定额

工期定额是指单位工程或单项工程从正式开工起,到完成承包工程全部设计内容并达到国家质量验收标准的全部有效施工天数。工期定额是编制施工计划、签订承包合同、评价优良工程的依据。

（10）费用定额

费用定额是指规定措施费、企业管理费、规费、利润费率和税金税率及上述各项费用的计算基础的数量标准。

2.3.2 施工过程研究

1）施工过程的概念

施工过程是指在建筑工地范围内所进行的各种生产过程。施工过程的最终目的是要建造、恢复、改造、拆除或移动工业、民用建筑物的全部或一部分。例如人工挖地槽土方、现浇钢筋混凝土构造柱、构造柱钢筋制作安装、木门制作、木门安装等,这些都属于一定范围内的施工过程。

2）构成施工过程的因素

建筑安装施工过程的构成因素是生产力的三要素,即劳动者、劳动对象、劳动手段。

（1）劳动者

劳动者主要指生产工人。建筑工人按其担任的工作不同而划分为不同的专业,如砖工、木工、钢筋工。

工人的技术等级是按其所做工作的复杂程度、技术熟练程度、责任大小、劳动强度等要素确定的。工人的技术等级越高,其技术熟练程度也就越高。

（2）劳动对象

劳动对象是指施工过程中所使用的建筑材料、半成品、成品、构件和配件等。

（3）劳动手段

劳动手段是指在施工过程中工人用以改变劳动对象的工具、机具和施工机械等。例如木工用的刨子和锯子,装饰装修用的冲击电钻、手提电锯、电刨等机具,搅拌砂浆用的砂浆搅拌机等机械。

3）施工过程的分解

施工过程按其组织上的复杂程度,一般可以划分为工序、工作过程和综合工作过程。

（1）工序

工序是指在劳动组织上不可分割,而在技术操作上属于同一类的施工过程。

工序的主要特征是劳动者、劳动对象和劳动工具均不发生变化。如果其中有一个条件发生变化,就意味着从一个工序转入另一个工序。

从施工的技术组织观点来看,工序是最基本的施工过程,是定额技术测定工作中的主要观察和研究对象。例如砌砖这一工序中,工人和工作地点是相对固定的,材料（砖）、工具（砖刀）也是不变的。如果材料由砖换成了砂浆或工具由砖刀换成了灰铲,那么,就意味着转入了铲灰浆或铺灰浆工序。

从劳动过程的观点看,工序又可以分解为更小的组成部分——操作;操作又可以分解为最小的组成部分——动作。

（2）工作过程

工作过程是指同一工人或工人小组所完成的、在技术操作上相互有联系的工序组合。

工作过程的主要特征是:劳动者不变,工作地点不变,而材料和工具可以变换。例如调制砂浆这一工作过程,其人员是固定不变的,工作地点是相对稳定的,但时而要用砂子,时而要用水泥,即材料在发生变化;时而用铁铲,时而用箩筐,即工具在发生变化。

（3）综合工作过程

综合工作过程是指在施工现场同时进行的、在组织上有直接联系的并且最终能获得一定劳动产品的施工过程的总和。例如,砌砖墙这一综合工作过程由调制砂浆、运砂浆、运砖、砌墙等工作过程构成,它们在不同的空间同时进行,在组织上有直接联系,并最终形成了共同产品——一定数量的砖墙。

施工过程的工序（或其组成部分）,如果以同样的内容和顺序不断循环,并且每重复一次循环可以生产出同样的产品,则称为循环施工过程,反之,则称为非循环施工过程。施工过程的划分如图 2.4 所示。

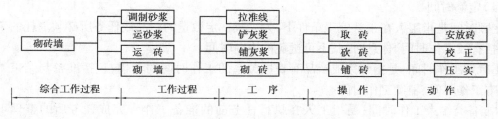

图 2.4 施工过程划分示意图

4）分解施工过程的目的

对施工过程进行分解并加以研究的主要目的是:通过施工过程的分解,使我们在技术上有可能采取不同的现场观察方法来研究工料消耗的数量,取得编制定额的各项基础数据。

2.3.3　工作时间研究

完成任何施工过程,都必须消耗一定的时间,若要研究施工过程中的工时消耗量,就必须对工作时间进行分析。

工作时间是指工作班的延续时间,建筑企业工作班的延续时间为 8 h(每个工日)。

工作时间的研究,是将劳动者整个生产过程中所消耗的工作时间,根据其性质、范围和具体情况进行科学划分、归类,明确规定哪些属于定额时间,哪些属于非定额时间,找出非定额时间损失的原因,以便拟定技术组织措施、消除产生非定额时间的因素和充分利用工作时间、提高劳动生产率。

对工作时间的研究和分析,可以分为工人工作时间和机械工作时间两个系统进行。本书只研究工人工作时间。

工人工作时间划分为定额时间和非定额时间两大类。工人工作时间示意图如图 2.5 所示。

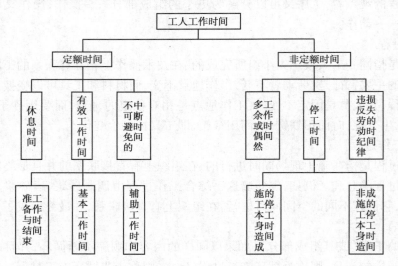

图 2.5　工人工作时间示意图

(1)定额时间

定额时间是指工人在正常施工条件下,为完成一定数量的产品或任务所必须消耗的工作时间,包括有效工作时间、休息时间、不可避免的中断时间。

①有效工作时间:是指与完成产品有直接关系的工作时间的消耗,包括准备与结束工作时间、基本工作时间、辅助工作时间。

a.准备与结束工作时间:是指工人在执行任务前的准备工作和完成任务后的整理工作时间,如领取工具、材料,工作地点布置,检查安全措施,保养机械设备,清理工地,交接班等时间。

b.基本工作时间:是指工人完成与产品生产直接有关的工作时间,例如砌砖施工过程的挂线、铺灰浆、砌砖等工作时间。

c.辅助工作时间:是指与施工过程的技术作业没有直接关系,而为了保证基本工作时间顺利进行而做的辅助性工作所需消耗的工作时间,例如校验工具、移动工作梯、工人转移工作地点等所需的时间。辅助工作一般不改变产品的形状、位置和性能。

②休息时间:是指工人在工作中,为了恢复体力所需的短时间休息,以及由于生理上的要求所必需的时间(如喝水、上厕所等)。

③不可避免的中断时间:是指由于施工过程中技术和组织上的原因以及施工工艺特点所引起的工作中断时间,例如汽车司机等待装卸货物的时间、安装工人等待构件起吊的时间等。

(2)非定额时间

①多余或偶然工作时间:是指在正常施工条件下不应发生的时间消耗或由于意外情况所引起的时间消耗,例如拆除所砌的超过图示高度的多余墙体的时间。

②停工时间:包括由施工本身原因造成的停工和非施工本身造成的停工两种情况。

a.由施工本身造成的停工时间:是指由于施工组织和劳动组织不合理,材料供应不及时,施工准备工作做得不好而引起的停工时间。

b.由非施工本身造成的停工时间:是指由于外部原因影响,非施工单位的责任而引起的停工时间,包括设计图纸不能及时交给施工单位,水电供应临时中断,由于气象条件变化(如大雨、风暴、严寒、酷热等)所造成的停工损失时间等。

③违反劳动纪律损失的时间:是指工人不遵守劳动纪律而造成的时间损失,例如在工作班内工人由于迟到、早退、闲谈、办私事等原因造成的时间损失。

上述非定额时间,在编制定额时一般不予考虑。

2.3.4　技术测定法

技术测定法是一种科学的调查研究方法。它是通过对施工过程的具体活动进行实地观察,详细记录工人和机械的工作时间消耗量、完成产品的数量及有关影响因素,将记录结果进行科学的研究、分析并整理出可靠的原始数据资料,是制定定额提供可靠依据的一种科学的方法。

技术测定资料对于编制定额、科学组织施工、改进施工工艺、总结先进生产者的工作方法等方面,都具有十分重要的作用。

1)测时法

测时法是一种精确度比较高的技术测定方法,主要适用于研究以循环形成不断重复进行的施工过程。它主要用于观测研究循环施工过程组成部分的工作时间消耗,不研究工人休息、准备与结束工作及其他非循环施工过程的工作时间消耗。采用测时法,可以为制定人工定额提供完成单位产品所必需的基本工作时间的可靠数据;可以分析研究工人的操作方法,总结先进经验,帮助工人班组提高劳动生产率。

(1)选择测时法

选择测时法又称为间隔计时法或重点计时法。采用选择测时法时,不是连续地测定施工过程全部循环工作的组成部分,而是每次有选择地、不按顺序地测定其中某一组成部分的工时消耗。经过若干次选择测时后,直到填满表格中规定的测时次数、完成各个组成部分全部测时工作为止。选择测时法的观测精度较高,观测技术比较复杂。选择测时法的对象必须是循环施工过程。

表2.1所示为选择测时法所用的表格和具体实例。测定开始之前,应将预先划分好的组成部分和定时点填入表格内。在测时记录时,可以按施工组成部分的顺序将测得的时间填写在表格的时间栏目内,也可以有选择地将测得的施工组成部分的所需时间填入对应的栏目内,直到填满为止。

表 2.1　选择法测时记录表

观察对象:大型屋面板吊装	施工单位	工 地	日 期	开始时间	终止时间	延续时间	观察号次	页　次	
				9:00	11:00	2 h			

时间精度:1 s　施工过程名称:轮胎式起重机(QL₃-16 型)吊装大型屋面板

号次	组成部分名称	定时点	每次循环的工作消耗 单位:s/块										时间整理			产品数量	附注
			1	2	3	4	5	6	7	8	9	10	正常延续时间总和	正常循环次数	算术平均值		
1	挂钩	挂钩后松手离开吊钩	31	32	33	32	43①	30	33	33	33	32	289	9	32.1	每循环一次吊装大型屋面板一块,每块重 1.5 t	①挂了两次钩 ②吊钩下降高度不够,第一次未脱钩
2	上升回转	回转结束后停止	84	83	82	86	83	84	85	82	82	86	837	10	83.7		
3	下落就位	就位后停止	56	54	55	57	57	69②	56	57	56	54	502	9	55.8		
4	脱钩	脱钩后开始回升	41	43	40	41	39	42	42	38	41	41	408	10	40.8		
5	空钩回转	空钩回至构件堆放处	50	49	48	49	51	50	50	48	49	48	492	10	49.2		
													合　计		261.6		

(2)测时法的观察次数

为了确定必要而又能保证测时资料准确性的观察次数,我们提供了测时所必需的观察次数表(表 2.2)和有关精确度的计算方法,可供测定过程中检查所测次数是否满足需要。

表 2.2　测时法所必需的观察次数表

精确度要求 稳定系数 K_p	算术平均值精确度 $E(\%)$ 观察次数				
	5 以内	7 以内	10 以内	15 以内	20 以内
1.5	9	6	5	5	5
2	16	11	7	5	5
2.5	23	15	10	6	5
3	30	18	12	8	6
4	39	25	15	10	7
5	47	31	19	11	8

表中稳定系数 K_p 的计算公式为：

$$K_p = \frac{t_{max}}{t_{min}}$$

式中　t_{max}——最大观测值；

　　　t_{min}——最小观测值。

算术平均值精确度计算公式为：

$$E = \pm \frac{1}{\bar{x}} \sqrt{\frac{\sum \Delta^2}{n(n-1)}}$$

式中　E——算术平均值精确度；

　　　$\bar{x}$——算术平均值；

　　　n——观测次数；

　　　Δ—— 每一次观测值与算术平均值的偏差，$\sum \Delta^2 = \sum_{i=1}^{n} (x_i - \bar{x})^2$。

【例2.1】　根据表2.1所测数据,试计算该施工过程的算术平均值、算术平均值精确度和稳定系数,并判断观测次数是否满足要求。

【解】　(1)吊装大型屋面板挂钩

$$\bar{X} = \frac{1}{9} \times (31 + 32 + 33 + 32 + 30 + 33 + 33 + 33 + 32) = 32.1$$

$$\sum \Delta^2 = (31 - 32.1)^2 + (32 - 32.1)^2 + (33 - 32.1)^2 +$$
$$(32 - 32.1)^2 + (30 - 32.1)^2 + (33 - 32.1)^2 +$$
$$(33 - 32.1)^2 + (33 - 32.1)^2 + (32 - 32.1)^2$$
$$= 8.89$$

$$E = \pm \frac{1}{32.1} \sqrt{\frac{8.89}{9(9-1)}} = \pm 1.09\%$$

$$K_p = \frac{33}{30} = 1.10$$

查表2.2可知,观测次数满足要求。

(2)上升回转

$$\bar{X} = \frac{1}{10} \times (84 + 83 + 82 + 86 + 83 + 84 + 85 + 82 + 82 + 86) = 83.7$$

$$\sum \Delta^2 = (84 - 83.7)^2 + (83 - 83.7)^2 + (82 - 83.7)^2 +$$
$$(86 - 83.7)^2 + (83 - 83.7)^2 + (84 - 83.7)^2 +$$
$$(85 - 83.7)^2 + (82 - 83.7)^2 + (82 - 83.7)^2 +$$
$$(86 - 83.7)^2 = 22.1$$

$$E = \pm \frac{1}{83.7} \sqrt{\frac{22.1}{10(10-1)}} = \pm 0.59\%$$

$$K_p = \frac{86}{82} = 1.05$$

查表2.2可知,观测次数满足要求。

（3）下落就位

$$\overline{X} = (56 + 54 + 55 + 57 + 57 + 56 + 57 + 56 + 54) \times \frac{1}{9} = 55.8$$

$$\sum \Delta^2 = (56 - 55.8)^2 + (54 - 55.8)^2 + (55 - 55.8)^2 + (57 - 55.8)^2 +$$
$$(57 - 55.8)^2 + (56 - 55.8)^2 + (57 - 55.8)^2 +$$
$$(56 - 55.8)^2 + (54 - 55.8)^2 = 11.56$$

$$E = \pm \frac{1}{55.8} \sqrt{\frac{11.56}{9(9 - 1)}} = \pm 0.72\%$$

$$K_p = \frac{57}{54} = 1.06$$

查表 2.2 可知，观测次数满足要求。

（4）脱钩

$$\overline{X} = \frac{1}{10} \times (41 + 43 + 40 + 41 + 39 + 42 + 42 + 38 + 41 + 41) = 40.8$$

$$\sum \Delta^2 = (41 - 40.8)^2 + (43 - 40.8)^2 + (40 - 40.8)^2 +$$
$$(41 - 40.8)^2 + (39 - 40.8)^2 + (42 - 40.8)^2 +$$
$$(42 - 40.8)^2 + (38 - 40.8)^2 + (41 - 40.8)^2 +$$
$$(41 - 40.8)^2 = 19.6$$

$$E = \pm \frac{1}{40.8} \sqrt{\frac{19.6}{10(10 - 1)}} = \pm 1.14\%$$

$$K_p = \frac{43}{39} = 1.10$$

查表 2.2 可知，观测次数满足要求。

（5）空钩回转

$$\overline{X} = \frac{1}{10} \times (50 + 49 + 48 + 49 + 51 + 50 + 50 + 48 + 49 + 48) = 49.2$$

$$\sum \Delta^2 = (50 - 49.2)^2 + (49 - 49.2)^2 + (48 - 49.2)^2 +$$
$$(49 - 49.2)^2 + (51 - 49.2)^2 + (50 - 49.2)^2 +$$
$$(50 - 49.2)^2 + (48 - 49.2)^2 + (49 - 49.2)^2 +$$
$$(48 - 49.2)^2 = 9.60$$

$$E = \pm \frac{1}{49.2} \sqrt{\frac{9.60}{10(10 - 1)}} = \pm 0.66\%$$

$$K_p = \frac{51}{48} = 1.06$$

查表 2.2 可知，观测次数满足要求。

（3）测时数据的整理

测时数据的整理，一般可采用算术平均法。在整理测时数据时，可对其中个别延续时间误差较大的数值进行必要的清理，删除那些明显是错误的及误差很大的数值。

在清理测时数列时，应首先删掉完全由于人为因素影响而出现的偏差，如工作时间闲谈、材料供应不及时造成的等候、测定人员记录时间的疏忽等,应全部予以删掉;其次,应删掉由于施工因素影响而出现的偏差极大的延续时间,如手压刨刨料碰到节疤极多的木板、挖土机挖土时挖斗的边齿刮到大石块等造成的延续时间。但是,此类误差大的数值还不能认为完全无用,可作为该项施工因素影响的资料,进行专门研究。

清理误差较大的数值时,不能单凭主观想象,也不能预先规定出偏差的百分比。为了妥善清理这些误差,可参照调整系数表(表2.3)和误差极限算式进行。

表 2.3 误差调整系数 K 值

观察次数	调整系数	观察次数	调整系数
5	1.3	11~15	0.9
6	1.2	16~30	0.8
7~8	1.1	31~53	0.7
9~10	1.0	53 以上	0.6

极限算式为:

$$\lim_{max} = \overline{X} + K(t_{max} - t_{min})$$
$$\lim_{min} = \overline{X} - K(t_{max} - t_{min})$$

式中　$\lim_{max}$——最大极限;

　　　$\lim_{min}$——最小极限;

　　　K——调整系数,由表2.3查用。

清理的方法是:首先从数列中删掉人为因素影响而出现的误差极大的数值,然后根据保留下来的测时数列值,试抽去误差极大的可疑数值,用表2.3和极限算式求出最大极限或最小极限,最后再从数列中抽去最大或最小极限之外误差极大的可疑数值。

例如,表2.1中"1挂钩"的测时数列中,数值为31,32,33,32,43,30,33,33,33,32。在这个数列中误差大的可疑数值为43。根据上述方法,先抽去43这个数值,然后用极限算式计算其最大极限。计算过程如下:

$$\overline{X} = \frac{31 + 32 + 33 + 32 + 30 + 33 + 33 + 33 + 32}{9} = 32.1$$

$$\lim_{max} = \overline{X} + K(t_{max} - t_{min}) = 32.1 + 1.0 \times (33 - 30) = 35.1$$

由于43>35.1,显然应该从数列中抽去可疑数值43,所求算术平均修正值为32.1。

如果一个测时数列中有两个误差大的可疑数值时,应从最大的一个数值开始连续校验(每次只能抽出一个数值)。测时数列中如果有两个以上可疑数值时,应予抛弃,重新进行观测。

测时数列经过整理后,将保留下来的数值计算出算术平均值,填入测时记录表的算术平均值栏内,作为该组成部分在相应条件下所确定的延续时间。

测时记录表中的"时间总和"栏和"循环次数"栏,亦应按清理后的合计数填入。

2)写实记录法

写实记录法是技术测定的方法之一。它可以用来研究所有性质的工作时间消耗,包括基本工作时间、辅助工作时间、不可避免中断时间、准备与结束工作时间、休息时间以及各种损失时间。通过写实记录,可以获得分析工作时间消耗和制定定额时所必需的全部资料。该方法比较简单,易于掌握,并能保证必要的精确度,因此,写实记录法在实际工作中得到了广泛采用。

写实记录法记录时间的方法有数示法、图示法和混合法 3 种。计时工具采用有秒针的普通计时表即可。

（1）数示法

数示法是采用直接用数字记录时间的方法，这种方法可同时对两个以内的工人进行测定。该方法适用于组成部分较少且比较稳定的施工过程。

数示法的填表方法为：

a.将拟订好的所测施工过程的全部组成部分，按其操作的先后顺序填写在第②栏中，并将各组成部分的编号依次填入第一栏内（表2.4）。

表 2.4　数示法写实记录表

观察者：

工程名称		开始时间	8 时 20 分	延续时间	43 min 40 s	调查号次	1
施工单位		终止时间	9 时 3 分 40 秒	记录时间		页　次	1/3
施工过程：双轮车运土方：运距 200 m						观察对象：赵××	

号次	施工过程组成部分名称	组成部分号次	起止时间		延续时间	完成产量		附　注
			时—分	秒		计量单位	数量	
①	②	③	④	⑤	⑥	⑦	⑧	⑨
1	装土	×	8—20	0				每次产量：
2	运输	1	22	50	2′50″	m²	0.288	V=每次容积
3	卸土	2	26	0	3′10″	次	1	=1.2×0.6×0.4
4	空返	3	27	20	1′20″	m³	0.288	=0.288 m³/次
5	等候装土	4	30	0	2′40″	次	1	
6	喝水	5	31	40	1′40″			共运 4 车
		1	35	0	3′20″			0.288×4=1.152 m³
		2	38	30	3′30″			注：按松土计算
		3	39	30	1′0″			
		4	42	0	2′30″			
		1	45	10	3′10″			
		2	47	30	2′20″			
		3	48	45	1′15″			
		4	51	30	2′45″			
		1	55	0	3′30″			
		2	58	0	3′0″			
		3	59	10	1′10″			
		4	9—02	05	2′55″			
		6	03	40	1′35″			
					43′40″			

b.在第③栏填写工作时间消耗的组成部分的号次，其号次应根据第①、②栏的内容填写，测定一个填写一个。

c.在第④、⑤栏中填写每个组成部分的起止时间。

d.第⑥栏应在观察结束之后填写,将某一组成部分的终止时间减去前一组成部分的终止时间就得到该组成部分的延续时间。

e.第⑦、⑧栏分别填入该组成部分的计量单位和产量。

f.第⑨栏填写有关说明和实际完成的总产量。

（2）图示法

图示法是用在表格中画出不同类型线条的方式来表示完成施工过程所需时间的方法,该方法适用于观察 3 个以内的工人共同完成某一产品施工过程。与数示法相比,图示法具有记录时间简便、明了的优点。

图示法写实记录表的填写方法见表 2.5。

表 2.5　图示法写实记录表

工地名称	×××	开始时间	8:00	延续时间	1 h	调查号次	
施工单位	×××	终止时间	9:00	记录日期	2009.7.5	页　次	1
施工过程	砌1砖厚单面清水墙	观察对象		张××（四级工）、王××（三级工）			

号次	各组成部分名称	时间（min）10　　20　　30　　40　　50　　60 　5　　15　　25　　35　　45　　55	时间小计（min）	产品数量	附注
1	挂线		12		
2	铲灰浆		22		
3	铺灰浆		27		
4	摆砖、砍砖		28		
5	砌砖		31	0.48 m³	
	观察者：		合计　120		

①表中划分为许多小格,每格为 1 min,每张表可记录 1 h 的时间消耗。为了记录方便,每 5 个小格和每 10 个小格都有长线和数字标记。

②表中的号次和各组成部分名称栏内,应按所测施工过程组成部分出现的先后顺序填写,以便记录时间的线段相连接。

③记录时间时,用铅笔或彩色笔在各组成部分相应的横行中画直线段,每个工人一条线,每一线段的始末端应与该组成部分的开始时间和终止时间相符合。每工作 1 min,直线段延伸一个小格,测定两个或两个以上的工人工作时,最好使用粗、细线段或不同颜色的笔来画线段,以便区分各个工人的工作时间。当工人的操作由某组成部分转入另一组成部分时,时间线段亦应随时改变其位置,并将前一线段的末端画一垂直线与后一线段的始端相连接。

④产品数量栏按各组成部分的计量单位和所完成的产量填写。

⑤附注栏应简明扼要地说明影响因素和造成非定额时间产生的原因。

⑥时间小计栏应在观察结束后,及时将每一组成部分所消耗的时间加总后填入。

⑦最后将各时间小计栏数值加总后填入合计栏内。

2.3.5 人工定额编制

预算定额是根据人工定额、材料消耗定额、机械台班定额编制的。在讨论预算定额编制前，应该了解上述3种定额的编制方法。

1）人工定额的表现形式及相互关系

（1）产量定额

在正常施工条件下，某工种工人在单位时间内完成合格产品的数量称为产量定额。产量定额的常用单位是：m²/工日、m³/工日、t/工日、套/工日、组/工日等。例如，砌一砖半厚标准砖基础的产量定额为：1.08 m³/工日。

（2）时间定额

在正常施工条件下，某工种工人完成单位合格产品所需的劳动时间称为时间定额。时间定额的常用单位是：工日/m²、工日/m³、工日/t、工日/组等。例如，现浇混凝土过梁的时间定额为：1.99 工日/m³。

（3）产量定额与时间定额的关系

产量定额和时间定额是劳动定额两种不同的表现形式，它们之间是互为倒数的关系。

$$时间定额 = \frac{1}{产量定额}$$

或：

$$时间定额 \times 产量定额 = 1$$

利用这种倒数关系我们就可以求另外一种表现形式的劳动定额。例如：

$$一砖半厚砖基础的时间定额 = \frac{1}{产量定额} = \frac{1}{1.08} = 0.926(工日/m^3)$$

$$现浇过梁的产量定额 = \frac{1}{时间定额} = \frac{1}{1.99} = 0.503(m^3/工日)$$

2）时间定额与产量定额的特点

产量定额以 m²/工日、m³/工日、t/工日、套/工日等单位表示，数量直观、具体，容易为工人所理解和接受，因此，产量定额适用于向工人班组下达生产任务。

时间定额以工日/m²、工日/m³、工日/t、工日/组等为单位，不同的工作内容有共同的时间单位，定额完成量可以相加，因此，时间定额适用于劳动计划的编制和统计完成任务情况。

3）劳动定额编制方法

在取得现场测定资料后，一般采用下列计算公式编制劳动定额。

$$N = \frac{N_{基} \times 100}{100 - (N_{辅} + N_{准} + N_{息} + N_{断})}$$

式中　N——单位产品时间定额；

　　　$N_{基}$——完成单位产品的基本工作时间；

　　　$N_{辅}$——辅助工作时间占全部定额工作时间的百分比；

　　　$N_{准}$——准备结束时间占全部定额工作时间的百分比；

　　　$N_{息}$——休息时间占全部定额工作时间的百分比；

$N_{断}$——不可避免的中断时间占全部定额工作时间的百分比。

【例2.2】 根据下列现场测定资料,计算每 100 m^2 水泥砂浆抹地面的时间定额和产量定额。

基本工作时间:1 450 工分/50 m^2;

辅助工作时间:占全部工作时间3%;

准备与结束工作时间:占全部工作时间2%;

不可避免的中断时间:占全部工作时间2.5%;

休息时间:占全部工作时间10%。

【解】 $\dfrac{抹 100\ m^2\ 水泥砂浆}{地面的时间定额} = \dfrac{1\ 450 \times 100}{100 - (3+2+2.5+10)} \div 50 \times 100 = 3\ 515(工分) = 7.32(工日)$

抹水泥砂浆地面的时间定额 = 7.32 工日/100 m^2

抹水泥砂浆地面的产量定额 = $\dfrac{1}{7.32} = 0.137(100\ m^2/工日) = 13.7(m^2/工日)$

2.3.6 材料消耗量定额编制

1)材料净用量定额和损耗量定额

(1)材料消耗量定额的构成

材料消耗量定额的消耗量包括:

①直接耗用于建筑安装工程上的构成工程实体的材料。

②不可避免产生的施工废料。

③不可避免的废料施工操作损耗。

(2)材料消耗净用量定额与损耗量定额的划分

直接构成工程实体的材料称为材料消耗净用量定额。不可避免的施工废料和施工操作损耗称为材料损耗量定额。

(3)净用量定额与损耗量定额之间的关系

$$材料消耗量定额 = 材料消耗净用量定额 + 材料损耗量定额$$

$$材料损耗率 = \dfrac{材料损耗量定额}{材料消耗量定额} \times 100\%$$

或:

$$材料损耗率 = \dfrac{材料损耗量}{材料总消耗量} \times 100\%$$

$$材料消耗定额 = \dfrac{材料消耗净用量定额}{1 - 材料损耗率}$$

或:

$$总消耗量 = \dfrac{净用量}{1 - 损耗率}$$

在实际工作中,为了简化上述计算过程,常用下列公式计算总消耗量:

$$总消耗量 = 净用量 \times (1 + 损耗率')$$

其中:

$$损耗率' = \dfrac{消耗量}{净用量}$$

2)编制材料消耗定额的基本方法

(1)现场技术测定法

用现场技术测定法可以取得编制材料消耗量定额的全部资料。一般而言,材料消耗量定额中的净用量比较容易确定,损耗量较难确定。我们可以通过现场技术测定方法来确定材料的损耗量。

(2)试验法

试验法是在实验室内采用专门的仪器设备,通过实验的方法来确定材料消耗定额的一种方法。用这种方法提供的数据,虽然精确度较高,但容易脱离现场实际情况。

(3)统计法

统计法是通过对现场用料的大量统计资料进行分析计算的一种方法,用该方法可以获得材料消耗定额的数据。虽然统计法比较简单,但不能准确区分材料消耗的性质,因而不能区分材料净用量和损耗量,只能笼统地确定材料消耗定额。

(4)理论计算法

理论计算法是运用一定的计算公式确定材料消耗定额的方法。该方法较适合计算块状、板状、卷材状的材料消耗量的计算。

3)砌体材料用量计算方法

(1)砌体材料用量计算的一般公式

$$\text{每立方米砌体砌块净用量}(块) = \frac{1 \text{ m}^3 \text{砌体}}{\text{墙厚} \times (\text{砌块长} + \text{灰缝}) \times (\text{砌块厚} + \text{灰缝})} \times \text{分母体积中砌块的数量}$$

$$\text{砂浆净用量} = 1 \text{ m}^3 \text{砌体} - \text{砌块净数量} \times \text{砌块的单位体积}$$

(2)砖砌体材料用量计算

灰砂砖的尺寸为 240 mm×115 mm×53 mm,其材料用量计算公式为:

$$\text{每立方米砌体灰砂砖净用量}(块) = \frac{1}{\text{墙厚} \times (\text{砖长} + \text{灰缝}) \times (\text{砖厚} + \text{灰缝})} \times \text{墙厚的砖数} \times 2$$

$$\text{灰砂砖总消耗量} = \frac{\text{净用量}}{1 - \text{损耗率}}$$

$$\text{砂浆净用量} = 1 \text{ m}^3 - \text{灰砂砖净用量} \times 0.24 \times 0.115 \times 0.053$$

$$\text{砂浆总消耗量} = \frac{\text{净用量}}{1 - \text{损耗率}}$$

【**例 2.3**】 计算 1 m³ 一砖厚灰砂砖墙(图 2.6)的砖和砂浆的总消耗量,灰缝 10 mm 厚,砖损耗率 1.5%,砂浆损耗率 1.2%。

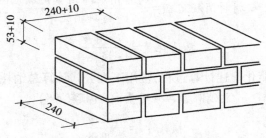

图 2.6 砖砌体计算尺寸示意图

【解】　(1)灰砂砖净用量

$$\frac{每立方米砖墙灰}{砂砖净用量} = \frac{1}{0.24 \times (0.24 + 0.01) \times (0.053 + 0.01)} \times 1 \times 2$$

$$= 529.1(块)$$

(2)灰砂砖总消耗量

$$\frac{每立方米砖墙灰}{砂砖总消耗量} = \frac{529.1}{1-1.5\%} = \frac{529.1}{0.985} = 537.16(块)$$

(3)砂浆净用量

$$\frac{每立方米砌体}{砂浆净用量} = 1-529.1 \times 0.24 \times 0.115 \times 0.053 = 1-0.773\ 967 = 0.226(m^3)$$

(4)砂浆总消耗量

$$\frac{每立方米砌体}{砂浆总消耗量} = \frac{0.226}{1-1.2\%} = \frac{0.226}{0.988} = 0.229(m^3)$$

(3)砌块砌体材料用量计算

【例2.4】　尺寸为390 mm×190 mm×190 mm的190 mm厚混凝土空心砌块墙,试计算每立方米砌体的砌块和砂浆总消耗量,灰缝为10 mm,砌块与砂浆的损耗率均为1.8%。

【解】　(1)计算空心砌块总消耗量

$$\frac{每立方米砌体空}{心砌块净用量} = \frac{1}{0.19 \times (0.39 + 0.01) \times (0.19 + 0.01)} \times 1$$

$$= \frac{1}{0.19 \times 0.40 \times 0.20} = 65.8(块)$$

$$\frac{每立方米砌体空}{心砌块总消耗量} = \frac{65.8}{1-1.8\%} = \frac{65.8}{0.982} = 67.0(块)$$

(2)计算砂浆总消耗量

$$\frac{每立方米砌体}{砂浆净用量} = 1-65.8 \times 0.19 \times 0.19 \times 0.39 = 1-0.926\ 4$$

$$= 0.074(m^3)$$

$$\frac{每立方米砌体}{砂浆总消耗量} = \frac{0.074}{1-1.8\%} = 0.075(m^3)$$

4)块料面层材料用量计算

$$\frac{每100\ m^2 块料}{面层净用量}(块) = \frac{100}{(块料长 + 灰缝) \times (块料宽 + 灰缝)}$$

$$\frac{每100\ m^2 块料}{总消耗量}(块) = \frac{净用量}{1 - 损耗率}$$

$$\frac{每100\ m^2 结合}{层砂浆净用量} = 100\ m^2 \times 结合层厚度$$

$$\frac{每100\ m^2 结合}{层砂浆总消耗量} = \frac{净用量}{1 - 损耗率}$$

$$\frac{每100\ m^2 块料面层}{灰缝砂浆净用量} = (100 - 块料长 \times 块料宽 \times 块料净用量) \times 灰缝深$$

$$每100 \ m^2 \ 块料面层 = \frac{净用量}{1 - 损耗率}$$
$$灰缝砂浆总消耗量$$

【例2.5】 用水泥砂浆贴 500 mm×500 mm×15 mm 花岗岩板地面,结合层 5 mm 厚,灰缝宽 1 mm,花岗岩损耗率为 2%,砂浆损耗率为 1.5%,试计算每 100 m² 地面的花岗岩板和砂浆的总消耗量。

【解】 (1)计算花岗岩总消耗量

$$每100 \ m^2 \ 地面花 = \frac{100}{(0.5 + 0.001) \times (0.5 + 0.001)} = 398.4(块)$$
$$岗岩净消耗量$$

$$每100 \ m^2 \ 地面花 = \frac{398.4}{1 - 2\%} = \frac{398.4}{0.98} = 406.5(块)$$
$$岗岩总消耗量$$

(2)计算砂浆总消耗量

$$每100 \ m^2 \ 花岗岩地面 = 100 \ m^2 \times 0.005 = 0.5(m^3)$$
$$结合层砂浆净用量$$

$$每100 \ m^2 \ 花岗岩地面 = (100 - 0.5 \times 0.5 \times 398.4) \times 0.015$$
$$灰缝砂浆净用量$$
$$= (100 - 99.6) \times 0.015$$
$$= 0.006(m^3)$$

$$砂浆总消耗量 = \frac{0.5 + 0.06}{1 - 1.5\%} = \frac{0.56}{0.985} = 0.569(m^3)$$

5)预制构件模板摊销量计算

预制构件是按多次使用、平均摊销的方法计算模板摊销量,其计算公式如下:

$$\begin{array}{ccc} 模板一次 \\ 使用量 \end{array} = \begin{array}{c} 1 \ m^3 \ 构件模 \\ 板接触面积 \end{array} \times \begin{array}{c} 1 \ m^2 \ 接触面 \\ 积模板净用量 \end{array} \times \frac{1}{1 - 损耗率}$$

$$模板摊销量 = \frac{一次使用量}{周转次数}$$

【例2.6】 根据选定的预制过梁标准图,经计算每立方米构件的模板接触面积为 10.16 m²,每平方米接触面积的模板净用量 0.095 m³,模板损耗率 5%,模板周转 28 次,试计算每立方米预制过梁的模板摊销量。

【解】 (1)计算模板一次使用量

$$模板一次使用量 = 10.16 \times 0.095 \times \frac{1}{1 - 5\%} = \frac{0.965 \ 2}{0.95} = 1.016(m^3)$$

(2)计算模板摊销量

$$预制过梁模板摊销量 = \frac{1.016}{28} = 0.036(m^3/m^3)$$

2.3.7 机械台班定额编制

机械台班定额主要包括以下内容:

(1)拟订正常施工条件

拟订机械工作正常的施工条件,主要是拟订工作地点的合理组织和拟订合理的工人编制。

（2）确定机械纯工作 1 h 的正常生产率

机械纯工作 1 h 的正常生产率，就是在正常施工条件下，由具备一定技能的技术工人操作施工机械纯工作 1 h 的劳动生产率。

确定机械纯工作 1 h 正常劳动生产率可分 3 步进行：

第 1 步，计算机械循环一次的正常延续时间。它等于本次循环中各组成部分延续时间之和，计算公式为：

$$机械循环一次正常延续时间 = 在循环内各组成部分延续时间$$

【例 2.7】　某轮胎式起重机吊装大型屋面板，每次吊装 1 块，经过现场计时观察，测得循环一次的各组成部分的平均延续时间如下，试计算机械循环一次的正常延续时间。

- 挂钩时的停车：30.2 s；
- 将屋面板吊至 15 m 高：95.6 s；
- 将屋面板下落就位：54.3 s；
- 解钩时的停车：38.7 s；
- 回转悬臂、放下吊绳空回至构件堆放处：51.4 s。

【解】　轮胎式起重机循环一次的正常延续时间 = 30.2+95.6+54.3+38.7+51.4

$$= 270.2(s)$$

第 2 步，计算机械纯工作 1 h 的循环次数，计算公式为：

$$\frac{机械纯工作}{1\ h\ 循环次数} = \frac{60 \times 60}{一次循环的正常延续时间}$$

【例 2.8】　根据上例计算结果，计算轮胎式起重机纯工作 1 h 的循环次数。

【解】　$\dfrac{轮胎式起重机纯工作}{1\ h\ 循环次数} = \dfrac{60 \times 60}{270.2} = 13.32(次)$

第 3 步，求机械纯工作 1 h 的正常生产率，计算公式为：

$$\frac{机械纯工作\ 1\ h}{正常生产率} = \frac{机械纯工作\ 1\ h}{正常循环次数} \times \frac{一次循环}{的产品数量}$$

【例 2.9】　根据上例计算结果的每次吊装 1 块的产品数量，计算轮胎式起重机纯工作 1 h 的正常生产率。

【解】　$\dfrac{轮胎式起重机纯工作}{1\ h\ 正常生产率} = 13.32 \times 1 = 13.32(块)$

（3）确定施工机械的正常利用系数

确定机械正常利用系数，首先要计算工作班在正常状况下，准备与结束工作、机械开动、机械维护等工作必须消耗的时间以及有效工作的开始与结束时间，然后再计算机械工作班的纯工作时间，最后确定机械正常利用系数。机械正常利用系数计算公式如下：

$$\frac{机械正常}{利用系数} = \frac{工作班内机械纯工作时间}{机械工作班延续时间}$$

（4）计算机械台班定额

$$\frac{施工机械台}{班产量定额} = \frac{机械纯工作}{1\ h\ 正常生产率} \times \frac{工作班}{延续时间} \times \frac{机械正常}{利用系数}$$

【例 2.10】　轮胎式起重机吊装大型屋面板，机械纯工作 1 h 的正常生产率为 13.32 块，工作班 8 h 内实际工作时间 7.2 h，求产量定额和时间定额。

【解】 (1)计算机械正常利用系数

$$机械正常利用系数=\frac{7.2}{8}=0.9$$

(2)计算机械台班产量定额

$$轮胎式起重机台班产量定额=13.32×8×0.9=96(块/台班)$$

(3)计算机械台班时间定额

$$轮胎式起重机台班时间定额=\frac{1}{96}=0.01(台班/块)$$

2.3.8 预算定额编制

1)预算定额的编制原则

(1)平均水平原则

平均水平是指编制预算定额时应遵循价值规律的要求,即按生产该产品的社会必要劳动量来确定其人工、材料、机械台班消耗量。这就是说,在正常施工条件,以平均的劳动强度、平均的技术熟练程度、平均的技术装备条件,完成单位合格建筑产品所需的劳动消耗量来确定预算定额的消耗量水平。这种以社会必要劳动量来确定定额水平的原则,就称为平均水平原则。

(2)简明适用原则

定额的简明与适用是统一体中的一对矛盾,如果只强调简明,适用性就差;如果单纯追求适用,简明性就差。因此,预算定额应在适用的基础上力求简明。

2)预算定额的编制步骤

编制预算定额一般分为以下3个阶段进行:

(1)准备工作阶段

①根据工程造价主管部门的要求,组织编制预算定额的领导机构和专业小组。

②拟订编制定额的工作方案,提出编制定额的基本要求,确定编制定额的原则、适用范围,确定定额的项目划分以及定额表格形式等。

③调查研究,收集各种编制依据和资料。

(2)编制初稿阶段

①对调查和收集的资料进行分析研究。

②按编制方案中项目划分的要求和选定的典型工程施工图计算工程量。

③根据取定的各项消耗指标和有关编制依据,计算分项工程定额中的人工、材料和机械台班消耗量,编制出定额项目表。

④测算定额水平。定额初稿编出后,应将新编定额与原定额进行比较,测算新定额的水平。

(3)修改和定稿阶段

组织有关部门和单位讨论新编定额,将征求到的意见交编制专业小组修改定稿,并写出送审报告,交审批机关审定。

3) 确定预算定额消耗量指标的方法

（1）定额项目计量单位的确定

预算定额项目计量单位的选择，与预算定额的准确性、简明适用性有着密切关系。因此，要首先确定好定额各项目的计量单位。

在确定定额项目计量单位时，应首先考虑采用该单位能否确切反映单位产品的工、料、机消耗量，保证预算定额的准确性；其次，要有利于减少定额项目数量，提高定额的综合性；最后，要有利于简化工程量计算和预算的编制，保证预算的准确性和及时性。

由于各分项工程的形状不同，定额计量单位应根据分项工程不同的形状特征和变化规律来确定。一般要求如下：

①凡物体的长、宽、高3个度量都在变化时，应采用 m^3 为计量单位，例如土方、石方、砌筑、混凝土构件等项目。

②当物体有一个固定的厚度、而其长和宽两个度量所决定的面积不固定时，宜采用 m^2 为计量单位，如楼地面面层、屋面防水层、装饰抹灰、木地板等项目。

③如果物体截面形状大小固定、但长度不固定时，应以延长米为计量单位，如装饰线、栏杆扶手、给排水管道、导线敷设等项目。

④有的项目体积、面积变化不大，但质量和价格差异较大，如金属结构制作、运输、安装等，应以质量单位 t 或 kg 计算。

⑤有的项目还可以以个、组、座、套等自然计量单位计算，如屋面排水用的水斗、水口以及给排水管道中的阀门、水嘴安装等均以个为计量单位；电气照明工程中的各种灯具安装则以套为计量单位。

⑥定额项目计量单位确定之后，在预算定额项目表中，常用所采单位的 10 倍或 100 倍等倍数的计量单位来计算定额消耗量。

（2）预算定额消耗量指标的确定

确定预算定额消耗量指标，一般按以下步骤进行：

①按选定的典型工程施工图及有关资料计算工程量。计算工程量的目的是为了综合不同类型工程在本定额项目中实物消耗量的比例数，使定额项目的消耗量更具有广泛性、代表性。

②确定人工消耗量指标。预算定额中的人工消耗量指标是指完成该分项工程必须消耗的各种用工量，包括基本用工、材料超运距用工、辅助用工和人工幅度差。

a.基本用工。基本用工指完成该分项工程的主要用工，例如砌砖墙中的砌砖、调制砂浆、运砖等的用工。采用劳动定额综合成预算定额项目时，还要增加附墙烟囱、垃圾道砌筑等的用工。

b.材料超运距用工。拟定预算定额项目的材料、半成品平均运距可能要比劳动定额中确定的平均运距远，因此在编制预算定额时，比劳动定额远的那部分运距要计算超运距用工。

c.辅助用工。辅助用工指施工现场发生的加工材料的用工，例如筛沙子、淋石灰膏的用工。这类用工在劳动定额中是单独的项目，但在编制预算定额时，要综合进去。

d.人工幅度差。人工幅度差主要指在正常施工条件下，预算定额项目中劳动定额没有包含的用工因素以及预算定额与劳动定额的水平差，例如各工种交叉作业的停歇时间、工程质量检查和隐蔽工程验收等所占的时间。预算定额的人工幅度差系数一般在 10% ~ 15%。人工幅度差的计算公式为：

$$人工幅度差 = （基本用工 + 超运距用工 + 辅助用工） \times 人工幅度差系数$$

③材料消耗量指标的确定。由于预算定额是在劳动定额、材料消耗定额、机械台班定额的基础上综合而成的,所以其材料消耗量也要综合计算。例如,每砌 10 m³ 一砖内墙的灰砂砖和砂浆用量的计算过程如下:

a.计算 10 m³ 一砖内墙的灰砂砖净用量。

b.根据典型工程的施工图计算每 10 m³ 一砖内墙中梁头、板头所占体积。

c.扣除 10 m³ 砖墙体积中梁头、板头所占体积。

d.计算 10 m³ 一砖内墙砌筑砂浆净用量。

e.计算 10 m³ 一砖内墙灰砂砖和砂浆的总消耗量。

④机械台班消耗指标的确定。预算定额中配合工人班组施工的施工机械,按工人小组的产量计算台班产量,其计算公式为:

$$分项工程定额机械台班使用量 = \frac{分项工程定额计量单位值}{小组总产量}$$

4)编制预算定额项目表

当分项工程的人工、材料、机械台班消耗量指标确定后,就可以着手编制预算定额项目表。

5)预算定额编制实例

(1)典型工程的工程量计算

计算一砖厚标准砖内墙及墙内构件体积时选择了 6 个典型工程,它们是某食品厂加工车间、某单位职工住宅、某中学教学楼、某大学教学楼、某单位综合楼、某住宅商品房,其具体计算过程见表 2.6。

表 2.6 标准砖—一砖内墙及墙内构件体积工程量计算表

分部名称:砖石工程　　　　　　　　　项目:砖内墙

分节名称:砌砖　　　　　　　　　　　子目:一砖厚

序号	工程名称	砖墙体积 (m³)		门窗面积 (m²)		板头体积 (m³)		梁头体积 (m³)		弧形及圆形碹 (m)	附墙烟囱孔 (m)	垃圾道 (m)	抗震柱孔 (m)	墙顶抹灰找平 (m²)	壁橱 (个)	吊柜 (个)
		1	2	3	4	5	6	7	8	9	10	11	12	13	14	15
		数量	%	数量	%	数量	%	数量	%	数量	数量	数量	数量	数量	数量	数量
一	加工车间	30.01	2.51	24.50	16.38	0.26	0.87									
二	职工住宅	66.10	5.53	40.00	12.68	2.41	3.65	0.17	0.26	7.18				59.39	8.21	
三	普通中学教学楼	149.13	12.47	47.92	7.16	0.17	0.11	2.00	1.34					10.33		
四	大学教学楼	164.14	13.72	185.09	21.30	5.89	3.59	0.46	0.28							
五	综合楼	432.12	36.12	250.16	12.20	10.01	2.32	3.55	0.82		217.36	19.45	161.31	28.68		
六	住宅商品房	354.73	29.65	191.58	11.47	8.65	2.44				189.36	16.44	138.17	27.54	2	2
	合　计	1 196.23	100	739.25	12.92	27.39	2.29	6.18	0.52	7.18	406.72	35.89	358.87	74.76	2	2

一砖内墙及墙内构件体积工程量计算表中门窗洞口面积占墙体总面积的百分比计算公

式为:

$$门窗洞口面积占墙体总面积百分比 = \frac{门窗面积}{砖墙体积 \div 墙厚 + 门窗面积} \times 100\%$$

例如,加工车间门窗洞口面积占墙体总面积百分比的计算式为:

$$\begin{aligned}加工车间门窗洞口面积占墙体总面积百分比 &= \frac{24.50}{30.01 \div 0.24 + 24.50} \times 100\% \\ &= \frac{24.5}{149.54} \times 100\% \\ &= 16.38\%\end{aligned}$$

通过上述 6 个典型工程测算,在一砖内墙中,单面清水、双面清水墙各占 20%,混水墙占 60%。

预算定额砌砖工程材料超运距计算见表 2.7。

表 2.7　预算定额砌砖工程材料超运距计算表

材料名称	预算定额运距(m)	劳动定额运距(m)	超运距(m)
砂　子	80	50	30
石灰膏	150	100	50
灰砂砖	170	50	120
砂　浆	180	50	130

注:每砌 10 m³ 一砖内墙的砂子定额用量为 2.43 m³,石灰膏用量为 0.19 m³。

(2)人工消耗量指标的确定

根据上述计算的工程量有关数据和某劳动定额,计算的每 10 m³ 一砖内墙的预算定额人工消耗指标见表 2.8。

表 2.8　预算定额项目劳动力计算表

子目名称:一砖内墙　　　　　　　　　　　　　　　　　　　　　　　　　　　　　　　单位:10 m³

用工	施工过程名称	工程量	单位	劳动定额编号	工种	时间定额	工日数
	1	2	3	4	5	6	7 = 2×6
基本工	单面清水墙	2.0	m³	§4-2-10	砖工	1.16	2.320
	双面清水墙	2.0	m³	§4-2-5	砖工	1.20	2.400
	混水内墙	6.0	m³	§4-2-16	砖工	0.972	5.832
	小　计						10.552
	弧形及圆形礅	0.006	m	§4-2 加工表	砖工	0.03	0.002
	附墙烟囱孔	0.34	m	§4-2 加工表	砖工	0.05	0.170
	垃圾道	0.03	m	§4-2 加工表	砖工	0.06	0.018
	预留抗震柱孔	0.30	m	§4-2 加工表	砖工	0.05	0.150
	墙顶面抹灰找平	0.062 5	m²	§4-2 加工表	砖工	0.08	0.050
	壁柜	0.002	个	§4-2 加工表	砖工	0.30	0.006
	吊柜	0.002	个	§4-2 加工表	砖工	0.15	0.003
	小　计						0.399
	合　计						10.951

续表

用 工	施工过程名称	工程量	单 位	劳动定额编号	工 种	时间定额	工日数
	1	2	3	4	5	6	7=2×6
超运距用工	砂子超运 30 m	2.43	m³	§4-超运距加工表-192	普 工	0.045 3	0.110
	石灰膏超运 50 m	0.19	m³	§4-超运距加工表-193	普 工	0.128	0.024
	标准砖超运 120 m	10.00	m³	§4-超运距加工表-178	普 工	0.139	1.390
	砂浆超运 130 m	10.00	m³	§4-超运距加工表-$\begin{cases}178\\173\end{cases}$	普 工	$\begin{cases}0.051\ 6\\0.008\ 16\end{cases}$	0.598
	合　计						2.122
辅助工	筛沙子	2.43	m³	§1-4-82	普 工	0.111	0.270
	淋石灰膏	0.19	m³	§1-4-95	普 工	0.50	0.095
	合　计						0.365
共　计	人工幅度差=(10.951+2.122+0.365)×10%=1.344 工日						
	定额用工=10.951+2.122+0.365+1.344=14.782 工日						

(3)材料消耗量指标的确定

①计算 10 m³ 一砖内墙灰砂砖净用量。

$$每10\ m^3\ 砌体 灰砂砖净用量=\frac{1}{0.24×0.25×0.063}×2×10$$

$$=5\ 291(块/10\ m^3)$$

②扣除 10 m³ 砌体中梁头板头所占体积。

查表 2.6,梁头和板头占墙体积的百分比为:0.52%+2.29%=2.81%。

扣除梁头、板头体积后的灰砂砖净用量为:

灰砂砖净用量= 5 291×(1-2.810 6)= 5 291×0.971 9 = 5 142(块)

③计算 10 m³ 一砖内墙砌筑砂浆净用量。

砂浆净用量=(1-529.1×0.24×0.115×0.053)×10=2.26(m³)

④扣除梁头、板头体积后的砂浆净用量。

砂浆净用量=2.26×(1-2.81%)=2.26×0.971 9=2.196(m³)

⑤材料总消耗量计算。当灰砂砖损耗率为1%,砌筑砂浆损耗率为1%时,计算灰砂砖和砂浆的总消耗量。

$$灰砂砖总消耗量=\frac{5\ 142}{1-1\%}=5\ 194(块/10\ m^3)$$

$$砌筑砂浆总消耗量=\frac{2.196}{1-1\%}=2.218(m^3/10\ m^3)$$

(4)机械台班消耗量指标确定

预算定额项目中配合工人班组施工的施工机械台班按小组产量计算。

根据上述 6 个典型工程的工程量数据和劳动定额中砌砖工人小组由 22 人组成的规定,计算每 10 m³ 一砖内墙的塔吊和灰浆搅拌机的台班定额。

$$小组总产量 = 22 人 \times (单面清水 20\% \times 0.862 + 双面清水 20\% \times 0.833 + 混水 60\% \times 1.029)$$
$$= 22 \times 0.956\ 4$$
$$= 21.04 (m^3 / 工日)$$

$$2\ t\ 塔吊时间定额 = \frac{分项定额计量单位值}{小组总产量} = \frac{10}{21.04}$$
$$= 0.475 (台班 / 10\ m^3)$$

$$200\ L\ 砂浆搅拌机时间定额 = \frac{10}{21.04} = 0.475 (台班 / 10\ m^3)$$

（5）编制预算定额项目表

根据上述计算的人工、材料、机械台班消耗指标,编制一砖厚内墙的预算定额项目表,见表2.9。

表 2.9　预算定额项目表

工程内容:略 单位:10 m³

定额编号			×××	×××	×××
项　目		单　位	内　墙		
			1 砖	3/4 砖	1/2 砖
人　工	砖　工	工　日	12.046	…	…
	其他用工	工　日	2.736	…	…
	小　计	工　日	14.783		
材　料	灰砂砖	块	5 194	…	…
	砂　浆	m³	2.218	…	…
机　械	塔吊 2 t	台班	0.475	…	…
	砂浆搅拌机 200 L	台班	0.475	…	…

2.4　计价方式

2.4.1　概述

1)计价方式的概念

工程造价计价方式是指采用不同的计价原则、计价依据、计价方法、计价目的来确定工程造价的计价模式。

①工程造价计价原则分为按市场经济规则计价和按计划经济规则计价两种。

②工程造价计价主要依据:估价指标、概算指标、概算定额、预算定额、企业定额、建设工程工程量清单计价规范、工料机单价、利税率、设计方案、初步设计、施工图、竣工图等。

③工程造价计价方法主要有:建设项目投资估算、设计概算、施工图预算、工程量清单报价、

施工预算、工程结算、竣工决算等。

④工程造价计价目的。在建设项目的不同阶段,可采用不同的计价方法来实现不同的计价目的:在建设工程决策阶段主要是确定建设项目估算造价或概算造价;在设计阶段主要是确定工程项目的概算造价或预算造价;在招标投标阶段主要是确定招标控制价和投标报价;在施工阶段主要是确定承包项目的工程成本;在竣工验收阶段主要是确定工程结算价和竣工决算价。

2)我国确定工程造价的主要方式

中华人民共和国成立初期,我国引进和沿用了苏联建设工程的定额计价方式,该方式属于计划经济的产物。"文革"期间由于种种原因,没有执行定额计价方式,而采用了包工不包料等方式与建设单位办理工程结算。

20世纪70年代末起,我国开始加强工程造价的定额管理工作,要求严格按主管部门颁发的概预算定额和工料机指导价确定工程造价,这一要求具有典型的计划经济的特征。

随着我国改革开放的不断深入,在建立社会主义市场经济体制的要求下,定额计价方式产生了一些变革,如定期调整人工费,变计划利润为竞争利润等,随着社会主义市场经济的进一步发展,又提出了"量、价分离"的方法确定和控制工程造价。但上述做法,只是一些小改动,没有从根本上改变计划价格的性质,基本上还是属于定额计价的范畴。

到了2003年7月1日,国家颁发了《建设工程工程量清单计价规范》(GB 50500—2003),在建设工程招标投标中实施工程量清单计价,之后,工程造价的确定逐步体现了市场经济规律的要求和特征。2008年,国家有关部委对规范进行了修订,发布了《建设工程工程量清单计价规范》(GB 50500—2008),进一步完善了工程量清单计价方式。

3)计价方式的分类

工程造价计价方式可按不同的角度进行分类。

(1)按经济体制分类

①计划经济体制下的计价方式。计划经济体制下的计价方式是指采用国家统一颁布的概算指标、概算定额、预算定额、费用定额等依据,按工程造价行政主管部门规定的计算程序、取费项目和各项费率确定工程造价,该计价方式呈现计划经济的特征。

②市场经济体制下的计价方式。市场经济的重要特征是竞争性,当标的物和有关条件明确后,通过公开竞价来确定承包商,这一方式符合市场经济的基本规律。在工程建设领域,根据建设工程工程量清单计价规范,采用清单计价方式通过招标投标以合理低价来确定工程造价,体现了市场经济规律的基本要求。因此,工程量清单计价是典型的市场经济体制下的计价方式。

(2)按编制的依据分类

①定额计价方式。定额计价方式是指采用工程造价行政主管部门统一颁布的定额和计算程序以及工料机指导价确定工程造价的计价方式。

②清单计价方式。清单计价方式是指按照《建设工程工程量清单计价规范》(GB 50500—2008),根据招标文件发布的工程量清单和企业以及市场情况,自主选择消耗量定额、工料机单价和有关费率确定工程造价的计价方式。

2.4.2 定额计价方式

1)定额计价方式包括的内容

定额计价方式的内容包括投资估算、设计概算、施工图预算、施工预算、工程结算和竣工决算。

(1)投资估算

投资估算是建设项目在投资决策阶段,根据现有的资料和一定的方法,对建设项目的投资数额进行估计的经济文件,一般由建设项目可行性研究主管部门或咨询单位编制。

(2)设计概算

设计概算是在初步设计阶段或扩大初步设计阶段编制的、确定单位工程概算造价的经济文件,一般由设计单位编制。

(3)施工图预算

施工图预算是在施工图设计阶段、施工招标投标阶段编制的经济文件。施工图预算是确定单位工程预算造价的经济文件,一般由施工单位或设计单位编制。

(4)施工预算

施工预算是在施工阶段由施工单位编制的经济文件。施工预算按照企业定额编制,是主要体现企业个别成本的工料机消耗量文件。

(5)工程结算

工程结算是在工程竣工验收阶段由施工单位编制的经济文件。工程结算是施工单位根据施工图预算、施工过程中的工程变更资料、工程签证资料等依据编制的,是确定单位工程结算造价的经济文件。

(6)竣工决算

竣工决算是在工程竣工投产后,由建设单位编制的、综合反映竣工项目建设成果和财务情况的经济文件。

(7)各计价内容之间的关系

投资估算是设计概算的控制数额;设计概算是施工图预算的控制数额;施工图预算反映行业的社会平均成本;施工预算反映企业的个别成本;工程结算根据施工图预算编制;若干个单位工程的工程结算汇总为一个建设项目竣工决算。

2)传统定额计价方式

施工图预算是典型的定额计价方式。

(1)施工图预算的概念

施工图预算是确定工程造价的技术经济文件。简而言之,施工图预算是在修建房子之前,预先算出房子建成后需要花多少钱的特殊计价方法。因此,施工图预算的主要作用就是确定建筑工程预算造价。

(2)施工图预算构成要素

施工图预算主要由工程量、工料机消耗量、直接费、工程费用等要素构成。

①工程量:是根据施工图算出的所建工程的实物数量,例如,该工程有多少 m^3 混凝土基础,

多少 m³ 砖墙,多少 m² 铝合金门,多少 m² 水泥砂浆地面等。

②工料机消耗量:是根据分项工程工程量与预算定额子目消耗量相乘后,汇总而成的数量,例如,一幢办公楼的修建需多少个工日,需多少 t 水泥,需多少 t 钢筋,需多少个塔式起重机台班等工料机消耗量等。

③直接费:包括直接工程费和措施费。其中,直接工程费是工程量乘以定额基价(定额基价=人工费+材料费+机械费)后汇总而成的,它是工料机实物消耗量的货币表现。

④工程费用:包括间接费、利润、税金。间接费和利润一般根据直接费(或人工费),分别乘以不同的费率计算。税金是根据直接费、间接费、利润之和,乘以税率计算得出。直接费、间接费、利润、税金之和构成工程预算造价。

(3)编制施工图预算的步骤

①根据施工图和预算定额计算工程量。

②根据工程量和预算定额分析工料机消耗量。

③根据工程量和预算定额基价(或用工料机消耗量乘以各自单价)计算直接费。

④根据直接费(或人工费)和间接费费率计算间接费。

⑤根据直接费(或人工费)和利润率计算利润。

⑥根据直接费、间接费、利润之和以及税率计算税金。

⑦将直接费、间接费、利润、税金汇总成工程预算造价。

(4)施工图预算编制简例

【例 2.11】 根据给出的某工程的基础平面图和剖面图(图 2.7),计算 2—2 剖面中 C10 混凝土基础垫层和 1:2 水泥砂浆基础防潮层两个项目的施工图预算造价。

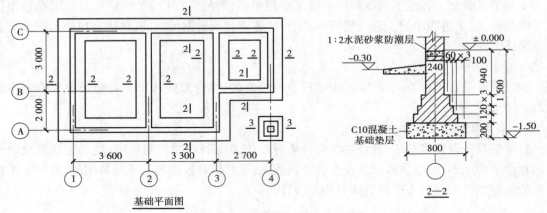

图 2.7 某工程基础平面图和剖面图

【解】 (1)计算工程量

①C10 混凝土基础垫层(定额号 8-16)。

$$V = 垫层宽 \times 垫层厚 \times 垫层长$$

外墙垫层长 = (3.60+3.30)＋(3.60+3.30+2.70)＋(2.0+3.0)＋2.0+3.0+2.70

= 29.20(m)

内墙垫层长 = $\left(2.0+3.0-\dfrac{0.80}{2}-\dfrac{0.80}{2}\right)+$

$$\left(\overset{③轴}{3.0}-\frac{\overset{B轴半个垫层宽}{0.80}}{2}-\frac{\overset{C轴半个垫层宽}{0.80}}{2}\right)$$

$$=4.20+2.20=6.40(\text{m})$$

$$V=0.80\times0.20\times(29.20+6.40)=5.696(\text{m}^3)$$

②1:2水泥砂浆基础防潮层(定额号9-53)。

$$S=\text{内外墙长}\times\text{墙厚}$$

外墙长=同垫层长 29.20 m

$$\text{内墙长}=\left(\overset{③轴}{2.0}+3.0-\frac{\overset{A轴半个墙厚}{0.24}}{2}-\frac{\overset{C轴半个墙厚}{0.24}}{2}\right)+$$

$$\left(\overset{③轴}{3.0}-\frac{\overset{B轴半个墙厚}{0.24}}{2}-\frac{\overset{C轴半个墙厚}{0.24}}{2}\right)=7.52(\text{m})$$

$$S=(29.20+7.52)\times0.24=8.81(\text{m}^3)$$

(2)计算直接工程费

计算直接工程费的依据除了工程量外,还需要预算定额。计算直接费一般采用两种方法,即单位估价法和实物金额法。单位估价法采用含有基价的预算定额;实物金额法采用不含有基价的预算定额。我们以单位估价法为例来计算直接费。含有基价的预算定额(摘录)见表2.10。

表2.10　含有基价的预算定额(摘录)

工程内容:略

定额编号				8-16	9-53
项　　目		单位	单价(元)	C10 混凝土基础垫层	1:2水泥砂浆基础防潮层
				每 1 m³	每 1 m²
基　价		元		267.13	12.07
其中	人工费	元		143.20	6.64
	材料费	元		117.36	5.38
	机械费	元		6.57	0.05
人工	综合用工	工日	80.00	1.79	0.083
材料	1:2水泥砂浆	m³	221.60		0.207
	C10 混凝土	m³	116.20	1.01	
	防水粉	kg	1.20		0.664
机械	400 L 混凝土搅拌机	台班	55.24	0.101	
	平板式振动器	台班	12.52	0.079	
	200 L 砂浆搅拌机	台班	15.38		0.003 5

直接费计算公式如下:

$$\text{直接费}=\sum_{i=1}^{n}(\text{工程量}\times\text{定额基价})_i$$

也就是说,各项工程量分别乘以定额基价,汇总后即为直接费。例如,上述两个项目的直接费计算见表2.11。

表2.11　直接费计算表

序　号	定额编号	项目名称	单　位	工程量	基价(元)	合价(元)	备　注
1	8-16	C10混凝土基础垫层	m³	5.696	267.13	1 521.57	
2	9-53	1:2水泥砂浆基础防潮层	m²	8.81	12.07	106.34	
		小　计				1 627.91	

（3）计算工程费用（造价）

按某地区费用定额规定,本工程以直接费为基础计算各项费用。其中,间接费费率为12%,利润率为5%,税率为3.48%,计算过程见表2.12。

表2.12　工程费用(造价)计算表

序　号	费用名称	计算式	金额(元)
1	直接费	详见计算表	1 627.91
2	间接费	1 627.91×12%	195.35
3	利　润	1 627.91×5%	81.40
4	税　金	(1 627.91+195.35+81.40)×3.48%	66.28
	工程造价		1 970.94

注:定额计价方式的工程造价计价数学模型见本章2.2.3的内容。

3) 按建标〔2013〕44号文件划分费用方法的定额计价方式

根据【例2.11】中工程量数据和预算定额,按44号文件费用划分和地区计算规定,计算各项费用的过程见表2.13。

表2.13中的各项费用(税金除外)均以定额人工费为计算基数,管理费费率9%、利润率12%、总价措施项目费率2%、规费费率8%、税率3.48%。工程量计算和套用预算定额过程同前,按照上述规定费率计算的工程造价见表2.13。

表2.13　工程费用(造价)计算表(按44号文件费用划分)　　　　　单位:元

序　号	费用名称		计算式	金　额
1	分部分项工程费	人工费、材料费、机械费	工程量×定额基价 =5.696×267.13+8.81×12.07=1 627.91 其中人工费: 5.696×143.20+8.81×6.64=874.17	1 811.49
		管理费	分部分项工程定额人工费×管理费率 =874.17×9%=78.68	
		利润	分部分项工程定额人工费×利润率 =874.17×12%=104.90	

序　号	费用名称		计算式	金　额
2	措施项目费	单价措施费	模板费(按规定计算):5.76	23.24
		总价措施费	分部分项工程定额人工费×总价措施费率 =874.17×2%=17.48	
3	其他项目费		无	
4	规费		分部分项工程定额人工费×费率 =874.17×8%=69.93	69.93
5	税金		(序1+序2+序3+序4)×3.48% =1 904.66×3.41%=66.28	66.28
	工程造价		(序1+序2+序3+序4+序5)	1 970.94

说明:表中税金是营改增前的营业税规定。

2.4.3　清单计价方式

1)工程量清单计价的概念

工程量清单计价是一种国际上通行的工程造价计价方式,即在建设工程招标投标中,招标人按照国家统一规定的《建设工程工程量清单计价规范》(GB 50500—2008)的要求以及施工图,提供工程量清单,由投标人依据工程量清单、施工图、企业定额或预算定额、工料机市场价格自主报价,并经评审后,以合理低价中标的工程造价计价方式。

2)工程量清单报价编制的主要内容

工程量清单报价编制的主要内容包括:工料机消耗量的确定、综合单价的确定、措施项目费的确定和其他项目费的确定、规费和税金的确定。

(1)工料机消耗量的确定

工料机消耗量是根据分部分项工程量和有关消耗量定额计算出来的,其计算公式为:

$$\binom{分部分项工程}{人工工日} = \binom{分部分项}{主项工程量} \times \binom{定额用工量}{} + \sum\binom{分部分项}{附项工程量} \times \binom{定额}{用工量}$$

$$\binom{分部分项工程某}{种材料用量} = \binom{分部分项}{主项工程量} \times \binom{某种材料}{定额用量} + \sum\binom{分部分项}{附项工程量} \times \binom{某种材料}{定额用量}$$

$$\binom{分部分项工程某种}{机械台班用量} = \binom{分部分项}{主项工程量} \times \binom{某种机械}{定额台班量} + \sum\binom{分部分项}{附项工程量} \times \binom{某种机械}{定额台班用量}$$

在套用定额分析计算工料机消耗量时分两种情况:一是直接套用;二是分别套用。

①直接套用定额,分析工料机用量。当分部分项工程量清单项目与定额项目的工程内容和项目特征完全一致时,就可以直接套用定额消耗量,计算出分部分项工程的工料机消耗量。例如,某工程挖基础土方清单项目,可以直接套用工程内容相对应的消耗量定额时,就可以采用该定额分析工料机消耗量。

②分别套用不同定额,分析工料机总的用量。当定额项目的工程内容与清单项目的工程内

容不完全相同时,需要按清单项目的工程内容,分别套用不同的定额项目。例如,某工程 M5 水泥砂浆砌砖基础清单项目还包含了水泥砂浆防潮层附项工程量时,应分别套用水泥砂浆防潮层消耗量定额和 M5 水泥砂浆砌砖基础消耗量定额,分别计算其工料机消耗量,然后再汇总。

（2）综合单价的确定

综合单价是有别于预算定额基价的另一种工程单价方式。

综合单价从我国的实际情况出发,以分部分项工程项目为对象,包含了除规费和税金以外的、完成分部分项工程量清单项目规定的单位合格产品所需的全部费用。综合单价主要包括:人工费、材料费、机械费、管理费、利润和风险费等费用。它不仅适用于分部分项工程量清单,也适用于措施项目清单、其他项目清单的计算等。

综合单价的计算公式表达为:

$$\frac{\text{分部分项工程量}}{\text{清单项目综合单价}}=人工费+材料费+机械费+管理费+利润$$

其中

$$人工费 = \sum_{i=1}^{n}(定额工日 \times 人工单价)_i$$

$$材料费 = \sum_{i=1}^{n}\left(\frac{某种材料}{定额消耗量} \times 材料单价\right)_i$$

$$机械费 = \sum_{i=1}^{n}\left(\frac{某种机械}{台班使用量} \times 台班单价\right)_i$$

$$管理费 = 人工费（或直接费）\times 管理费费率$$

$$利润 = 人工费（或直接费、或直接费+管理费）\times 利润率$$

（3）措施项目费的确定

措施项目费应该由投标人根据拟建工程的施工方案或施工组织设计计算确定。一般可以采用以下方法确定:

①依据有关定额计算。脚手架、大型机械设备进出场及安拆费、垂直运输机械费等,可以根据已有的消耗量定额计算确定。

②按系数计算。临时设施费、安全文明施工增加费、夜间施工增加费等,可以按直接费为基础乘以已完工程积累的系数确定。

③按收费规定计算。室内空气污染测试费、环境保护费等,可以按政府行政主管部门规定的费率计取。

（4）其他项目费的确定

招标人部分的其他项目费可按估算金额确定。投标人部分的总承包服务费应根据招标人提出的要求,按所发生的费用确定。零星工作项目费应根据"零星工作项目计价表"确定。

其他项目清单中的暂列金额、暂估价,均为预测和估算数额,虽在投标时计入投标人的报价中,但不应视为投标人所有。竣工结算时,应经发包人同意后,按承包人实际完成的工作内容结算,剩余部分仍归招标人所有。

3）工程量清单报价编制简例

①根据图 2.7 和《房屋建筑与装饰工程工程量计算规范》中 010501001 项目的工程量计算规则,计算出清单工程量。计算式如下:

外墙垫层长 = (3.60+3.30) + (3.60+3.30+2.70) + (2.0+3.0) +2.0+3.0+2.70
$$= 29.20 (m)$$

内墙垫层长 = (2.0+3.0−0.80×0.5×2) + (3.0−0.80×0.5×2)
$$= 6.40 (m)$$

C10 混凝土垫层工程量 = (29.20+6.40) ×0.80×0.20
$$= 5.696 (m^3)$$

②根据图 2.7 和表 2.10 预算定额中的 8-16 定额项目及工程量计算规则,计算定额工程量,其结果为 5.696 m³(定额工程量与清单工程量的计算规则相同)。

③根据表 2.10 预算定额中 8-16 定额的工料机数据和定额工程量 5.696 m³,编制工程量清单综合单价分析表(表 2.14)。

表 2.14　工程量清单综合单价分析表

工程名称:××工程　　　　　　　　　　　标段:　　　　　　　　　　　第 1 页 共 1 页

项目编码	010501001001			项目名称			混凝土基础垫层		计量单位		m³
清单综合单价组成明细											
定额编号	定额名称	定额单位	数量	单　价(元)				合　价(元)			
				人工费	材料费	机械费	管理费和利润	人工费	材料费	机械费	管理费和利润
8-16	C10 混凝土基础垫层	m³	5.696	143.20	117.36	6.57	18.62	815.67	668.49	37.42	106.06
人工单价		小　　　计						1 627.64			
80 元/工日		未计价材料费									
清单项目综合单价								285.75　(1 627.64÷5.696)			

材料费明细	主要材料名称、规格、型号	单　位	数　量	单价(元)	合价(元)	暂估单价(元)	暂估合价(元)
	C10 混凝土	m³	5.696×1.01 = 5.753	116.20	668.49		
	其他材料费			—	—		
	材料费小计			—	668.49		

注:管理费和利润 = 143.20×13% = 18.62(元);

　　清单项目综合单价 = (815.67+668.49+37.42+106.0) ÷5.696 = 285.75(元)。

④根据清单工程量和综合单价,计算"分部分项工程量清单与计价表"的合价(表 2.15)。

⑤根据安全文明施工费9%费率、二次搬运费2%费率,以人工费为基础计算该工程的总价措施项目费(表2.16),本次不计算单价措施项目费。

⑥暂列金额是由招标文件的工程量清单确定的,报价时照抄工程量清单(表2.17)。

⑦根据有关规定,计算规费和税金(表2.18)。

⑧根据上述计算结果编制"单位工程投标报价汇总表"(表2.19)。

表2.15 分部分项工程量清单与计价表

工程名称:××工程 　　　　　　　　　　　　　标段: 　　　　　　　　　　　第1页 共1页

序号	项目编码	项目名称	项目特征描述	计量单位	工程量	金额(元)		
						综合单价	合价	其中:暂估价
1	010501001001	混凝土基础垫层	1.混凝土强度等级:C10 2.混凝土拌和料要求:中砂、石子粒径20~40 mm	m³	5.696	285.75	1 627.63	
	⋮							
			(本次不计算单价措施项目)					
		本页小计					1 627.63	
		合　计					1 627.63	

表2.16 总价措施项目清单与计价表

工程名称:××工程 　　　　　　　　　　　　　标段: 　　　　　　　　　　　第1页 共1页

序　号	项目名称	计算基础	费率(%)	金额(元)
1	安全文明施工费	人工费(815.67)	9	73.41
2	二次搬运费	人工费(815.67)	2	16.31
3				
	合　计			89.72

表2.17 其他项目清单与计价汇总表

工程名称:××工程 　　　　　　　　　　　　　标段: 　　　　　　　　　　　第1页 共1页

序　号	项目名称	计算单位	金额(元)	备　注
1	暂列金额	项	120	详见工程量清单
2	暂估价			
2.1	材料暂估价			
2.2	专业工程暂估价			
3	计日工			
4	总承包服务费			
	合　计		120	—

表 2.18　规费、税金项目清单与计价表

工程名称:××工程　　　　　　　　　标段:　　　　　　　　　第 1 页 共 1 页

序　号	项目名称	计算基础	费率(%)	金额(元)
1	规　费			99.51
1.1	工程排污费			
1.2	社会保障费	(1)+(2)+(3)		73.41
(1)	养老保险费	人工费(815.67)	5	40.78
(2)	失业保险费	同　上	1	8.16
(3)	医疗保险费	同　上	3	24.47
1.3	住房公积金	同　上	3	24.47
1.4	危险作意外伤害保险	同　上	0.2	1.63
2	税　金	分部分项工程费+措施项目费+其他项目费+规费(1 627.63+89.72+120+99.51＝1 936.86)	3.41	66.05
	合　计			165.56

表 2.19　单位工程投标报价汇总表

工程名称:××工程　　　　　　　　　　　　　　　　第 1 页 共 1 页

序　号	单项工程名称	金额(元)	其中:暂估价(元)
1	分部分项工程	1 627.63	
2	措施项目	89.72	
2.1	安全文明施工费	73.41	—
3	其他项目	120.00	—
3.1	暂列金额	120.00	—
3.2	专业工程暂估价	—	—
3.3	计日工	—	—
3.4	总承包服务费	—	—
4	规　费	99.51	—
5	税　金	66.05	—
	投标报价合计＝1+2+3+4+5	2 002.91	

拓展思考题

（1）使用带有基价的预算定额可以采用"实物金额法"编制施工图预算确定工程造价吗？为什么？

（2）从施工图预算编制程序示意图中，你能看出材料价差调整的计算方法和步骤吗？

（3）材料价差调整在使用什么方法计算工程造价时出现？材料价差是计取各项费用的基础吗？为什么？

（4）请你用自己的话来描述施工图预算的编制程序。

（5）你是怎么理解"定额反映了在一定时期生产力水平条件下，本企业或社会平均生产技术水平和管理水平"这句话中"本企业或社会平均"的含义？

答：劳动定额、材料消耗定额、机械台班消耗量定额和施工定额可以反映本企业的生产技术水平和管理水平；而预算定额、概算定额、概算指标和费用定额反映了社会平均生产技术水平和管理水平。这句话反映了价值规律的作用，反映了企业个别成本与社会平均成本之间的差别。

（6）为什么概算指标的重要内容是建筑工程的人工、材料、机械台班的消耗量指标，而不是人工费、材料费、机械台班使用费、措施费、企业管理费、规费、利润和税金指标？

提示：因为消耗量指标具有稳定性，是确定工程造价的关键因素，也是定额的核心数据。而工料机单价、措施费、企业管理费、规费、利润和税金具有时间性和地区性，历史的工程造价不能有效地、准确地转换为当前工程的工程造价。只要有了这些消耗量指标，就可以根据当时当地的工料机单价、措施费、企业管理费、规费、利润和税金等的费用定额，确定工程造价。因此，概算指标的重要内容是建筑工程的人工、材料、机械台班的消耗量指标，而不是人工费、材料费、机械台班使用费、措施费、企业管理费、规费、利润和税金指标，这是较合理的。

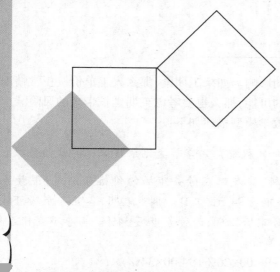

3

工程单价

工程单价亦称工程基价或定额基价,包含人工单价、材料单价和施工机具台班单价。

3.1 人工单价编制

人工单价是指工人一个工作日应该得到的劳动报酬。一个工作日一般指工作 8 h。

3.1.1 人工单价的内容

人工单价的主要内容一般包括基本工资、工资性津贴、养老保险费、失业保险费、医疗保险费、住房公积金等。

①基本工资是指完成基本工作内容所得的劳动报酬。

②工资性津贴是指流动施工津贴、交通补贴、物价补贴、煤(燃)气补贴等。

③养老保险费、失业保险费、医疗保险费、住房公积金分别是指工人在工作期间交养老保险、失业保险、医疗保险、住房公积金所发生的费用。

3.1.2 人工单价的编制方法

1)根据劳务市场行情确定人工单价

目前,根据劳务市场行情确定人工单价已经成为计算工程劳务费的主流,采用这种方法确定人工单价应注意以下几个方面的问题:

①要尽可能掌握劳动力市场价格中长期历史资料,这将使以后采用数学模型预测人工单价成为可能。

②在确定人工单价时要考虑用工的季节性变化。当大量聘用农民工时,要考虑农忙季节时人工单价的变化。

③在确定人工单价时要采用加权平均的方法综合各劳务市场或各劳务队伍的劳动力单价。

④要分析拟建工程的工期对人工单价的影响。如果工期紧,那么人工单价按正常情况确定后要乘以大于1的系数。如果工期有拖长的可能,那么也要考虑工期延长带来的风险。

⑤根据劳务市场行情确定人工单价的数学模型描述如下:

$$人工单价 = \sum_{i=1}^{n} (某劳务市场人工单价 \times 权重)_i \times 季节变化系数 \times 工期风险系数$$

【例3.1】 据市场调查取得的资料分析,抹灰工在劳务市场的价格分别是:甲劳务市场95元/工日,乙劳务市场98元/工日,丙劳务市场94元/工日。调查表明,各劳务市场可提供抹灰工的比例分别为:甲劳务市场40%,乙劳务市场26%,丙劳务市场34%。当季节变化系数、工期风险系数均为1时,试计算抹灰工的人工单价。

【解】 抹灰工人工单价 = (95.00×40%+98.00×26%+94.00×34%)×1×1

$$= (38.00+25.48+31.96) \times 1 \times 1$$

$$= 95.44(元/工日)$$

取定抹灰工人工单价为95.50元/工日。

2)根据以往承包工程的情况确定

如果之前在本地承包过同类工程,可以根据以往承包工程的历史资料确定人工单价。例如,在之前某地区承包过3个与拟建工程基本相同的工程中,砖工每个工日支付了90.00~105.00元,这时就可以进行对比分析,在上述范围内(或略超过该范围)确定投标报价的砖工人工单价。

3)根据预算定额规定的工日单价确定

凡是分部分项工程项目含有基价的预算定额,都明确规定了人工单价,可以据此确定拟投标工程的人工单价。例如,某省预算定额中土建工程的技术工人每个工日为80.00元,可以根据市场行情在此基础上乘以1.2~1.6的系数,确定拟投标工程的人工单价。

3.2 材料单价编制

材料单价是指材料从采购起运到工地仓库或堆放场地后的出库价格,一般包括原价、运杂费和采购保管费。

3.2.1 材料单价的费用构成

由于其采购和供货方式不同,构成材料单价的费用也不相同,一般有以下3种:

①材料供货到工地现场。当材料供应商将材料供货到施工现场或施工现场的仓库时,材料单价由材料原价、采购保管费构成。

②在供货地点采购材料。当需要派人到供货地点采购材料时,材料单价由材料原价、运杂费、采购保管费构成。

③需二次加工的材料。当某些材料采购回来后,还需要进一步加工,则材料单价除了上述费用外,还包括二次加工费。

3.2.2　材料原价的确定

材料原价是指付给材料供应商的材料单价。当某种材料有两个或两个以上的材料供应商供货,且材料原价不同时,要计算加权平均材料原价。

加权平均材料原价的计算公式为:

$$加权平均材料原价 = \frac{\sum\limits_{i=1}^{n}(材料原价 \times 材料数量)_i}{\sum\limits_{i=1}^{n}(材料数量)_i}$$

说明:上式中 i 是指不同的材料供应商,另外,材料的包装费及手续费均已包含在材料原价中。

【例 3.2】　某工地所需的三星牌墙面砖由 3 个材料供应商供货,其数量和原价见表 3.1,试计算墙面砖的加权平均原价。

表 3.1　墙面砖供货表

供应商	墙面砖数量(m^2)	供货单价(元/m^2)
甲	1 500	68.00
乙	800	64.00
丙	730	71.00

【解】
$$\begin{aligned}墙面砖加权\\平均原价\end{aligned} = \frac{68 \times 1\,500 + 64 \times 800 + 71 \times 730}{1\,500 + 800 + 730}$$
$$= 67.67(元/m^2)$$

3.2.3　材料运杂费计算

材料运杂费是指在材料采购后运至工地现场或仓库所发生的各项费用,包括装卸费、运输费和合理的运输损耗费等。

①材料装卸费按行业市场价的加权平均值支付。

②材料运输费按行业运输价格计算,若供货来源地点不同且供货数量不同时,需要计算加权平均运输费,其计算公式为:

$$\begin{aligned}加权平均\\运输费\end{aligned} = \frac{\sum\limits_{i=1}^{n}(运输单价 \times 材料数量)_i}{\sum\limits_{i=1}^{n}(材料数量)_i}$$

③材料运输损耗费是指在运输和装卸材料过程中,不可避免产生的损耗所发生的费用,一般按下列公式计算:

材料运输损耗费 = (材料原价 + 装卸费 + 运输费) × 运输损耗率

【例 3.3】　上例中墙面砖由 3 个地点供货,根据表 3.2 中资料计算墙面砖运杂费。

表3.2 墙面砖运杂费统计表

供货地点	墙面砖数量(m^2)	运输单价(元/m^2)	装卸费(元/m^2)	运输损耗率(%)
甲	1 500	1.10	0.50	1
乙	800	1.60	0.55	1
丙	730	1.40	0.65	1

【解】 (1)计算加权平均装卸费

$$墙面砖加权平均装卸费 = \frac{0.50 \times 1\ 500 + 0.55 \times 800 + 0.65 \times 730}{1\ 500 + 800 + 730}$$

$$= \frac{1\ 664.5}{3\ 030} = 0.55(元/m^2)$$

(2)计算加权平均运输费

$$墙面砖加权平均运输费 = \frac{1.10 \times 1\ 500 + 1.60 \times 800 + 1.40 \times 730}{1\ 500 + 800 + 730}$$

$$= \frac{3\ 952}{3\ 030} = 1.30(元/m^2)$$

(3)计算运输损耗费

$$墙面砖运输损耗费 = (材料原价 + 装卸费 + 运输费) \times 运输损耗率$$

$$= (67.67 + 0.55 + 1.30) \times 1\%$$

$$= 0.70(元/m^2)$$

(4)运杂费小计

$$墙面砖运输损耗费 = 装卸费 + 运输费 + 运输损耗费$$

$$= 0.55 + 1.30 + 0.70 = 2.55(元/m^2)$$

3.2.4　材料采购保管费计算

材料采购保管费是指施工企业在组织采购材料和保管材料过程中发生的各项费用,包括采购人员的工资、差旅交通费、通信费、业务费、仓库保管费等各项费用。

采购保管费一般按前面计算的与材料有关的各项费用之和乘以一定的费率计算。费率通常取1%~3%。计算公式为:

$$材料采购保管费 = (材料原价 + 运杂费) \times 采购保管费率$$

【例3.4】 上例中墙面砖的采购保管费率为2%,根据前面墙面砖的两项计算结果,计算其采购保管费。

【解】
$$墙面砖采购保管费 = (67.67 + 2.55) \times 2\% = 1.40(元/m^2)$$

3.2.5 材料单价确定

通过上述分析可知,材料单价的计算公式为:

$$材料单价=\frac{加权平均}{材料原价}+\frac{加权平均}{材料运杂费}+采购保管费$$

或:

$$材料单机=\left(\frac{加权平均}{材料原价}+\frac{加权平均}{材料运杂费}\right)×(1+采购保管费率)$$

【例 3.5】 根据【例 3.2】~【例 3.4】计算出的结果,汇总成材料单价。

【解】 $\frac{墙面砖}{材料单价}=67.67+2.55+1.40=71.62(元/m^2)$

或: $=(67.67+2.55)×(1+2\%)=71.62(元/m^2)$

3.3 施工机具台班单价编制

机械台班单价是指在单位工作班中为使机械正常运转所分摊和支出的各项费用。

3.3.1 施工机具台班单价的费用构成

按有关规定,施工机具台班单价由 7 项费用构成,这些费用按其性质划分为第一类费用和第二类费用。

①第一类费用。第一类费用亦称不变费用,是指属于分摊性质的费用,包括折旧费、大修理费、经常修理费、安拆及场外运输费等。

②第二类费用。第二类费用亦称可变费用,是指属于支出性质的费用,包括燃料动力费、人工费、税费等。

3.3.2 第一类费用计算

1)折旧费

$$台班折旧费=\frac{购置机械全部费用×(1-残值率)}{耐用总台班}$$

购置机械全部费用是指机械(具)从购买地运到施工单位所在地发生的全部费用,包括原价、购置税、运费等。

耐用总台班计算方法为:

$$耐用总台班=预计使用年限×年工作台班$$

机械设备的预计使用年限和年工作台班可参照有关部门的指导性意见,也可根据实际情况自主确定。

【例 3.6】 5 t 载货汽车的成交价为 75 000 元,购置附加税税率 10%,运杂费 2 000 元,耐用总台班 2 000 个,残值率为 3%,试计算台班折旧费。

【解】 5 t 载货汽车台班折旧费 $=\dfrac{[75\,000\times(1+10\%)+2\,000]\times(1-3\%)}{2\,000}=40.98(元/台班)$

2)大修理费

大修理费是指机械设备按规定到了大修理间隔台班需进行大修理,以恢复正常使用功能所需支出的费用。计算公式为:

$$台班大修理费=\dfrac{一次大修理费\times(大修理周期-1)}{耐用总台班}$$

【例 3.7】 5 t 载货汽车一次大修理费为 $8\,700$ 元,大修理周期为 4 个,耐用总台班为 $2\,000$ 个,试计算台班大修理费。

【解】 5 t 载货汽车台班大修理费 $=\dfrac{8\,700\times(4-1)}{2\,000}=13.05(元/台班)$

3)经常修理费

经常修理费是指机械设备除大修理外的各级保养及临时故障所需支出的费用,主要包括为保障机械正常运转所需替换设备,随机配置的工具、附具的摊销及维护费用,机械正常运转及日常保养所需润滑、擦拭材料费用和机械停置期间的维护保养费用等。

台班经常修理费可以用下列简化公式计算:

$$台班经常修理费=台班大修理费\times经常修理费系数$$

【例 3.8】 经测算,5 t 载货汽车的台班经常修理费系数为 5.41,用 5 t 载货汽车的大修理费,计算台班经常修理费。

【解】 5 t 载货汽车台班经常修理费 $=13.05\times5.41=70.60(元/台班)$

4)安拆费及场外运输费

安拆费是指机械在施工现场进行安装、拆卸所需人工、材料、机械费和试运转费,以及机械辅助设施(如行走轨道、枕木等)的折旧、搭设、拆除费用。

场外运输费是指机械整体或分体从停置地点运至施工现场,或由一工地运至另一工地的运输、装卸、辅助材料以及架线费用。

安拆费及场外运输费在实际工作中可以采用两种方法计算:一种是在工程报价中已经计算了这些费用,那么编制机械台班单价就不再计算;另一种是根据往年发生费用的年平均数除以年工作台班来计算,其计算公式为:

$$台班安拆及场外运输费=\dfrac{历年统计安拆费及场外运输费的年平均数}{年工作台班}$$

【例 3.9】 6 t 内塔式起重机(行走式)的历年统计安拆及场外运输费的年平均数为 $9\,870$ 元,年工作台班 280 个。试求台班安拆及场外运输费。

【解】 台班安拆及场外运输费 $=\dfrac{9\,870}{280}=35.25(元/台班)$

3.3.3 第二类费用计算

1）燃料动力费

燃料动力费是指机械设备在运转中所耗用的各种燃料、电力、风力等的费用,其计算公式为:

$$台班燃料动力费 = \frac{每台班耗用的}{燃料或动力数量} \times 燃料或动力单价$$

【例3.10】 5 t载货汽车每台班耗用汽油31.66 kg,每kg汽油单价7.15元,求台班燃料费。

【解】 台班燃料费 = 31.66×7.15 = 226.37(元/台班)

2）人工费

人工费是指机上司机、司炉和其他操作人员的工日工资,其计算公式为:

$$台班人工费 = 机上操作人员人工工日数 \times 人工单价$$

【例3.11】 5 t载货汽车每个台班的机上操作人员工日数为1个工日,人工单价95元,求台班人工费。

【解】 台班人工费 = 95.00×1 = 95.00(元/台班)

3）税费

税费是指按国家规定应缴纳的机动车养路费、车船使用税、保险费及年检费,其计算公式为:

$$\frac{台班养路费}{及车船使用税} = \frac{核定吨位 \times \{养路费[元/(t \cdot 月)] \times 12 + 车船使用税[元/(t \cdot 年)]\}}{年工作台班} + \frac{保险费及}{年检费}$$

其中:

$$\frac{保险费及}{年检费} = \frac{年保险费及年检费}{年工作台班}$$

【例3.12】 5 t载货汽车每月每吨应缴纳养路费80元,每年应缴纳车船使用税40元/t,年工作台班250个,5 t载货汽车年缴保险费、年检费共计2 000元,试计算台班养路费及车船使用税。

【解】 $税费 = \frac{5 \times (80 \times 12 + 40)}{250} + \frac{2\ 000}{250} = 28.00(元/台班)$

3.3.4 施工机具台班单价计算实例

将上述计算5 t载货汽车台班单价的计算过程汇总成台班单价计算表,见表3.3。

表3.3 机械台班单价计算表

项 目	5 t载货汽车		
	单 位	金 额	计算式
台班单价	元	474.00	124.63+349.37 = 474.00

续表

项 目		5 t 载货汽车		
		单 位	金 额	计算式
第一类费用	折旧费	元	40.98	$\dfrac{[7\,500\times(1+10\%)+2\,000]\times(1-3\%)}{2\,000}=40.98$
	大修理费	元	13.05	$\dfrac{8\,700\times(4-1)}{2\,000}=13.05$
	经常修理费	元	70.60	$13.05\times5.41=70.60$
	安拆及场外运输费	元	—	—
小 计		元	124.63	
第二类费用	燃料动力费	元	226.37	$31.66\times7.15=226.37$
	人工费	元	95.00	$35.00\times1=35.00$
	养路费及车船使用税	元	28.00	$\dfrac{5\times(80\times12+40)}{250}+\dfrac{2\,000}{250}=28.00$
小 计		元	349.37	

拓展思考题

(1)你所在地区当前的建筑工人人工单价是多少?

(2)施工企业在建筑工程投标报价时的人工单价,是根据政府行政主管部门发布的指导价计算确定,还是企业自主确定?

(3)你所在地区当前的预算(计价)定额中的材料单价能改变吗? 为什么?

(4)施工企业如果租赁施工机械施工,是如何计算费用的?

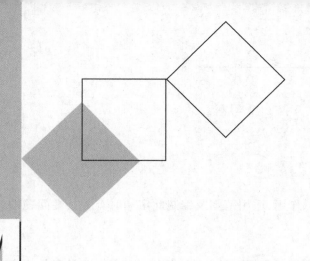

4 预算定额的应用

4.1 预算定额概述

本章内容根据某地区预算（计价）定额编写。

4.1.1 预算定额的构成

预算定额一般由总说明、分部说明、分节说明、工程量计算规则、分项工程消耗指标、分项工程基价、机械台班单价、材料单价、砂浆和混凝土配合比表、材料损耗率表等内容构成，如图 4.1 所示。

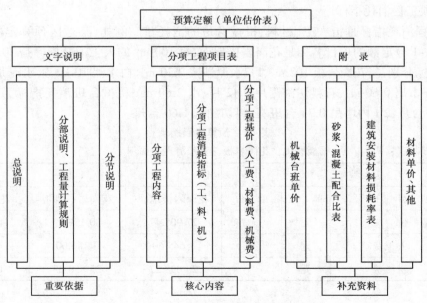

图 4.1　预算定额构成示意图

4.1.2 预算定额的内容

1)文字说明

（1）总说明

总说明综合叙述了定额的编制依据、作用、适用范围及编制此定额时有关共性问题的处理意见和使用方法等。

（2）分部说明

分部说明是预算定额的重要内容,介绍了分部工程定额中使用各定额项目的具体规定。例如砖墙身如为弧形时,其相应定额的人工费要乘以大于 1 的系数等。

（3）工程量计算规则

工程量计算规则是按分部工程归类的。工程量计算规则统一规定了各分项工程量计算的处理原则,不管是否完全理解,在没有新的规定出现之前,必须按该规则执行。

工程量计算规则是准确和简化工程量计算的基本保证。因为在编制定额的过程中就要运用计算规则,在综合定额内容时就确定了计算规则,所以工程量计算规则具有法规性。

（4）分节说明

分节说明主要包括了该章节项目的主要工作内容。通过对工作内容的了解,帮助我们判断在编制施工图预算时套用定额的准确性。

2)分项工程项目表

分项工程项目表是按分部工程归类的,它主要包括 3 个方面的内容。

（1）分项工程内容

分项工程内容是以分项工程名称来表达的。一般来说,每一个定额号对应的内容就是一个分项工程的内容。例如,"M5 混合砂浆砌砖墙"就是一个分项工程的内容。

（2）分项工程消耗指标

分项工程消耗指标是指人工、材料、机械台班的消耗量。例如,某地区预算定额摘录见表 4.1。其中,1-1 号定额的项目名称是花岗岩楼地面,每 100 m^2 的人工消耗指标是 20.57 个工日;材料消耗指标分别是:花岗岩板 102 m^2、1:2水泥砂浆 2.20 m^3、白水泥 10 kg、素水泥浆 0.1 m^3、棉纱头 1 kg、锯木屑 0.60 m^3、石料切割锯片 0.42 片、水 2.60 m^3;机械台班消耗指标为:200 L砂浆搅拌机 0.37 台班、2 t 内塔吊 0.74 台班、石料切割机 1.60 台班。

表 4.1 预算定额摘录

工程内容:清理基层、调制砂浆、锯板磨边贴花岗岩板,擦缝、清理净面   单位:100 m^2

定额编号				1-1	1-2	1-3
项 目		单 位	单 价	花岗岩楼地面	花岗岩踢脚板	花岗岩台阶
基 价		元		27 905.47	30 159.59	45 278.40
其中	人工费	元		1 645.60	4 180.00	4 933.60
	材料费	元		26 098.27	25 850.25	40 211.69

定额编号			1-1	1-2	1-3
其　中	机械费	元	161.60	129.34	133.11
综　合　用　工		工日	80.00	20.57	52.25	61.67
材料	花岗岩板	m²	250.00	102.00	102.00	157.00
	1:2水泥砂浆	m³	230.02	2.20	1.10	3.26
	白水泥	kg	0.50	10.00	20.00	15.00
	素水泥浆	m³	461.70	0.10	0.10	0.15
	棉纱头	kg	5.00	1.00	1.00	1.50
	锯木屑	m³	8.50	0.60	0.60	0.89
	石料切割锯片	片	70.00	0.42	0.42	1.68
	水	m³	0.60	2.60	2.60	4.00
机械	200 L砂浆搅拌机	台班	15.92	0.37	0.18	0.59
	2 t内塔吊	台班	170.61	0.74	0.56	
	石料切割机	台班	18.41	1.60	1.68	6.72

（3）分项工程基价

分项工程基价亦称分项工程单价，是确定单位分项工程人工费、材料费和机械使用费的标准。例如表4.1中1-1定额的基价为27 905.42元，该基价由人工费1 645.60元、材料费26 098.27元、机械费161.60元合计而成。这3项费用的计算过程是：

人工费 $= 20.57 \times 80.00 = 1\,645.60$（元）

材料费 $= 102.00 \times 250.00 + 2.20 \times 230.02 + 10.00 \times 0.50 + 0.10 \times 461.70 +$

　　　　$1.00 \times 5.00 + 0.60 \times 8.50 + 0.42 \times 70.00 + 2.60 \times 0.60$

　　　　$= 26\,098.27$（元）

机械费 $= 0.37 \times 15.92 + 0.74 \times 170.61 + 1.60 \times 18.41 = 161.60$（元）

3）附录

附录主要包括以下几部分内容：

（1）机械台班单价

机械台班单价确定了各种施工机械的台班使用费。例如，表4.1中1-1定额的200 L砂浆搅拌机的台班单价为15.92元/台班。

（2）砂浆、混凝土配合比表

砂浆、混凝土配合比表确定了各种配合比砂浆、混凝土每m³的原材料消耗量，是计算工程材料消耗量的依据。例如，表4.2中F-2号定额规定了1:2水泥砂浆每m³需用32.5级普通水泥635 kg、中砂1.04 m³。

表 4.2 抹灰砂浆配合比表（摘录）　　　　　　　　　　　　　　　　单位：m³

定额编号			F-1	F-2
项　目	单　位	单　价	水泥砂浆	
			1:1.5	1:2
基　价	元		254.40	230.02
材料 32.5 水泥	kg	0.30	734	635
材料 中　砂	m³	38.00	0.90	1.04

（3）建筑安装材料损耗率表

建筑安装材料损耗率表表示了编制预算定额时各种材料损耗率的取定值，为使用定额者换算定额和补充定额提供依据。

（4）材料预算价格表

材料预算价格表汇总了预算定额中所使用的各种材料的单价，它是在编制施工图预算时调整材料价差的依据。

4.2 预算定额基础知识

4.2.1 预算定额基价的确定

人工、材料、机械台班消耗量是定额中的主要指标，它以实物量来表示。为了方便使用，目前各地区编制的预算定额普遍反映货币量指标，也就是由人工费、材料费、机械台班使用费构成定额基价。所谓基价，是指分项工程单价，简称工程单价，它可以是完全分项工程单价，也可以是不完全分项工程单价。作为建筑工程预算定额，它以完全工程单价的形式来表现，这时也可称为建筑工程单位估价表。作为不完全工程单价表现形式的定额，常用于安装工程预算定额和装饰工程预算定额，因为上述定额中一般不包括主要材料费。

预算定额中的基价是根据某一地区的人工单价、材料单价、机械台班单价计算的，其计算公式如下：

$$定额基价 = 人工费 + 材料费 + 机械使用费$$

其中：

$$人工费 = \sum （定额工日数 \times 人工单价）$$

$$材料费 = \sum （材料数量 \times 材料单价）$$

$$机械使用费 = \sum （机械台班量 \times 台班单价）$$

公式中的实物量指标（工日数、材料数量、机械台班量）是预算定额规定的，但工日单价、材料单价、台班单价则按某地区的价格确定。通常，全国统一预算定额的基价采用北京地区的价格；省、市、自治区预算定额的基价采用省会所在地或自治区首府所在地的价格。定额基价的计算过程可以通过表4.3来表达。

表 4.3　预算定额项目基价计算表

定额编号				1-1	
项　目	单位	单　价		花岗岩楼地面（100 m²）	计算式
基　价	元	—		27 905.47	基价 = 1 645.60+26 098.27+161.60 = 27 905.47
其中	人工费	元	—	1 645.60	见计算式
	材料费	元	—	26 098.27	见计算式
	机械费	元	—	161.60	见计算式
综合用工	工日	80.00		20.57	人工费 = 20.57×80 = 1 645.60
材料	花岗岩板	m²	250.00	102.00	材料费： 102.00×250.00 = 25 500
	1:2水泥砂浆	m³	230.02	2.20	2.20×230.02 = 506.04
	白水泥	kg	0.50	10.00	10.00×0.50 = 5.00
	素水泥浆	m³	461.70	0.10	0.10×461.70 = 46.17
	棉纱头	kg	5.00	1.00	1.00×5.00 = 5.00
	锯木屑	m³	8.50	0.60	0.60×8.50 = 5.10
	石料切割锯片	片	70.00	0.42	0.42×70.00 = 29.40
	水	m³	0.60	2.60	2.60×0.60 = 1.56 } 26 098.27
机械	200 L砂浆搅拌机	台班	15.92	0.37	机械费： 0.37×15.92 = 5.89
	2 t内塔吊	台班	170.61	0.74	0.74×170.61 = 126.25 } 161.60
	石料切割机	台班	18.41	1.60	1.60×18.41 = 29.46

4.2.2　预算定额项目中材料费与配合比表的关系

预算定额项目中的材料费是根据材料栏目中的半成品（砂浆、混凝土）、原材料用量乘以各自的单价汇总而成的。其中，半成品的单价是根据半成品配合比表中各项目的基价来确定的。例如，"定-1"定额项目中 M5 水泥砂浆的单价是根据"附-1"砌筑砂浆配合比的基价 124.32 元/m³ 确定的。还需指出，M5 水泥砂浆的基价是该附录号中 32.5 水泥、中砂的材料费，即：270×0.30+1.14×38.00 = 124.32(元/m³)。

4.2.3　预算定额项目中工料消耗指标与砂浆、混凝土配合比表的关系

定额项目中材料栏内含有砂浆或混凝土半成品用量时，其半成品的原材料用量要根据定额附录中砂浆、混凝土配合比表的材料消耗量来计算。因此，当定额项目中的配合比与施工图设

计的配合比不同时,附录中的半成品配合比表是定额换算的重要依据。预算定额示例见表 4.4 和表 4.5。砂浆和混凝土配合比表见表 4.6~表 4.8。

表 4.4　建筑工程预算定额(摘录)

工程内容:略

	定额编号			定-1	定-2	定-3	定-4
	定额单位			10 m³	10 m³	10 m³	100 m³
	项　目	单　位	单　价	M5 水泥砂浆砌砖基础	现浇 C20 钢筋混凝土矩形梁	C15 混凝土地面垫层	1:2 水泥砂浆墙基防潮层
	基　价	元		1 960.95	11 703.12	3 140.04	1 321.29
其中	人工费	元		994.40	5 860.80	1 724.80	760.00
	材料费	元		958.99	5 684.33	1 384.26	557.31
	机械费	元		7.56	157.99	30.98	3.98
人工	基本工	d	80.00	10.32	52.20	13.46	7.20
	其他工	d	80.00	2.11	21.06	8.10	2.30
	合　计	d	80.00	12.43	73.26	21.56	9.5
材料	标准砖	千块	127.00	5.23			
	M5 水泥砂浆	m³	124.32	2.36			
	木材	m³	700.00		0.138		
	钢模板	kg	4.60		51.53		
	零星卡具	kg	5.40		23.20		
	钢支撑	kg	4.70		11.60		
	φ10 内钢筋	kg	3.10		471		
	φ10 外钢筋	kg	3.00		728		
	C20 混凝土(0.5~4)	m³	146.98		10.15		
	C15 混凝土(0.5~4)	m³	136.02			10.10	
	1:2 水泥砂浆	m³	230.02				2.07
	防水粉	kg	1.20				66.38
	其他材料费	元			26.83	1.23	151
	水	m³	0.60	2.31	13.52	15.38	
机械	200 L 砂浆搅拌机	台班	15.92	0.475			0.25
	400 L 混凝土搅拌机	台班	81.52		0.63	0.38	
	2 t 内塔吊	台班	170.61		0.625		

表4.5　建筑工程预算定额(摘录)

工程内容:略

定额编号				定-5	定-6
定额单位				100 m²	100 m²
项　目		单　位	单　价	C15混凝土地面面层(60厚)	1:2.5水泥砂浆抹砖墙面(底13厚、面7厚)
基　价		元		1 922.78	1 735.44
其中	人工费	元		1 064.00	1 232.00
	材料费	元		833.51	451.21
	机械费	元		25.27	52.23
人工	基本工	d	80.00	9.20	13.40
	其他工	d	80.00	4.10	2.00
	合　计	d	80.00	13.30	15.40
材料	C15混凝土(0.5~4)	m³	136.02	6.06	
	1:2.5水泥砂浆	m³	210.72		2.10(底1.39;面0.71)
	其他材料费	元			4.50
	水	m³	0.60	15.38	6.99
机械	200 L砂浆搅拌机	台班	15.92		0.28
	400 L混凝土搅拌机	台班	81.52	0.31	
	塔式起重机	台班	170.61		0.28

表4.6　砌筑砂浆配合比表(摘录)　　　　　　　　　　　　　　　单位:m³

定额编号				附-1	附-2	附-3	附-4
项　目		单　位	单　价	水泥砂浆			
				M5	M7.5	M10	15
基　价		元		124.32	144.10	160.14	189.98
材料	32.5水泥	kg	0.30	270.00	341.00	397.00	499.00
	中　砂	m³	38.00	1.140	1.100	1.080	1.060

表4.7　抹灰砂浆配合比表(摘录)　　　　　　　　　　　　　　　单位:m³

定额编号				附-5	附-6	附-7	附-8
项　目		单　位	单　价	水泥砂浆			
				1:1.5	1:2	1:2.5	1:3
基　价		元		254.40	230.02	210.72	182.82
材料	32.5水泥	kg	0.30	734	635	558	465
	中　砂	m³	38.00	0.90	1.04	1.14	1.14

表 4.8　普通塑性混凝土配合比表（摘录）

单位：m³

定额编号			附-9	附-10	附-11	附-12	附-13	附-14
项　目	单　位	单　价	粗集料最大粒径：40 mm					
			C15	C20	C25	C30	C35	C40
基　价	元		136.02	146.98	162.63	172.41	181.48	199.18
材料 42.5 水泥	kg	0.30	274	313				
52.5 水泥	kg	0.35			313	343	370	
62.5 水泥	kg	0.40						368
中　砂	m³	38.00	0.49	0.46	0.46	0.42	0.41	0.41
0.5～4 砾石	m³	40.00	0.88	0.89	0.89	0.91	0.91	0.91

【例 4.1】　根据表 4.4 中"定-1"定额和表 4.6 中"附-1"定额计算砌 10 m³ 砖基础需用 2.36 m³ 的 M5 水泥砂浆的原材料用量。

【解】　32.5 水泥：2.36×270 = 637.20（kg）

中砂：2.36×1.14 = 2.690（m³）

4.3　预算定额的套用

预算定额的套用分为直接套用和换算使用两种情况。

4.3.1　预算定额的直接套用

当施工图的设计要求与预算定额的项目内容一致时，可直接套用预算定额。直接套用定额指直接使用定额项目中的基价、人工费、机械费、材料费、各种材料用量及各种机械台班耗用量，编制施工图预算。

在编制单位工程施工图预算的过程中，大多数分项工程项目可以直接套用预算定额。套用预算定额时应注意以下 3 点：

①根据施工图、设计说明、标准图作法说明，选择预算定额项目。

②应从工程内容、技术特征和施工方法上仔细核对，才能较准确地确定与施工图相对应的预算定额项目。

③施工图中分项工程的名称、内容和计量单位要与预算定额项目相一致。

4.3.2　预算定额的换算

编制预算时，若施工图中的分项工程项目不能直接套用预算定额，就产生了定额的换算。

1）换算原则

为了保持原定额的水平，在预算定额的说明中规定了有关换算原则，一般包括：

①如施工图设计的分项工程项目中砂浆、混凝土强度等级与定额对应项目不同时，允许

按定额附录的砂浆、混凝土配合比表进行换算,但配合比表中规定的各种材料用量不得调整。

②定额中的抹灰项目已考虑了常用厚度,各层砂浆的厚度一般不做调整。如果设计有特殊要求时,定额中工、料可以按比例换算。

③是否可以换算、怎样换算,必须按预算定额中的各项规定执行。

2)预算定额的换算类型

预算定额的换算类型常有以下4种:

①砂浆换算:砌筑砂浆换强度等级、抹灰砂浆换配合比或砂浆用量的换算。

②混凝土换算:构件混凝土的强度等级、混凝土类型的换算,楼地面混凝土的强度等级或厚度的换算等。

③系数换算:按规定对定额基价及定额中的人工费、材料费、机械费乘以各种系数的换算。

④其他换算:除上述3种情况以外的预算定额换算。

3)预算定额换算的基本思路

预算定额换算的基本思路是:根据选定的预算定额基价,按规定换入增加的费用,换出应减出的费用。这一思路可用下列表达式表述:

$$换算后的定额基价 = 原定额基价 + 换入的费用 - 换出的费用$$

例如,某工程施工图设计用C20混凝土作地面垫层,而预算定额中只有C15混凝土地面垫层的项目,这时就需要根据该项目和定额附录中C20混凝土的基价进行换算,其换算式如下:

$$\begin{array}{c}C20混凝土\\地面垫层基价\end{array} = \begin{array}{c}C15混凝土地面\\垫层定额基价\end{array} + \begin{array}{c}定额混凝\\土用量\end{array} \times \begin{array}{c}C20混凝\\土基价\end{array} - \begin{array}{c}定额混凝\\土用量\end{array} \times \begin{array}{c}C15混凝\\土基价\end{array}$$

4.3.3　砌筑砂浆换算

1)换算原因

当设计图纸要求的砌筑砂浆强度等级在预算定额中缺项时,就需要根据同类相似定额调整砂浆强度等级,求出新的定额基价。

2)换算特点

由于该类换算的砂浆用量不变,所以人工、机械费不变,只需换算砂浆的强度等级和计算换算后的材料用量。

砌筑砂浆换算公式:

$$\begin{array}{c}换算后定\\额基价\end{array} = \begin{array}{c}原定额\\基价\end{array} + \begin{array}{c}定额砂\\浆用量\end{array} \times \left(\begin{array}{c}换入砂\\浆基价\end{array} - \begin{array}{c}换出砂\\浆基价\end{array}\right)$$

【例4.2】　M10水泥砂浆砌砖基础。

【解】　换算定额号:"定-1"(表4.4)

换算附录定额号:"附-1""附-3"(表4.6)

(1) $\underset{额基价}{\overset{换算后定}{}} = 1\ 960.95 + 2.36 \times (160.14 - 124.32)$

$$= 2\ 045.49(元/10\ m^3)$$

(2)换算后材料用量(10 m³ 砖砌体)

$$32.5\ 水泥:2.36×397.00=936.92(kg)$$
$$中砂:2.36×1.08=2.549(m^3)$$

4.3.4　抹灰砂浆换算

1)换算原图

当设计图纸要求的抹灰砂浆配合比或抹灰厚度与预算定额的抹灰砂浆配合比或厚度不同时,就需要根据同类相似定额进行换算,求出新的定额基价。

2)换算特点

第一种情况:当抹灰厚度不变,只换配合比时,只调整材料费和材料用量。

第二种情况:当抹灰厚度发生变化时,砂浆用量要改变,因此定额人工费、材料费、机械费和材料用量均要换算。

3)换算公式

第一种情况:

$$\genfrac{}{}{0pt}{}{换算后定}{额基价}=\genfrac{}{}{0pt}{}{原定额}{基价}+\sum\left[\genfrac{}{}{0pt}{}{各层砂浆}{定额用量}×\left(\genfrac{}{}{0pt}{}{换入砂}{浆基价}-\genfrac{}{}{0pt}{}{换出砂}{浆基价}\right)\right]$$

第二种情况:

$$\genfrac{}{}{0pt}{}{换算后定}{额基价}=\genfrac{}{}{0pt}{}{原定额}{基价}+\left(\genfrac{}{}{0pt}{}{定额}{人工费}-\genfrac{}{}{0pt}{}{定额}{机械费}\right)×(K-1)+\sum\left(\genfrac{}{}{0pt}{}{各层换入}{砂浆用量}×\genfrac{}{}{0pt}{}{换入砂}{浆基价}-\genfrac{}{}{0pt}{}{各层砂浆}{定额用量}\genfrac{}{}{0pt}{}{换出砂}{浆基价}\right)$$

$$K=\frac{设计抹灰砂浆总厚}{定额抹灰砂浆总厚}$$

$$\genfrac{}{}{0pt}{}{各层换入}{砂浆用量}=\frac{定额砂浆用量}{定额砂浆厚度}×设计厚度$$

式中　　K——人工、机械费换算系数。

【例4.3】　换算1:3水泥砂浆底13厚,1:2水泥砂浆面7厚砖墙面抹灰。

【解】　该例题属于第一种情况换算。

换算定额号:"定-6"(表4.5)

换算附录定额号:"附-6""附-7""附-8"(表4.7)

(1)换算后定额基价=1 735.44+(0.71×230.02+1.39×182.82-2.10 ×210.72)

　　　　　　　　=1 710.36(元/100 m²)

(2)换算后材料用量(100 m²)

$$32.5\ 水泥:0.71×635+1.39×465=1\ 097.20(kg)$$
$$中砂:0.71×1.04+1.39×1.14=2.323(m^3)$$

【例4.4】　换算1:3水泥砂浆底15厚,1:2.5水泥砂浆面8厚砖墙面抹灰。

【解】　该例题属于第二种情况换算。

换算定额号:"定-6"(表4.5)

换算附录定额号:"附-7""附-8"(表4.7)

$$人工、机械费换算系数=\frac{15+8}{13+7}=\frac{23}{20}=1.15$$

$$1:3\ 水泥砂浆用量 = \frac{1.39}{13} \times 15 = 1.604(m^3)$$

$$1:2.5\ 水泥砂浆用量 = \frac{0.71}{7} \times 8 = 0.811(m^3)$$

(1) 换算后定额基价 = 1 735.44 + (1 230.00 + 52.23) × (1.15 − 1) +

(1.604 × 182.82 + 0.811 × 210.72) − (2.10 × 210.72)

= 1 949.70(元/100 m²)

(2) 换算后材料用量(100 m²)

32.5 水泥:1.604 × 465 + 0.811 × 558 = 1 198.40(kg)

中砂:1.604 × 1.14 + 0.811 × 1.14 = 2.753(m³)

4.3.5　构件混凝土换算

1)换算原因

当施工图设计要求构件采用的混凝土强度等级在预算定额中没有相符合的项目时,就产生了混凝土品种、强度等级和原材料用量的换算。

2)换算特点

由于混凝土用量不变,所以人工费、机械费不变,只换算混凝土品种、强度等级和原材料的用量。

3)换算公式

$$换算后定额基价 = 原定额基价 + 定额混凝土用量 \times \left(换入混凝土基价 - 换出混凝土基价 \right)$$

【例4.5】　现浇C30钢筋混凝土矩形梁。

【解】　换算定额号:"定-2"(表4.4)

换算附录定额号:"附-10""附-12"(表4.8)

(1) 换算后定额基价 = 11 703.12 + 10.15 × (172.41 − 146.98) = 11 445.01(元/10 m²)

(2) 换算后材料用量(10 m³)

52.5 水泥:10.15 × 343 = 3 481.45(kg)

中砂:10.15 × 0.42 = 4.263(m³)

0.5 ~ 4 砾石:10.15 × 0.91 = 9.237(m³)

4.3.6　楼地面混凝土换算

1)换算原因

预算定额中,楼地面混凝土面层项目的定额单位一般以 m² 为单位。因此,当图纸设计的面层厚度与定额规定的厚度不同时,就产生了楼地面混凝土面层项目的定额基价和材料用量的换算。

2) 换算特点

①同抹灰砂浆的换算特点。

②如果预算定额中有楼地面面层厚度增加或减少的定额项目时,可以用两个定额加或减的方式来换算,由于该方法较简单,此处不再介绍。

3) 采用一个定额项目时的换算公式

$$
\text{换算后定额基价} = \text{原定额基价} + \left(\text{定额人工费} + \text{定额机械费} \right) \times (K-1) + \text{换入混凝土用量} \times \text{换入混凝土基价} - \text{定额混凝土用量} \times \text{换出混凝土基价}
$$

$$
K = \frac{\text{混凝土设计厚度}}{\text{混凝土定额厚度}}
$$

$$
\text{换入混凝土用量} = \frac{\text{定额混凝土用量}}{\text{定额混凝土厚度}} \times \text{设计混凝土厚度}
$$

式中 K ——人工、机械费换算系数。

【例 4.6】 C25 混凝土地面面层 80 厚。

【解】 换算定额号:"定-5"(表 4.5)

换算附录定额号:"附-9""附-11"(表 4.8)

$$
\text{人工、机械费换算系数}\quad K = \frac{80}{60} = 1.333
$$

$$
\text{换入 C25 混凝土用量} = \frac{6.06}{60} \times 80 = 8.08(\text{m}^3)
$$

(1) $\text{换算后定额基价} = 1\,922.78 + (1\,064.00 + 25.27) \times (1.333 - 1) +$

$$
8.08 \times 162.63 - 6.06 \times 136.02
$$

$$
= 2\,775.28(\text{元}/100\ \text{m}^2)
$$

(2) 换算后材料用量(100 m²)

$$
52.5\ \text{水泥}:8.08 \times 313 = 2\,529.04(\text{kg})
$$

$$
\text{中砂}:8.08 \times 0.46 = 3.717(\text{m}^3)
$$

$$
0.5 \sim 4\ \text{砾石}:8.08 \times 0.89 = 7.191(\text{m}^3)
$$

4.3.7 乘系数换算

乘系数的换算是指在使用某预算定额项目时,该定额项目的一部分内容或全部内容需乘以规定的某一个系数。例如,某地区预算定额规定,砌弧形砖墙时,定额人工费乘以系数 1.10;圆弧形、锯齿形、不规则形墙的抹面、饰面,按相应定额项目套用,但人工费乘以系数 1.15。

【例 4.7】 1:2.5 水泥砂浆锯齿形砖墙面抹灰。

【解】 根据题意,按某地区预算定额规定,套用"定-6"定额(表 4.5)后,人工费增加 15%。

换算后定额基价 = 1\,735.44 + 1\,232.00 × (1.15 - 1)

$$
= 1\,920.24(\text{元}/100\ \text{m}^2)
$$

4.3.8 其他换算

其他换算是指不属于上述几种换算情况的定额基价换算。

【例 4.8】 1:2防水砂浆墙基防潮层(加水泥用量的9%防水粉)。

【解】 根据题意和定额"定-4"(表4.4)内容,应调整防水粉的用量。

换算定额号:"定-6"(表4.4)

换算附录定额号:"附-4"(表4.7)

$$\frac{防水粉}{用量} = \frac{定额砂}{浆用量} \times \frac{砂浆配合比中}{的水泥用量} \times 9\% = 2.07 \times 635 \times 9\% = 118.30(kg)$$

(1)换算后定额基价 = 1 321.29 + [1.20(防水粉单价) × (118.30 − 66.38)]

　　　　　　　　　 = 1 383.59(元/100 m²)

(2)换算后材料用量(100 m²)

　　　　　　32.5 水泥:2.07×635 = 1 314.45(kg)

　　　　　　中砂:2.07×1.04 = 2.153(m³)

　　　　　　防水粉:2.07×635×9% = 118.30(kg)

拓展思考题

(1)在编制预算定额时,先确定分项工程消耗量还是先确定工程量计算规则?

(2)定额基价与混凝土基价是相同的价格吗? 为什么?

(3)在预算定额的砌筑砂浆换算时,为什么说砂浆用量不变,该定额的人工费、机械费就不用换算?

(4)什么是预算定额、计价定额、清单计价定额、消耗量定额? 他们之间有什么联系?

提示:"预算定额"在1955年就由建工部颁发了,这个称谓一直沿用到现在,它是规定消耗在单位分项工程上工、料、机社会必要劳动消耗量的数量标准。预算定额原本只反映人工和实物消耗量,不反映货币量,如果在此基础上乘以工、料、机单价,就构成了反映人工费、材料费、机械费的"单位估价表"。单位估价表既反映单位分项工程的实物消耗量,又反映货币量。

"计价定额"是有些省、市、自治区20世纪90年代起对预算定额的称谓,它既反映单位分项工程的实物消耗量,又反映货币量。

"清单计价定额"是个别省在2003年开始,配合《建设工程工程量清单计价定额》使用而编制的定额,主要有两个方面特点:一是基本采用了清单计价规范的工程量计算规则;二是定额基价包含了人工费、材料费、机械费、综合费(管理费和利润),与清单计价的综合单价的内容保持一致。

"消耗量定额"是对预算定额的另一种称谓,即只反映单位分项工程的实物消耗量。

由于预算定额由各省、市、自治区编制和颁发使用,国家没有统一名称,所以上述提到的定额都分别在各省、市、自治区使用。

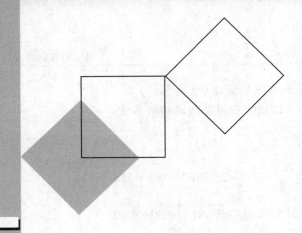

5 建筑安装工程费用

5.1 传统建筑安装工程费用的划分

建筑工程费用的划分和组成一般是由国家行政主管部门颁发文件规定的。传统建筑安装工程费用划分见表5.1。

表 5.1 建筑安装工程费用划分

建筑安装工程费用	直接费	直接工程费	人工费
			材料费
			机械费
		措施费	环境保护费
			文明施工费
			安全施工费
			临时设施费
			夜间施工费
			二次搬运费
			大型机械进出场及安拆费
			混凝土、钢筋混凝土模板及支架费
			脚手架费
			已完工程及设备保护费
			施工排水、降水费

续表

			工程排污费
建筑安装工程费用	间接费	规费	社会保障费
			住房公积金
			危险作业意外伤害保险
		企业管理费	
	利润	利润	
	税金	营业税	
		城市维护建设税	
		教育费附加	
		地方教育附加	

5.2 44 号文件规定及营改增后的建筑安装工程费用划分

按 44 号文件规定及营改增后的建筑安装工程费用划分见表 5.2。

表 5.2 44 号文件规定的建筑安装工程费用划分

			人工费
建筑安装工程费用	分部分项工程费		材料费
			机具费
			管理费（含城市建设维护费、教育费附加、地方教育附加）
			利润
	措施项目费	单价措施项目	脚手架费
			模板安拆费
			大型机械进出场及安拆费
			…
		总价措施项目	安全文明施工费
			夜间施工增加费
			二次搬运费
			冬雨季施工增加费
			…
	其他项目费		暂列金额
			计日工
			总承包服务费
			…

续表

			医疗保险费
建筑安装工程费用	规费	社会保险费	失业保险费
			医疗保险费
			生育保险费
			工伤保险费
		住房公积金	
		工程排污费	
		…	
	增值税税金	增值税	

5.3 44 号文件规定及营改增后的建筑安装工程费用项目组成

5.3.1 按费用构成要素划分

按照费用构成要素划分,建筑安装工程费由人工费、材料(包含工程设备,下同)费、施工机具使用费、企业管理费、利润、规费和税金组成。其中人工费、材料费、施工机具使用费、企业管理费和利润包含在分部分项工程费、措施项目费、其他项目费中(见附表)。

1)人工费

人工费是指按工资总额构成规定,支付给从事建筑安装工程施工的生产工人和附属生产单位工人的各项费用。内容包括:

①计时工资或计件工资:按计时工资标准和工作时间或对已做工作按计件单价支付给个人的劳动报酬。

②奖金:对超额劳动和增收节支支付给个人的劳动报酬,例如节约奖、劳动竞赛奖等。

③津贴补贴:为了补偿职工特殊或额外的劳动消耗和因其他特殊原因支付给个人的津贴,以及为了保证职工工资水平不受物价影响支付给个人的物价补贴,例如流动施工津贴、特殊地区施工津贴、高温(寒)作业临时津贴、高空津贴等。

④加班加点工资:按规定支付在法定节假日工作的加班工资和在法定日工作时间外延时工作的加点工资。

⑤特殊情况下支付的工资:根据国家法律、法规和政策规定,因病、工伤、产假、计划生育假、婚丧假、事假、探亲假、定期休假、停工学习、执行国家或社会义务等原因,按计时工资标准或计时工资标准的一定比例支付的工资。

2)材料费

材料费是指施工过程中耗费的原材料、辅助材料、构配件、零件、半成品或成品、工程设备的费用。内容包括:

①材料原价:材料、工程设备的出厂价格或商家供应价格。

②运杂费:材料、工程设备自来源地运至工地仓库或指定堆放地点所发生的全部费用。

③运输损耗费:材料在运输装卸过程中不可避免的损耗。

④采购及保管费:为组织采购、供应和保管材料、工程设备的过程中所需要的各项费用,包括采购费、仓储费、工地保管费、仓储损耗。

工程设备是指构成或计划构成永久工程一部分的机电设备、金属结构设备、仪器装置及其他类似的设备和装置。

3)施工机具使用费

施工机具使用费是指施工作业所发生的施工机械、仪器仪表使用费或其租赁费。

(1)施工机械(具)使用费

施工机械(具)使用费以施工机械(具)台班耗用量乘以施工机械(具)台班单价表示,施工机械(具)台班单价应由下列7项费用组成。

①折旧费:施工机械(具)在规定的使用年限内,陆续收回其原值的费用。

②大修理费:施工机械(具)按规定的大修理间隔台班进行必要的大修理,以恢复其正常功能所需的费用。

③经常修理费:施工机械(具)除大修理以外的各级保养和临时故障排除所需的费用。包括为保障机械正常运转所需替换设备与随机配备工具附具的摊销和维护费用,机械运转中日常保养所需润滑与擦拭的材料费用及机械停滞期间的维护和保养费用等。

④安拆费及场外运费:安拆费指施工机械(大型机械除外)在现场进行安装与拆卸所需的人工、材料、机械和试运转费用以及机械辅助设施的折旧、搭设、拆除等费用;场外运费指施工机械整体或分体自停放地点运至施工现场或由一施工地点运至另一施工地点的运输、装卸、辅助材料及架线等费用。

⑤人工费:机上司机(司炉)和其他操作人员的人工费。

⑥燃料动力费:施工机械在运转作业中所消耗的各种燃料及水、电等。

⑦税费:施工机械按照国家规定应缴纳的车船使用税、保险费及年检费等。

(2)仪器仪表使用费

仪器仪表使用费是指工程施工所需使用的仪器仪表的摊销及维修费用。

4)企业管理费

企业管理费是指建筑安装企业组织施工生产和经营管理所需的费用。内容包括:

①管理人员工资:按规定支付给管理人员的计时工资、奖金、津贴补贴、加班加点工资及特殊情况下支付的工资等。

②办公费:企业管理办公用的文具、纸张、账表、印刷、邮电、书报、办公软件、现场监控、会议、水电、烧水和集体取暖降温(包括现场临时宿舍取暖降温)等费用。

③差旅交通费:职工因公出差、调动工作的差旅费、住勤补助费,市内交通费和误餐补助费,职工探亲路费,劳动力招募费,职工退休、退职一次性路费,工伤人员就医路费,工地转移费以及管理部门使用的交通工具的油料、燃料等费用。

④固定资产使用费:管理和试验部门及附属生产单位使用的属于固定资产的房屋、设备、仪器等的折旧、大修、维修或租赁费。

⑤工具用具使用费:企业施工生产和管理使用的不属于固定资产的工具、器具、家具、交通

工具和检验、试验、测绘、消防用具等的购置、维修和摊销费。

⑥劳动保险和职工福利费:由企业支付的职工退职金、按规定支付给离休干部的经费,集体福利费、夏季防暑降温、冬季取暖补贴、上下班交通补贴等。

⑦劳动保护费:企业按规定发放的劳动保护用品的支出,例如工作服、手套、防暑降温饮料及在有碍身体健康的环境中施工的保健费用等。

⑧检验试验费:施工企业按照有关标准规定,对建筑以及材料、构件和建筑安装物进行一般鉴定、检查所发生的费用,包括自设试验室进行试验所耗用的材料等费用。它不包括新结构、新材料的试验费,对构件做破坏性试验及其他特殊要求检验试验的费用和建设单位委托检测机构进行检测的费用。对此类检测发生的费用,由建设单位在工程建设其他费用中列支,但对施工企业提供的具有合格证明的材料进行检测不合格的,该检测费用由施工企业支付。

⑨工会经费:企业按《工会法》规定的全部职工工资总额比例计提的工会经费。

⑩职工教育经费:是指按职工工资总额的规定比例计提,企业为职工进行专业技术和职业技能培训,专业技术人员继续教育、职工职业技能鉴定、职业资格认定以及根据需要对职工进行各类文化教育所发生的费用。

⑪财产保险费:施工管理用财产、车辆等的保险费用。

⑫财务费:企业为施工生产筹集资金或提供预付款担保、履约担保、职工工资支付担保等所发生的各种费用。

⑬税金:企业按规定缴纳的房产税、车船使用税、土地使用税、印花税、城市维护建设税、教育费附加、地方教育附加等。

⑭其他:技术转让费、技术开发费、投标费、业务招待费、绿化费、广告费、公证费、法律顾问费、审计费、咨询费、保险费等。

5)利润

利润是指施工企业完成所承包工程获得的盈利。

6)规费

规费是指按国家法律、法规规定,由省级政府和省级有关权力部门规定必须缴纳或计取的费用。内容包括:

(1)社会保险费

①养老保险费:企业按照规定标准为职工缴纳的基本养老保险费。

②失业保险费:企业按照规定标准为职工缴纳的失业保险费。

③医疗保险:企业按照规定标准为职工缴纳的基本医疗保险费。

④生育保险费:企业按照规定标准为职工缴纳的生育保险费。

⑤工伤保险费:企业按照规定标准为职工缴纳的工伤保险费。

(2)住房公积金

住房公积金是指企业按规定标准为职工缴纳的住房公积金。

(3)工程排污费

工程排污费是指按规定缴纳的施工现场工程排污费。

其他应列而未列入的规费,按实际发生计取。

7)税金

税金是指国家税法规定的应计入建筑安装工程造价内的增值税。

5.3.2 按造价形成划分

按照工程造价形成划分,建筑安装工程费由分部分项工程费、措施项目费、其他项目费、规费、税金组成,分部分项工程费、措施项目费、其他项目费包含人工费、材料费、施工机具使用费、企业管理费和利润(见附表)。

1)分部分项工程费

分部分项工程费是指各专业工程的分部分项工程应予列支的各项费用。

(1)专业工程

专业工程是指按现行国家计量规范划分的房屋建筑与装饰工程、仿古建筑工程、通用安装工程、市政工程、园林绿化工程、矿山工程、构筑物工程、城市轨道交通工程、爆破工程等各类工程。

(2)分部分项工程

分部分项工程是指按现行国家计量规范对各专业工程划分的项目。如房屋建筑与装饰工程划分的土石方工程、地基处理与桩基工程、砌筑工程、钢筋及钢筋混凝土工程等。

各类专业工程的分部分项工程划分见现行国家或行业计量规范。

2)措施项目费

措施项目费是指为完成建设工程施工,发生于该工程施工前和施工过程中的技术、生活、安全、环境保护等方面的费用。内容包括:

(1)安全文明施工费

①环境保护费:施工现场为达到环保部门要求所需要的各项费用。

②文明施工费:施工现场文明施工所需要的各项费用。

③安全施工费:施工现场安全施工所需要的各项费用。

④临时设施费:施工企业为进行建设工程施工所必须搭设的生活和生产用的临时建筑物、构筑物和其他临时设施费用。包括临时设施的搭设、维修、拆除、清理费或摊销费等。

(2)夜间施工增加费

夜间施工增加费是指因夜间施工所发生的夜班补助费、夜间施工降效、夜间施工照明设备摊销及照明用电等费用。

(3)二次搬运费

二次搬运费是指因施工场地条件限制而发生的材料、构配件、半成品等一次运输不能到达堆放地点,必须进行二次或多次搬运所发生的费用。

(4)冬雨季施工增加费

冬雨季施工增加费是指在冬季或雨季施工需增加的临时设施、防滑、排除雨雪,人工及施工机械效率降低等费用。

(5)已完工程及设备保护费

已完工程及设备保护费是指竣工验收前,对已完工程及设备采取的必要保护措施所发生的费用。

（6）工程定位复测费

工程定位复测费是指工程施工过程中进行全部施工测量放线和复测工作的费用。

（7）特殊地区施工增加费

特殊地区施工增加费是指工程在沙漠或其边缘地区、高海拔、高寒、原始森林等特殊地区施工增加的费用。

（8）大型机械设备进出场及安拆费

大型机械设备进出场及安拆费是指机械整体或分体自停放场地运至施工现场或由一个施工地点运至另一个施工地点，所发生的机械进出场运输及转移费用及机械在施工现场进行安装、拆卸所需的人工费、材料费、机械费、试运转费和安装所需的辅助设施的费用。

（9）脚手架工程费

脚手架工程费是指施工需要的各种脚手架搭、拆、运输费用以及脚手架购置费的摊销（或租赁）费用。

措施项目及其包含的内容详见各类专业工程的现行国家或行业计量规范。

3）其他项目费

（1）暂列金额

暂列金额是指建设单位在工程量清单中暂定并包括在工程合同价款中的一笔款项。用于施工合同签订时尚未确定或者不可预见的所需材料、工程设备、服务的采购，施工中可能发生的工程变更、合同约定调整因素出现时的工程价款调整以及发生的索赔、现场签证确认等的费用。

（2）计日工

计日工是指在施工过程中，施工企业完成建设单位提出的施工图纸以外的零星项目或工作所需的费用。

（3）总承包服务费

总承包服务费是指总承包人为配合、协调建设单位进行的专业工程发包，对建设单位自行采购的材料、工程设备等进行保管以及施工现场管理、竣工资料汇总整理等服务所需的费用。

4）规费

同费用构成要素划分定义。

5）税金

同费用构成要素划分定义。

5.4　建筑安装工程费用计算方法

5.4.1　各费用构成要素计算方法

1）人工费

公式1：

$$人工费 = \sum (工日消耗量 \times 日工资单价)$$

$$日工资单价=\frac{生产工人平均月工资(计时、计件)+平均月(奖金+津贴补贴+特殊情况下支付的工资)}{年平均每月法定工作日}$$

注:公式1主要适用于施工企业投标报价时自主确定人工费,也是工程造价管理机构编制计价定额确定定额人工单价或发布人工成本信息的参考依据。

公式2:

$$人工费 = \sum (工程工日消耗量 \times 日工资单价)$$

日工资单价是指施工企业平均技术熟练程度的生产工人在每工作日(国家法定工作时间内)按规定从事施工作业应得的日工资总额。

工程造价管理机构确定日工资单价应通过市场调查,根据工程项目的技术要求,参考实物工程量人工单价综合分析确定,最低日工资单价不得低于工程所在地人力资源和社会保障部门所发布的最低工资标准的普工1.3倍、一般技工2倍、高级技工3倍。

工程计价定额不可只列一个综合工日单价,应根据工程项目技术要求和工种差别适当划分多种日人工单价,确保各分部工程人工费的合理构成。

注:公式2适用于工程造价管理机构编制计价定额时确定定额人工费,是施工企业投标报价的参考依据。

2)材料费

(1)材料费

$$材料费 = \sum (材料消耗量 \times 材料单价)$$

$$材料单价=\{(材料原价+运杂费)\times[1+运输损耗率(\%)]\}\times[1+采购保管费率(\%)]$$

(2)工程设备费

$$工程设备费 = \sum (工程设备量 \times 工程设备单价)$$

$$工程设备单价=(设备原价+运杂费)\times[1+采购保管费率(\%)]$$

3)施工机具使用费

(1)施工机械使用费

$$施工机械使用费 = \sum (施工机械台班消耗量 \times 机械台班单价)$$

$$机械台班单价=台班折旧费+台班大修费+台班经常修理费+台班安拆费及场外运费+$$
$$台班人工费+台班燃料动力费+台班车船税费$$

注:工程造价管理机构在确定计价定额中的施工机械使用费时,应根据《建筑施工机械台班费用计算规则》结合市场调查编制施工机械台班单价。施工企业可以参考工程造价管理机构发布的台班单价,自主确定施工机械使用费的报价,如租赁施工机械,公式为:施工机械使用费 $= \sum$ (施工机械台班消耗量×机械台班租赁单价)

(2)仪器仪表使用费

$$仪器仪表使用费=工程使用的仪器仪表摊销费+维修费$$

4)企业管理费费率

(1)以分部分项工程费为计算基础

$$企业管理费费率(\%)=\frac{生产工人年平均管理费}{年有效施工天数\times人工单价}\times人工费占分部分项工程费比例(\%)$$

（2）以人工费和机械费合计为计算基础

$$企业管理费费率(\%) = \frac{生产工人年平均管理费}{年有效施工天数 \times (人工单价 + 每一工日机械使用费)} \times 100\%$$

（3）以人工费为计算基础

$$企业管理费费率(\%) = \frac{生产工人年平均管理费}{年有效施工天数 \times 人工单价} \times 100\%$$

注：上述公式适用于施工企业投标报价时自主确定管理费，是工程造价管理机构编制计价定额确定企业管理费的参考依据。

工程造价管理机构在确定计价定额中企业管理费时，应以定额人工费或（定额人工费+定额机械费）作为计算基数，其费率根据历年工程造价积累的资料，辅以调查数据确定，列入分部分项工程和措施项目中。

5）利润

①施工企业根据企业自身需求并结合建筑市场实际自主确定，列入报价中。

②工程造价管理机构在确定计价定额中利润时，应以定额人工费或（定额人工费+定额机械费）作为计算基数，其费率根据历年工程造价积累的资料，并结合建筑市场实际确定，以单位（单项）工程测算，利润在税前建筑安装工程费的比重可按不低于5%且不高于7%的费率计算。利润应列入分部分项工程和措施项目中。

6）规费

（1）社会保险费和住房公积金

社会保险费和住房公积金应以定额人工费为计算基础，根据工程所在地省、自治区、直辖市或行业建设主管部门规定费率计算。

$$社会保险费和住房公积金 = \sum (工程定额人工费 \times 社会保险费和住房公积金费率)$$

式中：社会保险费和住房公积金费率可以每万元发承包价的生产工人人工费和管理人员工资含量与工程所在地规定的缴纳标准综合分析取定。

（2）工程排污费

工程排污费等其他应列而未列入的规费应按工程所在地环境保护等部门规定的标准缴纳，按实计取列入。

7）增值税税金

税金计算公式为：增值税税金 = 税前造价 × 11%

5.4.2　建筑安装工程计价公式

1）分部分项工程费

$$分部分项工程费 = \sum (分部分项工程量 \times 综合单价)$$

式中：综合单价包括人工费、材料费、施工机具使用费、企业管理费和利润以及一定范围的风险费用（下同）。

2）措施项目费

（1）国家计量规范规定应予计量的措施项目

$$措施项目费 = \sum（措施项目工程量 × 综合单价）$$

（2）国家计量规范规定不宜计量的措施项目

①安全文明施工费：安全文明施工费＝计算基数×安全文明施工费费率（%）。

计算基数应为定额基价（定额分部分项工程费+定额中可以计量的措施项目费）、定额人工费或（定额人工费+定额机械费），其费率由工程造价管理机构根据各专业工程的特点综合确定。

②夜间施工增加费：夜间施工增加费＝计算基数×夜间施工增加费费率（%）。

③二次搬运费：二次搬运费＝计算基数×二次搬运费费率（%）。

④冬雨季施工增加费：冬雨季施工增加费＝计算基数×冬雨季施工增加费费率（%）。

⑤已完工程及设备保护费：已完工程及设备保护费＝计算基数×已完工程及设备保护费费率（%）。

上述②~⑤项措施项目的计费基数应为定额人工费或（定额人工费+定额机械费），其费率由工程造价管理机构根据各专业工程特点和调查资料综合分析后确定。

3）其他项目费

①暂列金额由建设单位根据工程特点，按有关计价规定估算，施工过程中由建设单位掌握使用、扣除合同价款调整后如有余额，归建设单位。

②计日工由建设单位和施工企业按施工过程中的签证计价。

③总承包服务费由建设单位在招标控制价中根据总包服务范围和有关计价规定编制，施工企业投标时自主报价，施工过程中按签约合同价执行。

4）规费和税金

建设单位和施工企业均应按照省、自治区、直辖市或行业建设主管部门发布标准计算规费和税金，不得作为竞争性费用。

5.5   传统建筑安装工程费用计算程序

5.5.1   传统建筑安装工程费用计算方法

1）建筑安装工程费用（造价）理论计算方法

建筑（安装）工程费用（造价）理论计算方法见表5.3。

表 5.3   建筑(安装)工程费用(造价)理论计算方法

序　号	费用名称	计算式	
（1）	直接费	直接工程费	$\sum$（分项工程量×定额基价）
		措施费	直接工程费×有关措施费费率
			或:定额人工费×有关措施费费率
			或:按规定标准计算
（2）	间接费	（1）×间接费费率	
		或:定额人工费×间接费费率	
		（企业管理费含城市维护建设税、教育费附加、地方教育附加）	
（3）	利　润	（1）×利润率	
		或:定额人工费×利润率	
（4）	增值税税金	税前造价×11%	
	工程造价	（1）+（2）+（3）+（4）	

注:税前造价均以不包含增值税可抵扣进项税额的价格计算。

2)计算建筑工程费用的原则

直接工程费根据预算定额基价算出,这具有很强的规范性。按照这一思路,对于措施费、规费、企业管理费等有关费用的计算也必须遵循其规范性,以保证建筑安装工程造价符合社会必要劳动量的水平。为此,工程造价主管部门对各项费用计算作了明确规定:

①建筑工程一般以定额直接工程费为基础计算各项费用。

②安装工程一般以定额人工费为基础计算各项费用。

③装饰工程一般以定额人工费为基础计算各项费用。

④材料价差不能作为计算间接费等费用的基础。

由于措施费、间接费等费用是按一定的取费基础乘上规定的费率确定的,因此当费率确定后,要求计算基础必须相对稳定。以定额直接工程费或定额人工费作为取费基础,具有相对稳定性,不管工程在定额执行范围内的什么地方施工,也不管由哪个施工单位施工,都能保证计算出水平较一致的间接费等各项费用。

以定额直接工程费作为取费基础,既考虑了人工消耗与管理费用的内在关系,又考虑了机械台班消耗量对施工企业提高机械化水平的推动作用。

由于安装工程、建筑装饰工程的材料、设备对于设计的不同要求,会使材料费产生较大幅度的变化,而定额人工费具有相对稳定性,再加上措施费、间接费等费用与人员的管理幅度有直接联系,所以安装工程、装饰工程采用定额人工费为取费基础计算间接费等各项费用较合理。

5.5.2   传统建筑安装工程费用计算程序

建筑安装工程费用计算程序没有全国统一的格式,一般由省、市、自治区工程造价主管部门结合本地区具体情况确定。

1)建筑安装工程费用计算程序的拟订

拟订建筑安装工程费用计算程序主要有两个方面的内容:一是拟订费用项目和计算顺序;二是拟订取费基础和各项费率。

①建筑安装工程费用项目及计算顺序的拟订。各地区参照国家主管部门规定的建筑安装工程费用项目和取费基础,结合本地区实际情况拟订费用项目和计算顺序,并颁布在本地区使用的建筑安装工程费用计算程序。

②费用计算基础和费率的拟订。在拟订建筑安装工程费用计算基础时,应遵照国家的有关规定和工程造价的客观经济规律,使工程造价的计算结果能较准确地反映本行业的生产力水平。

当取费基础和费用项目确定之后,就可以根据有关资料测算出各项费用的费率,以满足工程造价计算的需要。

2)传统建筑安装工程费用计算程序实例

建筑安装工程费用计算程序实例见表5.4。

表5.4　建筑工程费用(造价)计算程序实例

费用名称	序号	费用项目	计算式	
			以定额直接费为计算基础	以定额人工费为计算基础
直接费	(1)	直接工程费	$\sum$(分项工程量×定额基价)	$\sum$(分项工程量×定额基价)
	(2)	人工费调整		
	(3)	单项材料价差调整	$\sum$[单位工程某材料用量×(现行材料单价−定额材料单价)]	
	(4)	综合系数调整材料价差	定额材料费×综合系数	
	(5) 措施费	环境保护费	按规定计取	按规定计取
		文明施工费	(1)×费率	定额人工费×费率
		安全施工费	(1)×费率	定额人工费×费率
		临时设施费	(1)×费率	定额人工费×费率
		夜间施工费	(1)×费率	定额人工费×费率
		二次搬运费	(1)×费率	定额人工费×费率
		大型机械进出场及安拆费	按措施项目定额计算	
		混凝土、钢筋混凝土模板及支架费	按措施项目定额计算	
		脚手架费	按措施项目定额计算	
		已完工程及设备保护费	按措施项目定额计算	
		施工排水、降水费	按措施项目定额计算	

续表

费用名称	序号		费用项目	计算式	
				以定额直接费为计算基础	以定额人工费为计算基础
间接费	(6)	规费	工程排污费	按规定计算	
			社会保障费	定额人工费×费率	
			住房公积金	定额人工费×费率	
	(7)		企业管理费	(1)×企业管理费费率	定额人工费×企业管理费费率
利润	(8)		利润	(1)×利润率	定额人工费×利润率
税金	(9)		税金	(1)~(8)之和×(3.48%/3.41%/3.28%)	
工程造价			工程造价	(1)~(9)之和	

5.6　按 44 号文件费用划分及营改增后的建筑安装工程费用计算程序

按 44 号文件费用划分及营改增后的建筑安装工程费用计算程序见表 5.5。

表 5.5　工程量清单计价工程造价计算程序

序号	费用名称		计算式	
			以定额直接费为计算基础	以定额人工费为计算基础
1	分部分项工程费		$\sum$（分部分项工程量 × 综合单价）	$\sum$（分部分项工程量 × 综合单价）
2	措施项目费	单价措施项目	$\sum$（单价措施项目定额人工费 × 综合单价）	$\sum$（单价措施项目定额人工费 × 综合单价）
		总价措施项目	$\sum$（分部分项工程定额直接费）× 费率	$\sum$（分部分项工程项目定额人工费）× 费率
3	其他项目费	暂列金额	根据招标工程量清单直接填写	根据招标工程量清单直接填写
		计日工	自主报价	自主报价
		总承包服务费	分包工程造价×费率	分包工程造价×费率
		…	…	…
4	规费	社会保险费	$\sum$（分部分项工程项目定额直接费 + 单价措施项目定额直接费）× 费率	$\sum$（分部分项工程项目定额人工费 + 单价措施项目定额人工费）× 费率
		住房公积金		
		工程排污费	按工程所在地规定计算	
5	增值税税金		（序1+序2+序3+序4）×11%	
	工程造价		（序1+序2+序3+序4+序5）	

注：序1~序4各费用均以不包含增值税可抵扣进项税额的价格计算。

5.7　建筑安装工程费用计算程序设计方法

5.7.1　工程造价计价程序设计概述

建标〔2003〕206号文件、建标〔2013〕44号文件规定的费用项目和《建设工程工程量清单计价规范》(GB 50500—2013)是当前计算工程造价的重要依据。如何根据本地区实际情况运用该费用项目设计出实用的计价程序是工程造价从业人员应该掌握的基本内容。一般来说,要掌握好应用新的费用项目,设计出符合实际情况的工程造价计价程序,需要注意以下3个方面:

①工程造价费用项目构成的基本要求。

②工程造价费用计算基础及费率的确定方法。

③实用工程造价计价程序的设计方法。

1) 工程造价费用项目构成的基本要求

我们知道,不管采用何种计价方式(定额计价方式或清单计价方式),工程造价都是由直接费、间接费、利润和税金4部分费用或者分部分项工程费、措施项目费、其他项目费、规费和税金5部分构成的。也就是不管采用何种费用划分的方法,工程造价的主要内容总可以重新归类为上述4个或者5个组成部分的费用。所以,工程造价费用项目构成的基本要求,就是由建标〔2003〕206号文件建标〔2013〕44号文件规定的费用项目或《建设工程工程量清单计价规范》(GB 50500—2013)规定的有关费用构成的。

2) 工程造价有关费用的计算基础

工程造价费用计算基础一般有3种情况:其一,以直接费为计算基础;其二,以人工费为计算基础;其三,以人工费加机械费为计算基础。一般情况下,以什么为基础计算各项费用与下列问题有直接关系:

(1) 费用计算基础的稳定性

我们知道,在定额计价方式下计算间接费时,对同一工程而言,不管是甲承包商还是乙承包商承包工程,其费用总量应该是基本一致的;一个装饰工程,无论采用高档或是低档装修材料,其企业管理费应该是基本相同的。因此,费用项目的取费基数应具有稳定性的特性,其稳定性分析如下:

①当采用定额基价计算直接费时,因为定额基价是固定不变的,所以,定额直接费具有相对稳定性,体现出了不管是哪个单位施工,在哪个时候、哪个地点施工,其定额直接费都相对稳定。

②由于建筑装饰工程采用的装饰材料多种多样,因而其材料费的变化也很大,所以不能以包含材料费的直接费为计算各项费用的基础。这时,采用定额人工费为基础计算各项费用具有相对稳定性。

(2) 费用计算基础的关联性

费用计算基础的关联性是指该项费用与计算基础的内容有关。例如,管理人员的多少与被管理人的数量多少有关,所以,管理费中的管理人员工资与生产工人的人工费有关。正由于有这种关联性,所以可以以人工费为基础计算企业管理费。又如,工程排污费与采用的工程材料和施工工艺有关,如当设计为水磨石地面时,施工中就会产生大量的污水。

3) 费用项目费率的确定

当费用项目的计算基础确定后,还要确定对应费用项目的费率。一般情况下,费用项目的费率是采用统计的方法来确定的。

(1)以直接工程费或直接费为计算基础的费用项目的费率确定

以环境保护费和企业管理费费率的确定为例进行说明:

①环境保护费费率的确定。

$$环境保护费 = 直接工程费 \times 环境保护费费率(\%)$$

$$环境保护费费率 = \frac{本项费用年度平均支出}{全年建安产值 \times 直接工程费占总造价比例(\%)}$$

公式解读:"本项费用年度平均支出"是指最近几年某个施工企业或若干个同类施工企业环境保护费年平均支出的数额。"全年建安产值"是指全年完成任务的工程造价数额。"全年建安产值×直接工程费占总造价比例(%)"计算出的结果就是直接工程费。

②企业管理费费率的确定。

$$企业管理费费率(\%) = \frac{生产工人年平均管理费}{年有效施工天数 \times 人工单价} \times 人工费占直接费比例(\%)$$

公式解读:"生产工人年平均管理费"是指某个施工企业或若干个同类施工企业每个生产工人每年分摊到的企业管理费的数额。"年有效施工天数×人工单价"是指每个工人每年发生的平均人工费。$\frac{"生产工人年平均管理费"}{年有效施工天数 \times 人工单价}$的计算结果为管理费占人工费的比例。"管理费占人工费比例×人工费占直接费比例"后就转换成了管理费所占直接费的比例。

即:

$$\frac{管理费}{人工费} \times \frac{人工费}{直接费} = \frac{管理费}{直接费}$$

(2)以人工费为计算基础的费用项目费率确定

①规费费率。

$$规费费率(\%) = \frac{\sum 规费缴纳标准 \times 每万元发承包价计算基础}{每万元发承包价中的人工费含量} \times 100\%$$

公式解读:"规费缴纳标准"是指由行政主管部门规定的各有关规费缴纳的计算标准。"每万元发承包价中的人工费含量"是指每万元发承包价中的人工费数额。分子的计算结果是指每万元发承包价发生的规费数额。分数的计算结果是指每万元发承包价发生的规费占每万元发承包价中人工费的比例。

②企业管理费。

$$企业管理费费率(\%) = \frac{生产工人年平均管理费}{年有效施工天数 \times 人工单价} \times 100\%$$

公式解读:"生产工人年平均管理费"指每个生产工人每年平均分摊管理费的数额。"年有效施工天数×人工单价"计算出的结果是每个生产工人每年平均人工费的支出数额。分式的计算结果是企业管理费占人工费的比例。

4) 确定费用项目有关费率的条件

施工图预算和工程量清单报价的各项费用计算一般按企业等级计取。

某地区费用定额规定,企业管理费根据工程类别确定费率,利润根据企业资质等级确定利润率。建筑工程的企业管理费以定额直接费为计算基础,见表5.6和表5.7。

表5.6 企业管理费标准

企业等级	计算基础	企业管理费费率(%)
特级	定额直接费	7.54
一级	定额直接费	7.00
二级	定额直接费	5.92
三级	定额直接费	5.03

表5.7 企业利润标准

取费级别	计算基础	利润率(%)
特级取费	定额直接费	10
一级取费	定额直接费	8
二级取费	定额直接费	6
三级取费	定额直接费	4

5)企业资质等级有关规定

2001年4月18日建设部发布了第87号令,从2001年7月1日起实行《建筑业企业资质管理规定》。

在《建筑业企业资质管理规定》第二章第五条中规定"建筑业企业资质分为施工总承包、专业承包和劳务分包三个序列"。第三条中规定"施工总承包资质、专业承包资质、劳务分包资质序列按照工程性质和技术特点分别划分为若干资质类别。"各资质类别按照规定的条件分为若干等级。

(1)总承包企业资质等级标准

房屋建筑工程施工总承包企业资质分为特级、一级、二级、三级4个等级。

①特级资质标准:

• 企业注册资本金3亿元以上;

• 企业净资产3.6亿元以上;

• 企业近3年年平均工程结算收入15亿元以上;

• 企业其他条件均达到一级资质标准。

②一级资质标准:

a.企业近5年承担过下列6项中的4项以上工程的施工总承包或主体工程承包,工程质量合格。

• 25层以上的房屋建筑工程;

• 高度100 m以上的构筑物或建筑物;

• 单体建筑面积3万 m² 以上的房屋建筑工程;

• 单跨跨度30 m以上的房屋建筑工程;

- 建筑面积 10 万 m² 以上的住宅小区或建筑群体；
- 单项建安合同额 1 亿元以上的房屋建筑工程。

b.关于企业主要管理人员和专业技术人员要求如下：

- 企业经理具有 10 年以上从事工程管理工作经历或具有高级职称；总工程师具有 10 年以上从事建筑施工技术管理工作经历并具有本专业高级职称；总会计师具有高级会计职称；总经济师具有高级职称。
- 企业有职称的工程技术和经济管理人员不少于 300 人，其中工程技术人员不少于 200人；工程技术人员中，具有高级职称的人员不少于 10 人，具有中级职称的人员不少于 60 人。
- 企业具有的一级资质项目经理不少于 12 人。

c.企业注册资本金 5 000 万元以上，企业净资产 6 000 万元以上。

d.企业近 3 年最高年工程结算收入 2 亿元以上。

e.企业具有与承包工程范围相适应的施工机械和质量检测设备。

③二级、三级资质标准此处略。

5.7.2 工程造价计价程序设计

工程造价计价程序设计的三项主要内容是：费用项目、计算标准和计价顺序。

1)传统施工图预算工程造价计价程序设计

（1）工程造价费用项目的确定

工程造价计价程序一般由该地区工程造价主管部门制定。各地区在确定工程造价的费用项目时，一般要根据上级主管部门的文件精神再结合本地区实际情况作出规定。例如，某地区根据建标[2003]206 号文件的精神规定的工程造价费用项目见表 5.1。

（2）计算标准的确定

工程造价各项费用的计算标准主要包括两个方面，一是计算基数；二是对应的费率。

当计算基数确定后，各项费用的费率一般通过历史数据采用统计的方法确定。例如，某地区一级施工企业以直接工程费为计算基础的各项费用的费率见表 5.8。

表 5.8 某地区一级施工企业以直接工程费为计算基础的各项费用的费率

费用名称	计算基础	费率(%)
安全文明施工费	直接工程费	1.5
临时设施费	直接工程费	2.5
二次搬运费	直接工程费	1.0
企业管理费	直接工程费	7.0
社会保障费	直接工程费	2.5
住房公积金	直接工程费	2.0
利 润	直接工程费	8.0
税 金	直接费+间接费+利润	3.48(工程在市区时)

（3）计价程序设计

上级主管部门有关文件规定的计价程序通常比较简略，要将该规定转换成本地区实用的工程造价计价程序，还需进一步细化。例如，以建标［2003］206 号文件规定的"工料单价法"中的直接工程费为计算基础的计价程序见表 5.9。

表 5.9　工料单价法计价程序

序　号	费用项目	计算方法	备　注
（1）	直接工程费	按预算表	
（2）	措施费	按规定标准计算	
（3）	小　计	（1）+（2）	
（4）	间接费	（3）×相应费率	
（5）	利　润	［（3）+（4）］×利润率	
（6）	合　计	（3）+（4）+（5）	
（7）	含税工程造价	（6）×（1+税率）	

可以看出，上述计价程序显然不能满足本地区计算工程造价的需要。所以，我们要进一步设计细化的实用计价程序。

应该指出，在设计地区计价程序时，要贯彻主管部门文件规定的精神，要符合本地区的工程造价计算的客观情况，要符合基本经济理论的要求。

例如，根据上述地区费用项目、计算标准的具体情况和建标［2003］206 号文件精神，设计出的实用计价程序见表 5.10（工料单价法）和表 5.11（单位估价法）。

表 5.10　建筑工程造价计价程序（工料单价法）

序　号	费用项目	计算方法	备　注
（1）	直接工程费 　其中　人工费： 　　　　材料费： 　　　　机具费：	按预算表	
（2）	安全文明施工费	（1）×对应费率	
（3）	临时设施费	（1）×对应费率	
（4）	二次搬运费	（1）×对应费率	
（5）	脚手架费	按有关标准计算	
（6）	大型机械设备进场及安拆费	按有关标准计算	
（7）	混凝土模板及支架费	按有关标准计算	
（8）	措施费小计	（2）~（8）之和	
（9）	企业管理费	［（1）+（8）］×对应费率	

续表

序　号	费用项目	计算方法	备　注
（10）	社会保障费	［（1）+（8）］×对应费率	
（11）	住房公积金	［（1）+（8）］×对应费率	
（12）	规费小计	（10）+（11）	
（13）	利　润	［（1）+（8）+（9）+（12）］×对应费率	
（14）	合　计	（1）+（8）+（9）+（12）+（13）	
（15）	税　金	（14）×对应税率	
（16）	工程造价	（14）+（15）	

表 5.11　建筑工程造价计价程序（单位估价法）

序　号	费用项目	计算方法	备　注
（1）	直接工程费 　其中　人工费： 　　　　材料费： 　　　　机具费：	见定额直接费计算表	
（2）	人工费调整		
（3）	材料价差调整	见材料价差调整表	
（4）	安全文明施工费	（1）×对应费率	
（5）	临时设施费	（1）×对应费率	
（6）	二次搬运费	（1）×对应费率	
（7）	脚手架费	按有关标准计算	
（8）	大型机械设备进场及安拆费	按有关标准计算	
（9）	混凝土模板及支架费	按有关标准计算	
（10）	措施费小计	（4）~（9）之和	
（11）	企业管理费	（1）×对应费率	
（12）	社会保障费	（1）×对应费率	
（13）	住房公积金	（1）×对应费率	
（14）	规费小计	（12）+（13）	
（15）	利　润	（1）×对应费率	
（16）	合　计	（1）+（2）+（3）+（10）+（11）+（14）+（15）	
（17）	税　金	（16）×对应税率	
（18）	工程造价	（16）+（17）	

（4）工程造价计算实例

请根据某地区某综合楼工程的有关条件和数据，按上述计算标准及计价程序，计算该工程的工程造价。

- 企业等级：一级；
- 定额人工费：7 500 000 元；
- 定额材料费：52 500 000 元；
- 定额机具费：4 200 000 元；
- 材料价差：2 043 元；
- 脚手架费：350 000 元；
- 大型机械设备进场及安拆费：40 000 元；
- 混凝土模板及支架费：880 000 元；
- 各种取费按某地区文件规定。

某综合楼建筑工程造价计算见表 5.12。

表 5.12　某综合楼建筑工程预算造价计算表（单位估价法）

序　号	费用名称	计算式	金额（元）
（1）	直接工程费　其中　人工费：7 500 000　材料费：52 500 000　机具费：4 200 000	见定额直接费计算表	64 200 000
（2）	人工费调整		
（3）	材料价差调整	见材料价差调整表	2 043
（4）	安全文明施工费	64 200 000×1.5%（见表 5.6）	963 000
（5）	临时设施费	64 200 000×2.5%（见表 5.6）	1 605 000
（6）	二次搬运费	64 200 000×1.0%（见表 5.6）	642 000
（7）	脚手架费	见计算表	350 000
（8）	大型机械设备进场及安拆费	见计算表	40 000
（9）	混凝土模板及支架费	见计算表	880 000
（10）	措施费小计	（4）~（9）之和	4 480 000
（11）	企业管理费	64 200 000×7.0%（见表 5.4）	4 494 000
（12）	社会保障费	64 200 000×2.5%（见表 5.4）	1 605 000
（13）	住房公积金	64 200 000×2.0%（见表 5.4）	1 284 000
（14）	规费小计	（12）+（13）	2 889 000
（15）	利　润	64 200 000×8.0%（见表 5.4）	5 136 000
（16）	合　计	（1）+（2）+（3）+（10）+（11）+（14）+（15）	81 201 043
（17）	税　金	81 201 043×3.48%（见表 5.4）	2 825 796.30
（18）	预算造价	（16）+（17）	84 026 839.30

2）按44号文件费用划分及营改增后的施工图预算工程造价计算程序设计

（1）依据44号文件确定工程造价费用项目

根据44号文件确定的分部分项工程费、措施项目费、其他项目费、规费，以及营改增规定的税金的费用划分，来确定施工图预算工程造价的费用划分。

（2）计算标准的确定

计算基数（础）可以是定额直接费，可以是定额人工费，也可以是定额人工费加定额机具费。究竟采用什么方法，具体由地区工程造价主管部门根据实际情况确定。

（3）计价程序设计

根据建标〔2013〕44号文件规定及营改增后的费用项目划分和地区工程造价管理部门的规定，设计出的施工图预算工程造价计算程序见表5.13。

表 5.13　建筑安装工程施工图预算工程造价计算程序

序　号		费用名称	计算基数	计算式
1	分部分项工程费	人工费	分部分项工程量×定额基价	∑（工程量×定额基价）（其中定额人工费：　）
		材料费		
		机具费		
		管理费	分部分项工程定额人工费	∑（分部分项工程定额人工费）×管理费率
		利润	分部分项工程定额人工费	∑（分部分项工程定额人工费）×利润率
2	措施项目费	单价措施项目 人工费、材料费、机具费	单价措施工程量×定额基价	∑（单价措施项目工程量×定额基价）
		单价措施项目管理费、利润	单价措施项目定额人工费	∑（单价措施项目定额人工费）×（管理费率+利润率）
		总价措施 安全文明施工费	分部分项工程定额人工费+单价措施项目定额人工费	（分部分项工程、单价措施项目定额人工费）×费率
		夜间施工增加费		
		二次搬运费		
		冬雨季施工增加费		
3	其他项目费	总承包服务费	招标人分包工程造价	
		…		
4	规费	社会保险费	分部分项工程定额人工费+单价措施项目定额人工费	（分部分项工程定额人工费+单价措施项目定额人工费）×费率
		住房公积金		
		工程排污费	按工程所在地规定计算	

序　号	费用名称	计算基数	计算式
5	人工价差调整	定额人工费×调整系数	
6	材料价差调整	见材料价差调整计算表	
7	增值税税金	序1+序2+序3+序4+序5+序6	（序1+序2+序3+序4+序5+序6）×税率
	预算造价	（序1+序2+序3+序4+序5+序6+序7）	

3）按44号文件费用划分施工图预算工程造价计算

某工程施工图预算工程造价的数据和地区费用标准如下，按44号文件费用划分的办法计算的工程造价见表5.14。

表5.14 建筑安装工程施工图预算工程造价计算表

工程名称：某工程　　　　　　　　　　　　　　　　　　　　　　　　　　　　第1页 共1页

序　号	费用名称		计算式	费率（%）	金额（元）	合计（元）
1	分部分项工程费	定额人工费	分部分项工程量×定额人工费=808.33元		808.33	3 319.63
		定额材料费	分部分项工程量×定额材料费=2 213.95元		2 213.95	
		定额机具费	分部分项工程量×定额机具费=95.27元		95.27	
		管理费	分部分项工程定额人工费×费率=808.33×15%=121.25元	15（地区规定）	121.25	
		利润	分部分项工程定额人工费+定额机具费×利润率=808.33×10%=80.83	10（地区规定）	80.83	
2	措施项目费	单价措施项目 — 人工、材料、机具费	$\sum$（单价措施项目工程量×定额基价）=1.97 m^2×23.09=45.49元		45.49	316.21
		单价措施项目 — 管理费、利润	单价措施项目定额人工费×（管理费率+利润率）=21.14×25%=5.29元	25（地区规定）	5.29	
		总价措施项目 — 安全文明施工费	[（分部分项工程+单价措施项目定额人工费）（808.33+21.14）×费率]=829.47×费率	26	215.66	
		总价措施项目 — 夜间施工增加费		2.5	20.74	
		总价措施项目 — 二次搬运费		1.5	12.44	
		总价措施项目 — 冬雨季施工增加费		2.0	16.59	

续表

序　号		费用名称	计算式	费率(%)	金额(元)	合计(元)
3	其他项目费	总承包服务费	招标人分包工程造价			本工程无此项
4	规费	社会保险费	(分部分项工程定额人工费+单价措施项目定额人工费)×费率＝829.47×费率	10.6	87.92	104.51
		住房公积金		2.0	16.59	
		工程排污费	按工程所在地规定计算(分部分项工程定额直接费)		不计算	
5		人工价差调整	定额人工费×调整系数(829.47×85%＝705.05元)	85.0(地区规定)		705.05
6		材料价差调整	见材料价差调整表(略)			154.16
7		增值税税金	(序1+序2+序3+序4+序5+序6)(3 319.63+316.21+104.51+705.05+154.16)×11%＝4 599.56×11%＝505.95元	11%		505.95
		预算造价	(序1+序2+序3+序4+序5+序6+序7)			5 105.51

说明:表中序1~序6各费用均以不包含增值税可抵扣进项税额的价格计算。

施工企业等级:一级

定额人工费:808.33元

定额材料费:2 213.95元

定额机具费:95.27元

• 取费基础为分部分项工程定额人工费:

企业管理费率:15%

利润:10%

• 取费基础为分部分项工程定额人工费+单价措施项目定额人工费:

安全文明施工费:26%

夜间施工增加费:2.5%

二次搬运费:1.5%

冬雨季施工增加费:2.0%

社会保险费:10.6%

住房公积金:2.0%

人工价差调整系数:0.85(以定额人工费为基数)

按规定调整的主要材料价差总额:154.16元

增值税税率:11%

4)工程量清单计价的工程造价计算程序设计

（1）工程量清单计价的工程造价费用项目确定

工程量清单计价的工程造价费用项目计价程序由《建设工程工程量清单计价规范》确定。各地区根据上级主管部门的文件精神,再结合本地区实际情况,作出安全文明施工费和各种规费的计算基数及费率规定。例如,根据《建设工程工程量清单计价规范》（GB 50500—2013）和建标〔2013〕44号文件规定的工程量清单计价工程造价费用项目见图5.1。

工程量清单计价建筑安装工程费用项目组成

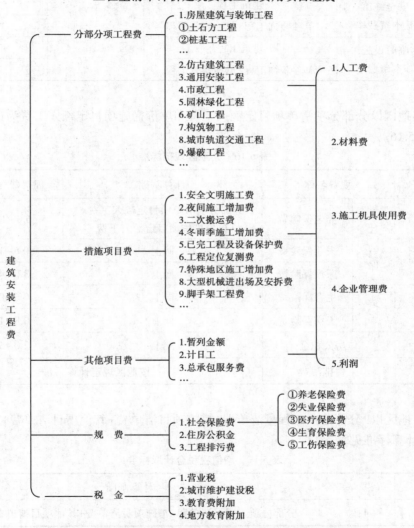

图5.1　工程量清单计价建筑安装工程费用项目组成示意图

（2）计算标准的确定

当费用项目确定以后,建筑工程量清单报价的各项费用的计算标准主要包括两个方面,一是计算基数;二是对应的费率。当计算基数确定后,各项费用的费率由各地区确定。

例如,某地区以计价定额人工费为计算基础的安全文明施工基本费费率表（工程在市区时）见表5.15。

表 5.15　某地区安全文明施工基本费费率表（工程在市区时）

序　号	项目名称	工程类型	取费基础	计价定额费率（%）
1	环境保护费基本费费率			0.5
2	文明施工基本费费率	建筑工程	分部分项工程量清单项目定额人工费	6.5
		单独装饰工程、单独安装工程		2
3	安全施工基本费费率	建筑工程		9.5
		单独装饰工程、单独安装工程		3.5
4	临时设施基本费费率	建筑工程		9.5
		单独装饰工程、单独安装工程		6.5

又如，某地区以分部分项清单项目定额人工费和单价措施项目定额人工费为计算基础的规费标准见表 5.16。

表 5.16　某地区规范标准

序　号	规费名称		计算基础	规费费率（%）
1	社会保险费	养老保险费	分部分项清单项目定额人工费+单价措施项目定额人工费	6.0~11.0
2		失业保险费	同上	0.6~1.1
3		医疗保险费	同上	3.0~4.5
4		生育保险费	同上	0.6~0.8
5		工伤保险费	同上	0.8~1.3
6	住房公积金		同上	2.0~5.0
7	工程排污费		按地区规定计算	

再如，某地区以"分部分项工程量清单费+措施项目清单费+其他项目清单费+规费"为计算基础的税金计算标准见表 5.17。

表 5.17　增值税税金计取标准

项　目	税　率	计算基础
增值税	11%	分部分项工程量清单费+措施项目清单费+其他项目清单费+规费

说明：表中计算基础均以不包含增值税可抵扣进项税额的价格计算。

（3）工程量清单的计价程序设计

工程量清单计价程序由《建设工程工程量清单计价规范》规定的内容确定。例如，某地区根据《建设工程工程量清单计价规范》（GB 50500—2013）及营改增规定和上级主管部门的文件精神，再结合本地区实际情况，设计了工程量清单造价计价程序，见表 5.18。

表 5.18 工程量清单计价工程造价计算程序

序 号	费用名称		计算基数	计算方法
1	分部分项工程费		分部分项工程量	∑（分部分项工程量×综合单价）
2	措施项目费	单价措施项目	单价措施项目工程量	∑（单价措施项目定额人工费×综合单价）
		总价措施项目	分部分项工程项目定额人工费	∑（分部分项工程项目定额人工费）×费率
3	其他项目费	暂列金额	招标工程量清单	根据招标工程量清单直接填写
		计日工		自主报价
		总承包服务费		分包工程造价×费率
		…		
4	规费	社会保险费	分部分项工程项目定额人工费+单价措施项目定额人工费	（分部分项工程项目定额人工费+单价措施项目定额人工费）×费率
		住房公积金		
		工程排污费		按工程所在地规定计算
5	增值税税金		序1+序2+序3+序4	（序1+序2+序3+序4）×税率
	工程造价			（序1+序2+序3+序4）

说明：表中序1~序4各费用均以不包含增值税可抵扣进项税额的价格计算。

（4）工程量清单工程造价计算实例

请根据某地区某综合楼工程的有关条件和数据，按上述计算标准、计价程序及营改增的规定计算该工程的工程造价。

- 企业等级：一级；
- 分部分项工程费：81 200 元，其中定额人工费：6 500 元；
- 脚手架费：900 元；
- 大型机械设备进场及安拆费：400 元；
- 混凝土模板及支架费：880 元；
- 措施项目清单定额人工费：135 元；
- 暂列金额：2 000 元；
- 工程暂估价：3 000 元；
- 总承包服务费：工程暂估价×1.5%；
- 各种取费按某地区文件规定取上限（表5.15~表5.17）。

某综合楼建筑工程量清单工程造价计算见表5.19。

表 5.19　工程量清单计价工程造价计算表

工程名称:某综合楼工程　　　　　　　　　　　　　　　　　　　　　　第 1 页 共 1 页

序　号	费用名称			计算式	金额(元)	小计(元)
1	分部分项工程费			$\sum$(分部分项工程量×综合单价) = 81 200 其中定额人工费:6 500		81 200
2	措施项目费		单价措施项目	$\sum$ 单价措施工程量×综合单价 = 900+400+880 = 2 180 其中定额人工费:135	2 180	3 870
		总价措施项目	安全文明施工费	6 500×(0.5+6.5+9.5+9.5)%	1 690	
			夜间施工增加费	无		
			二次搬运费	无		
			冬雨季施工增加费	无		
			…			
3	其他项目费		暂列金额	根据招标工程量清单金额填写	2 000	2 045
			计日工	无		
			总承包服务费	3 000×1.5%	45	
			…			
4	规费	社会保险费	分部分项工程项目定额人工费+单价措施项目定额人工费 = 6 500+135 = 6 635			1 572.51
			养老保险费	6 635×11.0%	729.85	
			失业保险费	6 635×1.1%	72.99	
			医疗保险费	6 635×4.5%	298.58	
			生育保险费	6 635×0.8%	53.08	
			工伤保险费	6 635×1.3%	86.26	
		住房公积金		6 635×5.0%	331.75	
		工程排污费		按工程所在地规定计算	无	
5	增值税税金			(序 1+序 2+序 3+序 4)×税率 88 687.51×11%	9 755.63	
	工程造价			(序 1+序 2+序 3+序 4) 88 687.51+9 755.63		98 443.14

说明:表中序 1~序 4 各费用均以不包含增值税可抵扣进项税额的价格计算。

拓展思考题

(1)建筑工程费用(造价)计算程序设计的学习中,各项费率主要是根据统计资料计算后确定的。设计的思路与方法是本章的最重要内容,应完全掌握。程序设计的思想为将来深入理解新颁发的工程造价计算程序具有极大的帮助。

（2）你知道什么是费用定额吗？它包含哪些内容？

答：费用定额一般是指在工程造价计算中，除直接费计算以外的各项费用的标准，包括费用项目、取费基础和费率（税率）。

费用定额的主要包括：措施费、企业管理费、规费、利润、税金等费用项目、计算基础和对应的费率（税率）。

（3）你能将建标〔2013〕206 号文规定的建筑工程费用项目与 GB 50500—2013 规定的费用项目全部对应起来吗？对应不上的有哪些费用？请试着做一下。

（4）GB 50500—2013 规定的费用项目是如何设计出来的？能谈谈你的思路吗？

（5）利润的计算基数可以是人工费或直接费，你认为哪种作为基数较合理？为什么？

（6）请你搜集两个地区的建筑工程费用（造价）计算的规定，分析它们的不同点，提出自己的改进意见。

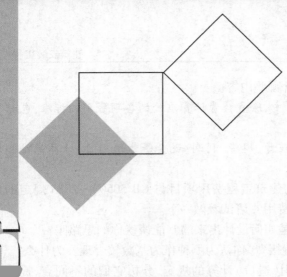

6 建筑面积

6.1 建筑面积的概念

建筑面积也称建筑展开面积,是建筑物各层面积的总和。建筑面积包括附属于建筑物的室外阳台、雨篷、檐廊、室外走廊、室外楼梯等。

建筑面积包括使用面积、辅助面积和结构面积3部分。

1)使用面积

使用面积是指建筑物各层平面中直接为生产或生活使用的净面积之和,例如住宅建筑中的居室、客厅、书房、卫生间、厨房等。

2)辅助面积

辅助面积是指建筑物各层平面中为辅助生产或辅助生活所占的净面积之和,例如住宅建筑中的楼梯、走道等。使用面积与辅助面积之和称为有效面积。

3)结构面积

结构面积是指建筑物各层平面中的墙、柱等结构所占的面积之和。

6.2 建筑面积的作用

1)重要的管理指标

建筑面积是建设投资、建设项目可行性研究、建设项目勘察设计、建设项目评估、建设项目招标投标、建筑工程施工和竣工验收、建设工程造价管理、建筑工程造价控制等一系列管理工作的重要指标。

2）重要的技术指标

建筑面积是计算开工面积、竣工面积、优良工程率、建筑装饰规模等重要的技术指标。

3）重要的经济指标

建筑面积是计算建筑、装饰等单位工程或单项工程的单位面积工程造价、人工消耗指标、机械台班消耗指标、工程量消耗指标的重要经济指标。

各经济指标的计算公式如下：

$$每平方米工程造价 = \frac{工程造价}{建筑面积}(元/m^2)$$

$$每平方米人工消耗 = \frac{单位工程用工量}{建筑面积}(工日/m^2)$$

$$每平方米材料消耗 = \frac{单位工程某材料用量}{建筑面积}(kg/m^2、m^3/m^2 等)$$

$$每平方米机械台班消耗 = \frac{单位工程某机械台班用量}{建筑面积}(台班/m^2 等)$$

$$每平方米工程量 = \frac{单位工程某项工程量}{建筑面积}(m^2/m^2、m/m^2 等)$$

4）重要的计算依据

建筑面积是计算有关工程量的重要依据，例如装饰用满堂脚手架工程量等。

综上所述，建筑面积是重要的技术经济指标，在全面控制建筑、装饰工程造价和建设过程中起着重要的作用。

6.3　建筑面积计算规则

由于建筑面积是计算各种技术经济指标的重要依据，这些指标又起着衡量和评价建设规模、投资效益、工程成本等方面重要尺度的作用，因此，中华人民共和国住房和城乡建设部颁发了《建筑工程建筑面积计算规范》（GB/T 50353—2013），规定了建筑面积的计算方法。

《建筑工程建筑面积计算规范》主要规定了 3 个方面的内容：计算全部建筑面积的范围和规定；计算部分建筑面积的范围和规定；不计算建筑面积的范围和规定。这些规定主要基于以下两个方面的考虑：

①尽可能准确地反映建筑物各组成部分的价值量。例如，有柱雨篷应按其结构板水平投影面积的 1/2 计算建筑面积；建筑物间有围护结构的走廊（增加了围护结构的工料消耗）应按其围护结构外围水平面积计算全面积。又如，多层建筑坡屋顶内和场馆看台下的建筑空间，结构净高在 2.10 m 及以上的部位应计算全面积；结构净高在 1.20~2.10 m 以下的部位应计算 1/2 面积；结构净高在 1.20 m 以下的部位不应计算建筑面积。

②通过建筑面积计算规范的规定，简化建筑面积的计算过程。例如，附墙柱、垛等不计算建筑面积。

6.4 应计算建筑面积的范围

6.4.1 建筑物建筑面积计算

1) 计算规定

建筑物的建筑面积应按自然层外墙结构外围水平面积之和计算。结构层高在 2.20 m 及以上的,应计算全面积;结构层高在 2.20 m 以下的,应计算 1/2 面积。

2) 计算规定解读

①建筑物可以是民用建筑、公共建筑,也可以是工业厂房。

②建筑面积只包括外墙的结构面积,不包括外墙抹灰厚度、装饰材料厚度所占的面积。如图 6.1 所示,其建筑面积为 $S = a \times 6$(外墙外边尺寸,不含勒脚厚度)。

③当外墙结构本身在一个层高范围内不等厚时,以楼地面结构标高处的外围水平面积计算。

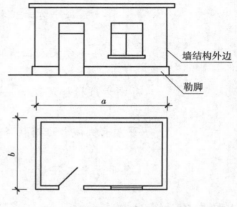

图 6.1　建筑面积计算示意图

6.4.2 局部楼层建筑面积计算

1) 计算规定

建筑物内设有局部楼层时,对于局部楼层的二层及以上楼层,有围护结构的应按其围护结构外围水平面积计算,无围护结构的应按其结构底板水平面积计算,且结构层高在 2.20 m 及以上的,应计算全面积,结构层高在 2.20 m 以下的,应计算 1/2 面积。

2) 计算规定解读

①单层建筑物内设有部分楼层的例子如图 6.2 所示。这时,局部楼层的围护结构墙厚应包括在楼层面积内。

②本规定没有说不算建筑面积的部位,我们可以理解为局部楼层层高一般不会低于 1.20 m。

【例 6.1】 根据图 6.2 计算该建筑物的建筑面积(墙厚均为 240 mm)。

【解】 底层建筑面积 = (6.0+4.0+0.24)×(3.30+2.70+0.24)

　　　　　　　 = 10.24×6.24

　　　　　　　 = 63.90(m²)

楼隔层建筑面积 = (4.0+0.24)×(3.30+0.24)

　　　　　　　 = 4.24×3.54

　　　　　　　 = 15.01(m²)

全部建筑面积＝69.30＋15.01＝78.91（m²）

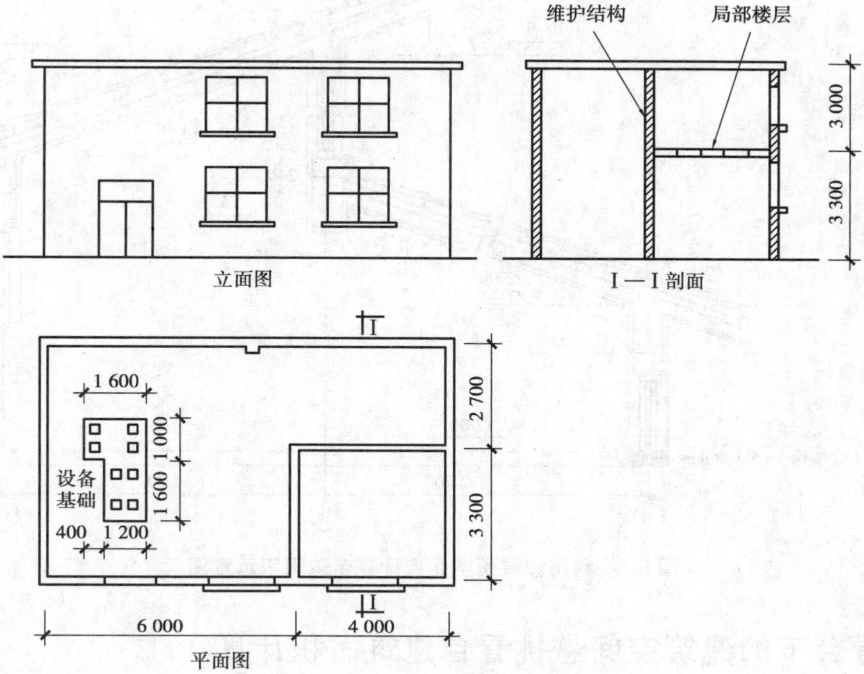

图6.2 建筑物局部楼层示意图

6.4.3 坡屋顶建筑面积计算

1）计算规定

对于形成建筑空间的坡屋顶，结构净高在2.10 m及以上的部位应计算全面积；结构净高在1.20～2.10 m以下的部位应计算1/2面积；结构净高在1.20 m以下的部位不应计算建筑面积。

2）计算规定解读

多层建筑坡屋顶内和场馆看台下的空间应视为坡屋顶内的空间，设计加以利用时，应按其结构净高确定其建筑面积的计算；设计中不利用的空间，不应计算建筑面积，其示意图如图6.3所示。

【例6.2】 根据图6.3中所示尺寸，计算坡屋顶内的建筑面积。

【解】 （1）应计算1/2面积：（Ⓐ轴～Ⓑ轴）

$$S_1 = \underset{\text{符合1.2 m高的宽}}{(2.70-0.40)} \times \underset{\text{坡屋面长}}{5.34} \times 0.50 = 6.15（\text{m}^2）$$

（2）应计算全部面积：（Ⓑ轴～Ⓒ轴）

$$S_2 = 3.60 \times 5.34 = 19.22（\text{m}^2）$$

$$小计：S_1 + S_2 = 6.15 + 19.22 = 25.37（\text{m}^2）$$

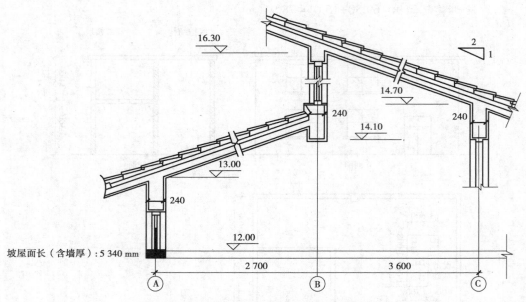

图 6.3　利用坡屋顶空间应计算建筑面积示意图

6.4.4　看台下的建筑空间悬挑看台建筑面积计算

1)计算规定

对于场馆看台下的建筑空间,结构净高在 2.10 m 及以上的部位应计算全面积;结构净高在 1.20~2.10 m 的部位应计算 1/2 面积;结构净高在 1.20 m 以下的部位不应计算建筑面积。室内单独设置的有围护设施的悬挑看台,应按看台结构底板水平投影面积计算建筑面积。有顶盖无围护结构的场馆看台应按其顶盖水平投影面积的 1/2 计算面积。

2)计算规定解读

场馆看台下的建筑空间因其上部结构多为斜(或曲线)板,所以采用净高的尺寸划定建筑面积的计算范围和对应规则,其示意图如图 6.4 所示。

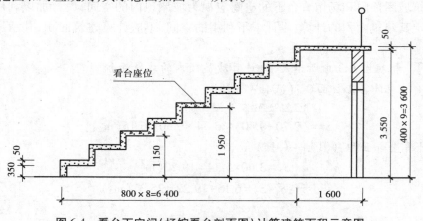

图 6.4　看台下空间(场馆看台剖面图)计算建筑面积示意图

室内单独设置的有围护设施的悬挑看台,因其看台上部设有顶盖且可供人使用,所以按看台板的结构底板水平投影计算建筑面积。这一规定与建筑物内阳台的建筑面积计算规定是一致的。

室内单独设置的有围护设施的悬挑看台,应按看台结构底板水平投影面积计算建筑面积。

6.4.5 地下室、半地下室及出入口

1)计算规定

地下室、半地下室应按其结构外围水平面积计算。结构层高在 2.20 m 及以上的,应计算全面积;结构层高在 2.20 m 以下的,应计算 1/2 面积。

出入口外墙外侧坡道有顶盖的部位,应按其外墙结构外围水平面积的 1/2 计算面积。

2)计算规定解读

①地下室采光井是为了满足地下室的采光和通风要求设置的。一般在地下室围护墙上口开设一个矩形或其他形状的竖井,井的上口一般设有铁栅,井的一个侧面安装采光和通风用的窗子,如图 6.5 所示。

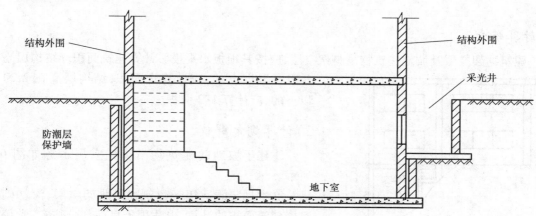

图 6.5 地下室建筑面积计算示意图

②以前的计算规则规定:按地下室、半地室上口外墙外围水平面积计算,文字上不甚严密,"上口外墙"容易被理解成为地下室、半地下室的上一层建筑的外墙。因为通常情况下,上一层建筑外墙与地下室墙的中心线不一定完全重叠,多数情况是凹进或凸出地下室外墙中心线,所以要明确规定地下室、半地下室应以其结构外围水平面积计算建筑面积。

③出入口坡道分有顶盖出入口坡道和无顶盖出入口坡道,出入口坡道顶盖的挑出长度,为顶盖结构外边线至外墙结构外边线的长度;顶盖以设计图纸为准,对后增加及建设单位自行增加的顶盖等,不计算建筑面积。顶盖不分材料种类(如钢筋混凝土顶盖、彩钢板顶盖、阳光板顶盖等)。地下室出入口如图 6.6 所示。

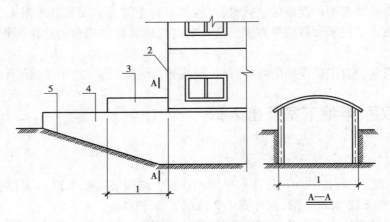

图 6.6 地下室入口
1—计算 1/2 投影面积部位；2—主体建筑；3—出入口顶盖；
4—封闭出入口侧墙；5—出入口坡道

6.4.6 建筑物架空层及坡地建筑物吊脚架空层建筑面积计算

1)计算规定

　　建筑物架空层及坡地建筑物吊脚架空层,应按其顶板水平投影计算建筑面积。结构层高在 2.20 m 及以上的,应计算全面积;结构层高在 2.20 m 以下的,应计算 1/2 面积。

2)计算规定解读

　　①建于坡地的建筑物吊脚架空层示意如图 6.7 所示。

　　②本规定既适用于建筑物吊脚架空层、深基础架空层建筑面积的计算,也适用于目前部分住宅、学校教学楼等工程在底层架空或在二楼或以上某个甚至多个楼层架空,作为公共活动、停车、绿化等空间的建筑面积的计算。架空层中有围护结构的建筑空间按相关规定计算。

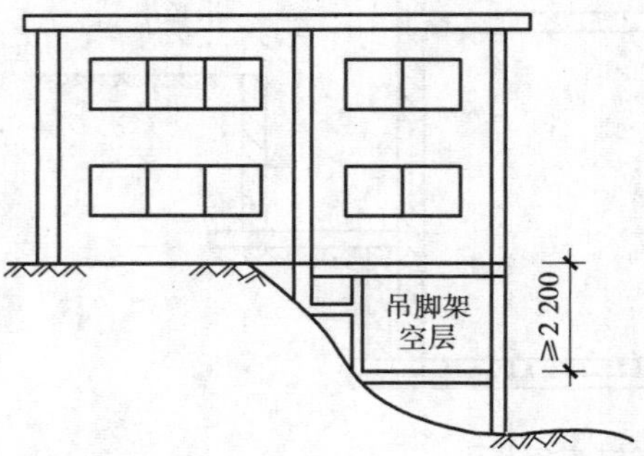

图 6.7 坡地建筑物吊脚架空层示意图

6.4.7 门厅、大厅及设置的走廊建筑面积计算

1)计算规定

　　建筑物的门厅、大厅应按一层计算建筑面积,门厅、大厅内设置的走廊应按走廊结构底板水平投影面积计算建筑面积。结构层高在 2.20 m 及以上的,应计算全面积;结构层高在 2.20 m 以下的,应计算 1/2 面积。

2)计算规定解读

①门厅、大厅内设置的走廊,是指建筑物门厅、大厅的上部(一般该门厅、大厅占两个或两个以上建筑物层高)四周向大厅、门厅、中间挑出的走廊,如图6.8所示。

②宾馆、大会堂、教学楼等大楼内的门厅或大厅,往往要占建筑物的二层或二层以上的层高,这时也只能计算一层面积。

③"结构层高在2.20 m以下的,应计算1/2面积"指门厅、大厅内设置的走廊结构层高可能出现的情况。

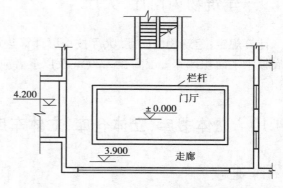

图6.8 门厅、大厅内设置走廊示意图

6.4.8 建筑物间的架空走廊建筑面积计算

1)计算规定

对于建筑物间的架空走廊,有顶盖和围护设施的,应按其围护结构外围水平面积计算全面积;无围护结构、有围护设施的,应按其结构底板水平投影面积计算1/2面积。

2)计算规定解读

架空走廊是指建筑物与建筑物之间,在二层或二层以上专门为水平交通设置的走廊。无围护结构架空走廊示意如图6.9所示,有围护结构架空走廊示意如图6.10所示。

图6.9 无围护结构架空走廊示意图

图6.10 有围护结构的架空走廊示意图

1—架空走廊

6.4.9　建筑物内门厅、大厅

计算规定:建筑物的门厅、大厅按一层计算建筑面积。门厅、大厅内设有回廊时,应按其结构底板水平面积计算。层高在 2.20 m 及以上者应计算全面积;层高不足 2.20 m 者应计算 1/2 面积。

6.4.10　立体书库、立体仓库、立体车库建筑面积计算

1)计算规定

对于立体书库、立体仓库、立体车库,有围护结构的,应按其围护结构外围水平面积计算建筑面积;无围护结构有围护设施的,应按其结构底板水平投影面积计算建筑面积。无结构层的应按一层计算,有结构层的应按其结构层面积分别计算。结构层高在 2.20 m 及以上的,应计算全面积;结构层高在 2.20 m 以下的,应计算 1/2 面积。

2)计算规定解读

①本条主要规定了图书馆中的立体书库、仓储中心的立体仓库、大型停车场的立体车库等建筑的建筑面积计算。起局部分隔、存储等作用的书架层、货架层或可升降的立体钢结构停车层均不属于结构层,故该部分隔层不计算建筑面积。

②立体书库建筑面积计算(按图 6.11 计算)如下:

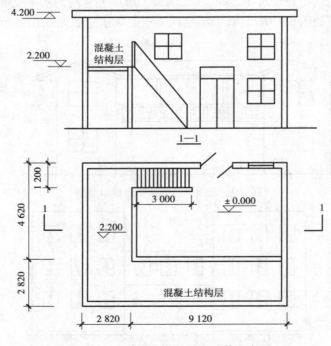

图 6.11　立体书库建筑面积计算示意图

$$底层建筑面积 = (2.82 + 4.62) \times (2.82 + 9.12) + \overset{楼梯}{\overline{3.0 \times 1.20}}$$

$$= 7.44 \times 11.94 + 3.60$$

$$= 92.43(\text{m}^2)$$

$$结构层建筑面积 = (4.62 + 2.82 + 9.12) \times 2.82 \times 0.50(层高 2\text{ m})$$

$$= 16.56 \times 2.82 \times 0.50$$

$$= 23.35(\text{m}^2)$$

6.4.11 舞台灯光控制室

1)计算规定

有围护结构的舞台灯光控制室,应按其围护结构外围水平面积计算。结构层高在 2.20 m 及以上的,应计算全面积;结构层高在 2.20 m 以下的,应计算 1/2 面积。

2)计算规定解读

如果舞台灯光控制室有围护结构且只有一层,那么就不能另外计算面积。因为整个舞台的面积计算已经包含了该灯光控制室的面积。

6.4.12 落地橱窗建筑面积计算

1)计算规定

附属在建筑物外墙的落地橱窗,应按其围护结构外围水平面积计算。结构层高在 2.20 m 及以上的,应计算全面积;结构层高在 2.20 m 以下的,应计算 1/2 面积。

2)计算规定解读

落地橱窗是指突出外墙面,根基落地的橱窗。

6.4.13 飘窗建筑面积计算

1)计算规定

窗台与室内楼地面高差在 0.45 m 以下且结构净高在 2.10 m 及以上的凸(飘)窗,应按其围护结构外围水平面积计算 1/2 面积。

2)计算规定解读

飘窗是突出建筑物外墙四周有维护结构的采光窗(见图 6.12)。2005 年的建筑面积计算规范是不计算建筑面积的。但由于实际飘窗的结构净高可能要超过 2.1 m,体现了建筑物的价值量,所以规定"窗台与室内楼地面高差在 0.45 m 以下且结构净高在 2.10 m 及以上的凸(飘)窗"应按其围护结构外围水平面积计算 1/2 面积。

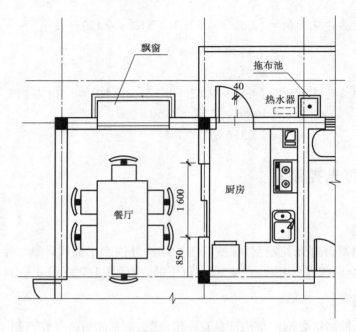

图 6.12　飘窗示意图

6.4.14　走廊(挑廊)建筑面积计算

1)计算规定

有围护设施的室外走廊(挑廊),应按其结构底板水平投影面积计算 1/2 面积;有围护设施(或柱)的檐廊,应按其围护设施(或柱)外围水平面积计算 1/2 面积。

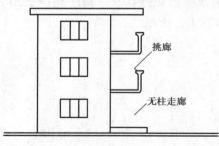

图 6.13　挑廊、无柱走廊示意图

2)计算规定解读

①走廊指建筑物底层的水平交通空间,如图 6.14 所示。

②挑廊是指挑出建筑物外墙的水平交通空间,如图 6.13 所示。

③檐廊是指设置在建筑物底层檐下的水平交通空间,如图 6.14 所示。

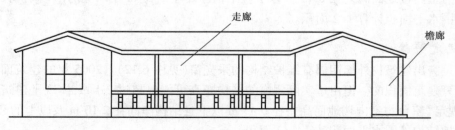

图 6.14　走廊、檐廊示意图

6.4.15　门斗建筑面积计算

1)计算规定

门斗应按其围护结构外围水平面积计算建筑面积,且结构层高在 2.20 m 及以上的,应计算全面积;结构层高在 2.20 m 以下的,应计算 1/2 面积。

2)计算规定解读

门斗是指建筑物入口处两道门之间的空间,是在建筑物出入口设置的起分隔、挡风、御寒等作用的建筑过渡空间。保温门斗一般有围护结构,如图 6.15 所示。

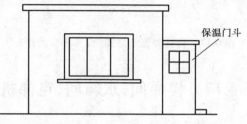

图 6.15　有围护结构的门斗示意图

6.4.16　门廊、雨篷建筑面积计算

1)计算规定

门廊应按其顶板的水平投影面积的 1/2 计算建筑面积;有柱雨篷应按其结构板水平投影面积的 1/2 计算建筑面积;无柱雨篷的结构外边线至外墙结构外边线的宽度在 2.10 m 及以上的,应按雨篷结构板的水平投影面积的 1/2 计算建筑面积。

2)计算规定解读

①门廊是设置在建筑物出入口,三面或二面有墙,上部有板(或借用上部楼板)围护的部位,如图 6.16 所示。

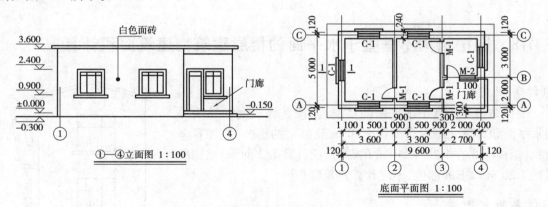

图 6.16　门廊示意图

②雨篷分为有柱雨篷和无柱雨篷。有柱雨篷,没有出挑宽度的限制,也不受跨越层数的限制,均计算建筑面积。无柱雨篷,其结构板不能跨层,并受出挑宽度的限制,设计出挑宽度大于或等于 2.10 m 时才计算建筑面积。出挑宽度,是指雨篷结构外边线至外墙结构外边线的宽度,弧形或异形时,取最大宽度。

有柱的雨篷、无柱的雨篷如图 6.17 和图 6.18 所示。

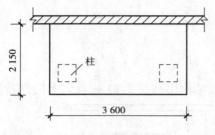

图 6.17　有柱雨篷示意图(计算 1/2 面积)

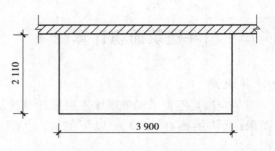

图 6.18　无柱雨篷示意图(计算 1/2 面积)

6.4.17　楼梯间、水箱间、电梯机房建筑面积计算

1)计算规定

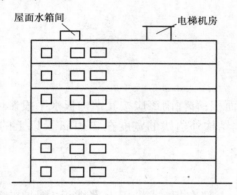

图 6.19　屋面水箱间、电梯机房示意图

　　设在建筑物顶部的、有围护结构的楼梯间、水箱间、电梯机房等,结构层高在 2.20 m 及以上的应计算全面积;结构层高在 2.20 m 以下的,应计算1/2面积。

2)计算规定解读

　　①如遇建筑物屋顶的楼梯间是坡屋顶时,应按坡屋顶的相关规定计算面积。

　　②单独放在建筑物屋顶上的混凝土水箱或钢板水箱,不计算面积。

　　③建筑物屋顶水箱间、电梯机房见示意图6.19。

6.4.18　围护结构不垂直于水平面的楼层建筑物建筑面积计算

1)计算规定

　　围护结构不垂直于水平面的楼层,应按其底板面的外墙外围水平面积计算。结构净高在 2.10 m 及以上的部位,应计算全面积;结构净高在 1.20~2.10 m 的部位,应计算 1/2 面积;结构净高在 1.20 m 以下的部位,不应计算建筑面积。

2)计算规定解读

　　设有围护结构不垂直于水平面而超出底板外沿的建筑物,是指向外倾斜的墙体超出地板外沿的建筑物(见图 6.20)。若遇有向建筑物内倾斜的墙体,应视为坡屋面,应按坡屋顶的有关规定计算面积。

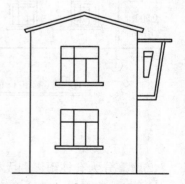

图 6.20　不垂直于水平面的楼层建筑物

6.4.19　室内楼梯、电梯井、提物井、管道井等建筑面积计算

1)计算规定

　　建筑物的室内楼梯、电梯井、提物井、管道井、通风排气竖井、烟道,应并入建筑物的自然层计算建筑面积。有顶盖的采光井应按一层计算面积,且结构净高在 2.10 m 及以上的,应计算全面积;结构净高在 2.10 m 以下的,应计算 1/2 面积。

2)计算规定解读

　　①室内楼梯间的面积计算,应按楼梯依附的建筑物的自然层数计算,合并在建筑物面积内。若遇跃层建筑,其共用的室内楼梯应按自然层计算面积;上下两错层户室共用的室内楼梯,应选上一层的自然层计算面积,如图 6.21 所示。

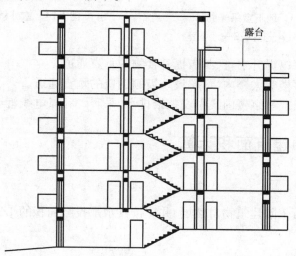

图 6.21　错层户室剖面示意图

　　②电梯井是指安装电梯用的垂直通道,如图 6.22 所示。

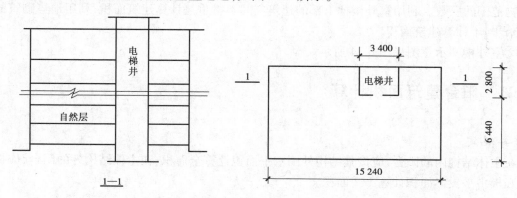

图 6.22　电梯井示意图

【例 6.3】　某建筑物共 12 层,电梯井尺寸(含壁厚)如图 6.22 所示,求电梯井面积。

【解】　$S = 2.80 \times 3.40 \times 12 = 114.24 (\text{m}^2)$

③有顶盖的采光井包括建筑物中的采光井和地下室采光井(见图 6.23)。

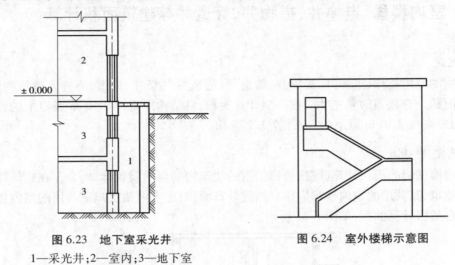

图 6.23　地下室采光井　　　　　　　图 6.24　室外楼梯示意图
1—采光井;2—室内;3—地下室

④提物井是指图书馆提升书籍、酒店提升食物的垂直通道。

⑤垃圾道是指写字楼等大楼内,每层设垃圾倾倒口的垂直通道。

⑥管道井是指宾馆或写字楼内集中安装给排水、采暖、消防、电线管道用的垂直通道。

6.4.20　室外楼梯建筑面积计算

1)计算规定

室外楼梯应并入所依附建筑物自然层,并应按其水平投影面积的 1/2 计算建筑面积。

2)计算规定解读

①室外楼梯作为连接该建筑物层与层之间交通不可缺少的基本部件,无论从其功能还是工程计价的要求来说,均需计算建筑面积。层数为室外楼梯所依附的楼层数,即梯段部分投影到建筑物范围的层数。利用室外楼梯下部的建筑空间不得重复计算建筑面积;利用地势砌筑的为室外踏步,不计算建筑面积。

②室外楼梯示意图如图 6.24 所示。

6.4.21　阳台建筑面积计算

1)计算规定

在主体结构内的阳台,应按其结构外围水平面积计算全面积;在主体结构外的阳台,应按其结构底板水平投影面积计算 1/2 面积。

2)计算规定解读

①建筑物的阳台,不论是凹阳台、挑阳台还是封闭阳台,均按其是否在主体结构内来外划分,在主体结构外的阳台才能按其结构底板水平投影面积计算 1/2 建筑面积。

②主体结构外阳台、主体结构内阳台示意图如图 6.25、图 6.26 所示。

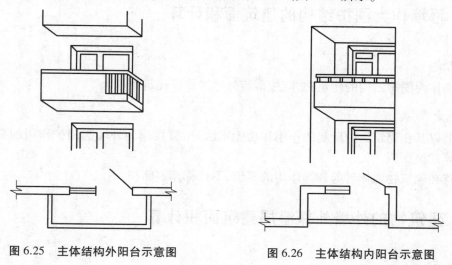

图 6.25　主体结构外阳台示意图　　　　图 6.26　主体结构内阳台示意图

6.4.22　车棚、货棚、站台、加油站、收费站等建筑面积计算

1) 计算规定

有顶盖无围护结构的车棚、货棚、站台、加油站、收费站等,应按其顶盖水平投影面积的 1/2 计算建筑面积。

2) 计算规定解读

①车棚、货棚、站台、加油站、收费站等的面积计算,由于建筑技术的发展,出现许多新型结构,如果柱不再是单纯的直立柱,而出现正 V 形、倒∧形等不同类型的柱,会给面积计算带来许多争议。为此,我们不以柱来确定面积,而依据顶盖的水平投影面积计算面积。

②在车棚、货棚、站台、加油站、收费站内设有带围护结构的管理房间、休息室等,应另按有关规定计算面积。

③站台示意图如图 6.27 所示,其面积为:

$$S = 2.0 \times 5.50 \times 0.5 = 5.50\ (\mathrm{m}^2)$$

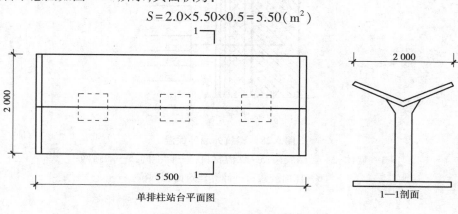

单排柱站台平面图　　　　　　　　1—1剖面

图 6.27　单排柱站台示意图

6.4.23　幕墙作为围护结构的建筑面积计算

1）计算规定

以幕墙作为围护结构的建筑物,应按幕墙外边线计算建筑面积。

2）计算规定解读

①幕墙以其在建筑物中所起的作用和功能来区分,直接作为外墙起围护作用的幕墙,按其外边线计算建筑面积。

②设置在建筑物墙体外起装饰作用的幕墙,不计算建筑面积。

6.4.24　建筑物的外墙外保温层建筑面积计算

1）计算规定

建筑物的外墙外保温层,应按其保温材料的水平截面积计算,并计入自然层建筑面积。

2）计算规定解读

建筑物外墙外侧有保温隔热层的,保温隔热层以保温材料的净厚度乘以外墙结构外边线长度按建筑物的自然层计算建筑面积,其外墙外边线长度不扣除门窗和建筑物外已计算建筑面积构件(如阳台、室外走廊、门斗、落地橱窗等部件)所占长度。

当建筑物外已计算建筑面积的构件(如阳台、室外走廊、门斗、落地橱窗等部件)有保温隔热层时,其保温隔热层也不再计算建筑面积。外墙是斜面者按楼面楼板处的外墙外边线长度乘以保温材料的净厚度计算。外墙外保温以沿高度方向满铺为准,某层外墙外保温铺设高度未达到全部高度时(不包括阳台、室外走廊、门斗、落地橱窗、雨篷、飘窗等),不计算建筑面积。保温隔热层的建筑面积是以保温隔热材料的厚度来计算的,不包含抹灰层、防潮层、保护层(墙)的厚度。建筑外墙外保温如图6.28所示。

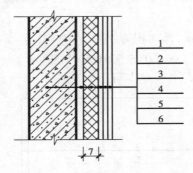

图6.28　建筑外墙外保温

1—墙体;2—黏结胶浆;3—保温材料;4—标准网;5—加强网;

6—抹面胶浆;7—计算建筑面积部位

6.4.25 变形缝建筑面积计算

1)计算规定

与室内相通的变形缝,应按其自然层合并在建筑物建筑面积内计算。对于高低联跨的建筑物,当高低跨内部连通时,其变形缝应计算在低跨面积内。

2)计算规定解读

①变形缝是指在建筑物因温差、不均匀沉降以及地震而可能引起结构破坏变形的敏感部位或其他必要的部位,预先设缝将建筑物断开,令断开后建筑物的各部分成为独立的单元,或者是划分为简单、规则的段,并令各段之间的缝达到一定的宽度,以适应变形的需要。根据外界破坏因素的不同,变形缝一般可分为伸缩缝、沉降缝、抗震缝 3 种。

②本条规定所指建筑物内的变形缝是与建筑物相联通的变形缝,即暴露在建筑物内,可以看得见的变形缝。

③室内看得见的变形缝如图 6.29 所示。

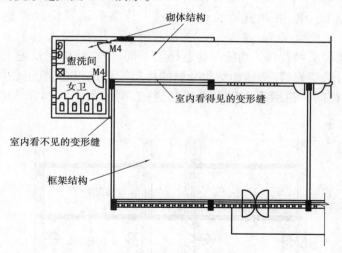

图 6.29　室内看得见的变形缝示意图

④高低联跨建筑物示意图如图 6.30 所示。

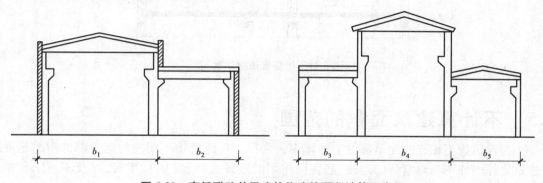

图 6.30　高低联跨单层建筑物建筑面积计算示意图

⑤建筑面积计算示例如下：

【例6.4】 图6.30中,当建筑物长为 L 时,其建筑面积分别为:

【解】 $S_{高1} = b_1 \times L$

$S_{高2} = b_4 \times L$

$S_{低1} = b_2 \times L$

$S_{低2} = (b_3 + b_5) \times L$

6.4.26 建筑物内的设备层、管道层、避难层等建筑面积计算

1)计算规定

对于建筑物内的设备层、管道层、避难层等有结构层的楼层,结构层高在2.20 m及以上的,应计算全面积;结构层高在2.20 m以下的,应计算1/2面积。

2)计算规定解读

①高层建筑的宾馆、写字楼等,通常在建筑物高度的中间部位分设置管道、设备层等,主要用于集中放置水、暖、电、通风管道及设备。这一设备管道层应计算建筑面积,如图6.31所示。

②设备层、管道层虽然其具体功能与普通楼层不同,但在结构上及施工消耗上并无本质区别,且本规范定义自然层为"按楼地面结构分层的楼层",因此设备、管道楼层归为自然层,其计算规则与普通楼层相同。在吊顶空间内设置管道的,则吊顶空间部分不能被视为设备层、管道层。

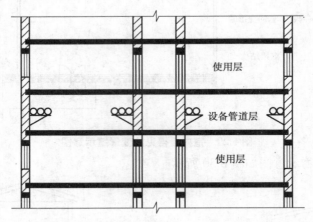

图6.31 设备管道层示意图

6.5 不计算建筑面积的范围

①与建筑物不相连的建筑部件不计算建筑面积。与建筑物不相连的建筑部件指的是依附于建筑物外墙外不与户室开门连通,起装饰作用的敞开式挑台(廊)、平台,以及不与阳台相通的空调室外机搁板(箱)等设备平台部件。

②建筑物的通道不计算建筑面积。

A.计算规定:骑楼、过街楼底层的开放公共空间和建筑物通道,不应计算建筑面积。

B.计算规定解读:

a.骑楼是指楼层部分跨在人行道上的临街楼房,如图6.32所示。

b.过街楼是指有道路穿过建筑空间的楼房,如图6.33所示。

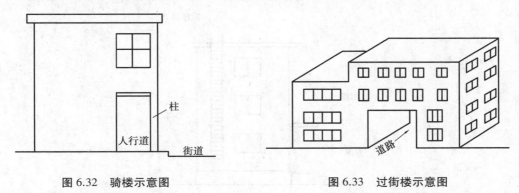

图6.32　骑楼示意图　　　　　　　　图6.33　过街楼示意图

③舞台及后台悬挂幕布和布景的天桥、挑台等不计算建筑面积。这指的是影剧院的舞台及为舞台服务的可供上人维修、悬挂幕布、布置灯光及布景等搭设的天桥和挑台等构件设施,不应计算建筑面积。

④露台、露天游泳池、花架、屋顶的水箱及装饰性结构构件不计算建筑面积。

⑤建筑物内的操作平台、上料平台、安装箱和罐体的平台不计算建筑面积。建筑物内不构成结构层的操作平台、上料平台(包括工业厂房、搅拌站和料仓等建筑中的设备操作控制平台、上料平台等),其主要作用为室内构筑物或设备服务的独立上人设施,因此不计算建筑面积。建筑物内操作平台示意如图6.34所示。

⑥勒脚、附墙柱、垛、台阶、墙面抹灰、装饰面、镶贴块料面层、装饰性幕墙,主体结构外的空调室外机搁板(箱)、构件、配件,挑出宽度在2.10 m以下的无柱雨篷和顶盖高度达到或超过两个楼层的无柱雨篷,不计算建筑面积。附墙柱、垛示意图如图6.35所示。

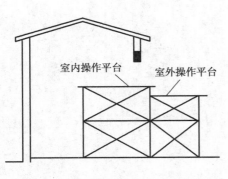

图6.34　建筑物内操作平台示意图

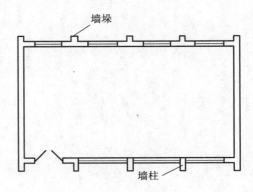

图6.35　附墙柱、垛示意图

⑦窗台与室内地面高差在 0.45 m 以下且结构净高在 2.10 m 以下的凸(飘)窗,窗台与室内地面高差在 0.45 m 及以上的凸(飘)窗不计算建筑面积。

⑧室外爬梯、室外专用消防钢楼梯不计算建筑面积。室外钢楼梯需要区分具体用途,如专用于消防的楼梯,则不计算建筑面积;如果是建筑物唯一通道,兼用于消防,则需要按建筑面积计算规范的规定计算建筑面积。室外消防钢梯示意图如图 6.36 所示。

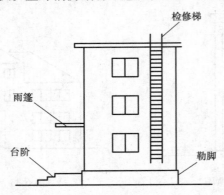

图 6.36 室外消防钢梯示意图

⑨无围护结构的观光电梯不计算建筑面积。

⑩建筑物以外的地下人防通道,独立的烟囱、烟道、地沟、油(水)罐、气柜、水塔、贮油(水)池、贮仓、栈桥等构筑物不计算建筑面积。

拓展思考题

(1)为什么会有计算 1/2 建筑面积的规定?

(2)台阶为什么不计算建筑面积?

(3)自动扶梯为什么不计算建筑面积?

(4)为什么要规定层高在 2.20 m 及以上的要计算全面积,而层高 2.10 m 就只能算 1/2 的建筑面积了?

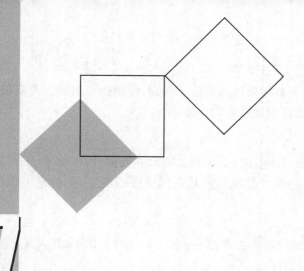

7 施工图预算

施工图预算是确定工程造价的技术经济文件,其主要作用是确定工程预算造价。

施工图预算在施工图设计阶段由设计单位造价人员编制,在施工阶段由施工企业造价人员编制。

7.1 施工图预算编制步骤

编制施工图预算的主要步骤是:

①根据施工图、预算定额、工程量计算规则计算工程量。

②根据工程量和预算定额分析工料机消耗量。

③根据工程量和预算定额基价计算定额直接费。

④根据定额直接费(或人工费)计算措施费。

⑤根据定额直接费(或人工费)计算间接费。

⑥根据定额直接费(或人工费)计算利润。

⑦根据定额直接费、措施费、间接费、利润计算税金。

⑧将定额直接费、措施费、间接费、利润、税金汇总为工程预算造价。

7.2 工程量计算规则概述

7.2.1 工程量计算规则的概念与作用

1)工程量的概念

工程量是指用物理计量单位或自然计量单位表示的分项工程的实物数量。

物理计量单位是指用公制度量表示的 m, m^2, m^3, t, kg 等单位。例如,楼梯扶手以 m 为单位,水泥砂浆抹地面以 m^2 为单位,预应力空心板以 m^3 为单位,钢筋制作安装以 t 为单位等。

自然计量单位是指个、组、件、套等具有自然属性的单位。例如,砖砌拖布池以套为单位,雨水斗以个为单位,洗脸盆以组为单位,日光灯安装以套为单位等。

2) 工程量计算规则的作用

工程量计算规则是计算分项工程项目工程量时,确定施工图尺寸数据、内容取定、工程量调整系数、工程量计算方法的重要规定。工程量计算规则是具有权威性的规定,是确定工程消耗量的重要依据,其主要作用有:

(1)确定工程量项目的依据

例如,工程量计算规则规定,建筑场地挖填土方厚度在±30 cm以内及找平,算人工平整场地项目;超过±30 cm就要按挖土方项目计算了。

(2)施工图尺寸数据取定及内容取舍的依据

例如,计算基础工程量时,外墙墙基按外墙中心线长度计算,内墙墙基按内墙净长计算,基础大放脚T形接头处的重叠部分、0.3 m² 以内洞口所占面积不予扣除,但靠墙暖气沟的挑檐亦不增加。又如,计算墙体工程量时,应扣除门窗洞口,嵌入墙身的圈梁、过梁体积,而不扣除梁头、外墙板头、加固钢筋及每个面积在 0.3 m² 以内孔洞等所占的体积,突出墙面的窗台虎头砖、压顶线、三皮砖以内的腰线亦不增加。

(3)规定工程量调整系数

例如,计算规则规定,木百叶门油漆工程量按单面洞口面积乘以系数1.25。

(4)规定工程量计算方法

例如,计算规则规定,满堂脚手架增加层的计算方法为:

$$满堂脚手架增加层 = \frac{室内净高 - 5.2}{1.2}$$

7.2.2 制定工程量计算规则有哪些考虑

工程量计算规则是与预算定额配套使用的。计算规则作出规定后,编制预算定额就要考虑这些规定的各项内容,两者是统一的。那么工程量计算规则有哪些考虑呢?

(1)力求工程量计算的简化

工程量计算规则制定时,要考虑工程造价人员在编制施工图预算时的难度大小,尽量简化工程量计算过程。例如,砖墙体积内不扣除梁头、板头体积,也不增加突出墙面虎头砖、压顶线的体积的计算规则规定就符合这一精神。

(2)计算规则与定额消耗量的对应关系

凡是工程量计算规则指出不扣除或不增加的内容,在编制预算定额时都进行了处理。这是因为在编制预算定额时,都通过典型工程相关工程量统计分析后,进行了抵扣处理。也就是说,计算规则注明不扣的内容,编制定额时已经扣除;计算规则说不增加的内容,在编制预算定额时已经增加了。所以,定额的消耗量与工程量的计算规则是相对应的。

(3)制定工程量计算规则应考虑定额水平的稳定性

虽然编制预算定额是通过若干个典型工程来测算定额项目的工程实物消耗量,但是也要考虑制定工程量计算规则变化幅度大小的合理性,使计算规则在编制施工图预算确定工程量时具有一定的稳定性,从而使预算定额水平具有一定的稳定性。

7.2.3 如何运用好工程量计算规则

工程量计算规则就像体育运动比赛规则一样,具有事先约定的公开性、公平性和权威性。凡是使用预算定额编制施工图预算的,就必须按此规则计算工程量。因为,工程量计算规则与预算定额项目之间有着严格的对应关系。运用好工程量计算规则是施工图预算准确性的基本保证。

1) 全面理解计算规则

定额消耗量的取舍与工程量计算规则是相对应的,所以,全面理解工程量计算规则是正确计算工程量的基本前提。

工程量计算规则中贯穿着一个规范工程量计算和简化工程量计算的精神。

所谓规范工程量计算,是指不能以个人的理解来运用计算规则,也不能随意改变计算规则。例如,楼梯水泥砂浆面层抹灰,应包括休息平台在内,不能认为只算楼梯踏步。

简化工程量计算的原则包括以下几个方面:

①计算较烦琐但数量又较小的内容,计算规则处理为不计算或不扣除,但是在编制定额时都进行了扣除或增加处理。这样处理,虽然为编制定额增加了麻烦,但计算工程量时就简化了。例如,砖墙工程量计算中,规定不扣除梁头、板头所占体积,也不增加挑出墙外窗台线和压顶线的体积等。

②工程量不计算但定额消耗量中已包含。例如,方木屋架的夹板、垫木已包含在相应屋架制作定额项目中,工程量不再计算。此方法也简化了工程量计算。

③精简定额项目。例如,各种木门油漆的定额消耗量之间有一定的比例关系,于是,预算定额只编制单层木门的油漆项目,其他门(双层木门、百叶木门等)的油漆工程量可通过计算规则规定的乘系数的方法来实现定额的套用。此方法精简了预算定额项目。

2) 领会精神,灵活处理

领会了制定工程量计算规则的精神后,就能较灵活地处理实际工作中的一些问题。

①按实际情况分析工程量计算范围。例如,工程量计算规则规定,楼梯面层按水平投影面积计算。具体做法是:将楼梯段和休息平台综合为投影面积计算,不需要按展开面积计算。这种规定简化了工程量计算。但遇到单元式住宅时,怎样计算楼梯面积,需要具体分析。又如,某单元式住宅,每层设双跑楼梯,包括一个休息平台和一个楼层平台。这时,楼层平台是否算入楼梯面积,需要具体判断。由于连接楼梯的楼层平台有内走廊、外走廊、大厅和单元式住宅楼等几种形式,其中单元式住宅的楼层平台是众多楼层平台中的特殊形式,而楼梯面层定额项目是针对各种楼层平台情况编制的,所以,单元式住宅的楼层平台不应算入楼梯面层内。

②领会简化计算精神,处理工程量计算过程。领会了工程量计算规则制定的精神,知道了要规范工程量计算,还要领会简化工程量计算的精神。应在工程量计算过程中灵活处理一些实际问题,使计算过程既符合一定准确性要求,也达到简化计算的目的。例如,计算抗震结构钢筋混凝土构件中钢筋的箍筋用量,可以按正规的计算方法计算,即按规定扣除保护层尺寸,加上弯钩的长度计算;但也可以采用按构件矩形截面的外围周长尺寸确定箍筋的长度。通过分析,我们发现,采用后一种方法计算梁、柱箍筋时,φ6.5 箍筋的长度每个多算了 20 mm,φ8 箍筋的每个少算了 22 mm。在一个框架结构的建筑物中,要计算很多 φ6.5 的箍筋,也要计算很多 φ8 的箍筋,这样,这两种规格在计算过程会不断抵消多算或少算的数量。这时采用后一种方法,简

化了计算过程,且数量误差又不会太大。

7.2.4 工程量计算规则的发展趋势

(1)工程量计算规则的制定有利于工程量的自动计算

计算机可以使人们从烦琐的计算工作中解放出来,所以,用计算机计算工程量是一个发展趋势。那么,计算规则的制订就要符合计算机处理的要求,包括可以通过建立数学模型来描述工程量计算规则,各计算规则之间的界定要明晰,要总结计算规则的规律性等。

(2)工程量计算规则宜粗不宜细

工程量计算规则要简化,宜粗不宜细,尽量做到方便使用者。这一思路并不影响工程消耗量的准确性,因为可以通过统计分析的方法,将复杂因素处理在预算定额消耗量内。

7.3 定额工程量计算

采用预算定额工程量计算规则计算出的工程量称为定额工程量。

以下介绍的是"全国统一建筑工程基础定额"的工程量计算规则的内容。全国各地编制的计价定额的工程量计算规则都是在这个基础上制定的。

7.3.1 土石方工程

土石方工程量包括平整场地,挖掘沟槽、基坑、挖土,回填土,运土和井点降水等内容。

1)土石方工程量计算的有关规定

计算土石方工程量前,应确定下列各项资料:

①土壤及岩石类别的确定。土石方工程土壤及岩石类别的划分,依工程勘测资料与"土壤及岩石分类表"对照后确定(该表在建筑工程预算定额中)。

②地下水位标高及排(降)水方法。

③土方、沟槽、基坑挖(填)土起止标高、施工方法及运距。

④岩石开凿、爆破方法、石渣清运方法及运距。

⑤其他有关资料。

土方体积均以挖掘前的天然密实体积为准计算。如遇必须以天然密实体积折算时,可按表7.1所列数值换算。

表 7.1　土石方体积换算系数表

名　称	虚　方	松　填	天然密实	夯　填
土方	1.00	0.83	0.77	0.67
	1.20	1.00	0.92	0.80
	1.30	1.08	1.00	0.87
	1.50	1.25	1.15	1.00

名　称	虚　方	松　填	天然密实	夯　填
石方	1.00	0.85	0.65	—
	1.18	1.00	0.76	—
	1.54	1.31	1.00	—
块石	1.75	1.43	1.00	（码方）1.67
砂夹石	1.07	0.94	1.00	

查表方法实例:已知挖天然密实 4 m³ 土方,求虚方体积 V,则 V=4.0×1.30=5.20(m³)。

挖土深度一律以设计室外地坪标高为准。

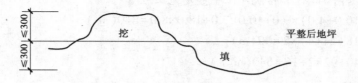

图 7.1　平整场地示意图

2)传统平整场地

人工平整场地是指建筑场地挖、填土方厚度在±30 cm 以内及找平(图 7.1)。挖、填土方厚度超过±30 cm 以外时,按场地土方平衡竖向布置图另行计算。

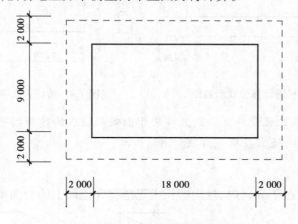

图 7.2　人工平整场地

说明:①人工平整场地示意如图 7.2 所示,超过±30 cm 的按挖、填土方计算工程量。

②场地土方平衡竖向布置,是将原有地形划分成 20 m×20 m 或 10 m×10 m 若干个方格网,将设计标高和自然地形标高分别标注在方格点的右上角和左下角,再根据这些标高数据计算出零线位置,然后确定挖方区和填方区的精度较高的土方工程量计算方法。

传统平整场地工程量按建筑物外墙外边线(用 $L_{外}$ 表示)每边各加 2 m,以 m² 计算。

【例 7.1】　根据图 7.2 计算人工平整场地工程量。现行平整场地工程量按设计图示尺寸,以建筑物首层建筑面积计算,方法较简单。

【解】 $S_平 = (9.0+2.0\times2)\times(18.0+2.0\times2) = 286(\text{m}^2)$

根据上例可以整理出平整场地的工程量计算公式:

$$
\begin{aligned}
S_平 &= (9.0+2.0\times2)\times(18.0+2.0\times2)\\
&= 9.0\times18.0+9.0\times2.0\times2+2.0\times2\times18+2.0\times2\times2.0\times2\\
&= 9.0\times18.0+(9.0\times2+18.0\times2)\times2.0+2.0\times2.0\times4\\
&= 162+54\times2.0+16\\
&= 286(\text{m}^2)
\end{aligned}
$$

说明:9.0×18.0 为底面积,用 $S_底$ 表示;54 为外墙外边周长,用 $L_外$ 表示;16 为 4 个角的面积,故可以归纳为:

$$S_平 = S_底 + L_外\times2 + 16$$

上述公式示意图如图 7.3 所示。

【例 7.2】 根据图 7.4 计算传统人工平整场地工程量。

【解】 $S_底 = (10.0+4.0)\times9.0+10.0\times7.0+18.0\times8.0 = 340(\text{m}^2)$

$\qquad L_外 = (18+24+4)\times2 = 92(\text{m})$

$\qquad S_平 = 340+92\times2+16 = 540(\text{m}^2)$

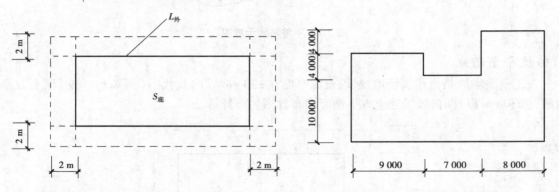

图 7.3 传统平整场地计算公式示意图 　　　　图 7.4 传统人工平整场地实例图示

说明:上述平整场地工程量计算公式只适用于由矩形组成的建筑物平面布置的场地平整工程量计算,如遇其他形状,还需按有关方法计算。

3) 沟槽、基坑划分

①凡图示沟槽底宽在 7 m 以内,且沟槽长大于槽宽 3 倍以上的为沟槽,如图 7.5 所示。

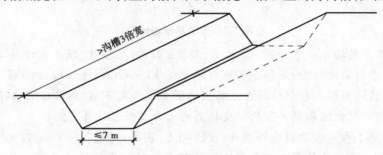

图 7.5 沟槽示意图

②凡图示基坑底面积在 150 m² 以内的为基坑,如图 7.6 所示。

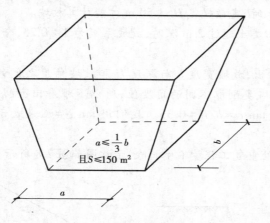

$a \leqslant \dfrac{1}{3}b$
且 $S \leqslant 150$ m²

图 7.6 基坑示意图

③凡图示沟槽底宽 7 m 以外、坑底面积 150 m² 以外、平整场地挖土方厚度在 30 cm 以外的,均按挖土方计算。

说明:①图示沟槽底宽和基坑底面积的长、宽均不含两边工作面的宽度。

②根据施工图判断沟槽、基坑、挖土方的顺序是:先根据尺寸判断沟槽是否成立,若不成立再判断是否属于基坑,若还不成立,就一定是挖土方项目。

【例 7.3】 根据表 7.2 中各段挖方的长宽尺寸,分别确定挖土项目。

表 7.2 各段挖方的长宽尺寸表

位　置	长(m)	宽(m)	挖土项目	位　置	长(m)	宽(m)	挖土项目
A 段	3.0	0.8	沟槽	D 段	30.0	7.0	挖土方
B 段	3.0	1.0	基坑	E 段	6.1	2.0	沟槽
C 段	20.0	3.0	沟槽	F 段	21.0	7.0	基坑

注:在老师指导下由学生判断结果。

4)放坡系数

计算挖沟槽、基坑、土方工程量需放坡时,放坡系数按表 7.3 规定计算。

表 7.3 土方放坡起点深度和放坡坡度表

土壤类别	放坡起点(>m)	放坡坡度			
		人工挖土	机械挖土		
			基坑内作业	基坑上作业	沟槽上作业
一二类土	1.20	1 : 0.50	1 : 0.33	1 : 0.75	1 : 0.50
三类土	1.50	1 : 0.33	1 : 0.25	1 : 0.67	1 : 0.33
四类土	2.00	1 : 0.25	1 : 0.10	1 : 0.33	1 : 0.25

说明：①挖土方时，各类土超过表中的放坡起点深时，才能按表中的系数计算放坡工程量。例如，图 7.7 中若是三类土时，定额规定 $H>1.50$ m 才能计算放坡。

②表 7.3 中，人工挖四类土超过 2 m 深时，放坡系数为 1：0.25，含义是每挖深 1 m，放坡宽度就增加 0.25 m。

③从图 7.7 中可以看出，放坡宽度 b 与深度 H 和放坡角度之间的关系是正切函数关系，即 $\tan \alpha = b/H$。不同的土壤类别取不同的角度值，所以不难看出，放坡系数就是根据 $\tan \alpha$ 来确定的。例如，三类土的 $\tan \alpha = b/H = 0.33$。我们用 $\tan \alpha = K$ 来表示放坡系数，故放坡宽度 $b = KH$。

④沟槽放坡时，交接处重复工程量不予扣除，示意图如图 7.8 所示。

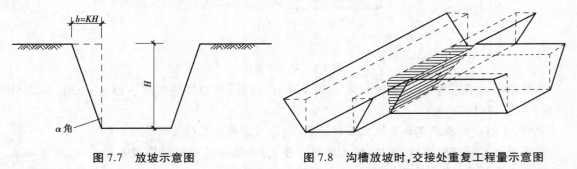

图 7.7　放坡示意图　　　　图 7.8　沟槽放坡时，交接处重复工程量示意图

⑤原槽、坑作基础垫层时，放坡自垫层上表面开始，示意图如图 7.9 所示。

5)支挡土板

挖沟槽、基坑需支挡土板时，其挖土宽度按图 7.10 所示的沟槽、基坑底宽，单面加 10 cm，双面加 20 cm 计算。挡土板面积，按槽、坑垂直支撑面积计算。支挡土板后，不得再计算放坡。

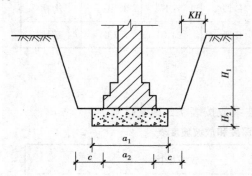
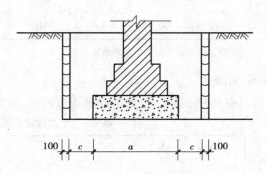

图 7.9　从垫层上表面放坡示意图　　　　图 7.10　支撑挡土板地槽示意图

6)基础施工所需工作面

基础施工所需工作面按表 7.4 规定计算。

表 7.4　基础施工单面工作面宽度计算表

基础材料	每面增加工作宽度（mm）
砖基础	200
毛石、方整石基础	250
混凝土基础（支模板）	400
混凝土基础垫层（支模板）	150
基础垂直面做砂浆防潮层	400（自防潮层面）
基础垂直面做防水层或防腐层	1 000（自防水层或防腐层面）
支挡上板	100（另加）

7）沟槽长度

挖沟槽长度、外墙按图示中心线长度计算；内墙按图示沟槽底面之间净长长度计算；内外突出部分（垛、附墙烟囱等）体积并入沟槽土方工程量内计算。

【例 7.4】　根据图 7.11 计算地槽长度。

【解】　外墙地槽长（宽 1.0 m）＝（12+6+8+12）×2＝76（m）

内墙地槽长（宽 0.9m）＝$6+12-\dfrac{1.0}{2}×2＝17$（m）

内墙地槽长（宽 0.8m）＝$8-\dfrac{1.0}{2}-\dfrac{0.9}{2}＝7.05$（m）

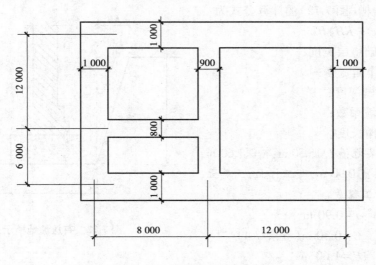

图 7.11　地槽及槽底宽平面图

8）管沟施工单面工作面宽度

管沟施工面单面工作面宽度见表 7.5。

表 7.5　管道施工单面工作面宽度计算表

管道材质	管道基础外沿宽度（无基础时管道外径）（mm）			
	≤500	≤1 000	≤2 500	>2 500
混凝土管、水泥管	400	500	600	700
其他管道	300	400	500	600

9)管沟折合回填体积

管沟折合回填体积见表7.6。

表 7.6　管道折合回填体积表（m³/m）

管　道	公称直径（mm 以内）					
	500	600	800	1 000	1 200	1 500
混凝土管及钢筋混凝土管道	—	0.33	0.60	0.92	1.15	1.45
其他材质管道	—	0.22	0.46	0.75	—	—

沟槽、基坑深度,按图示槽、坑底面至室外地坪深度计算;管道地沟按图示沟底至室外地坪深度计算。

10)土方工程量计算

(1)地槽(沟)土方

①有放坡地槽(图7.12)的计算公式为:

$$V = (a + 2c + KH)HL$$

式中　a——基础垫层宽度;

　　　c——工作面宽度;

　　　H——地槽深度;

　　　K——放坡系数;

　　　L——地槽长度。

【例7.5】　某地槽长 15.50 m,槽深1.60 m,混凝土基础垫层宽 0.90 m,有工作面,三类土,计算人工挖地槽工程量。

【解】　已知:$a = 0.90$ m

　　　　　$C = 0.30$ m(查表7.4)

　　　　　$H = 1.60$ m

　　　　　$L = 15.50$ m

　　　　　$K = 0.33$(查表7.3)

故:$V = (a + 2c + KH)HL$

　　　$= (0.90 + 2 \times 0.30 + 0.33 \times 1.60) \times 1.60 \times 15.50$

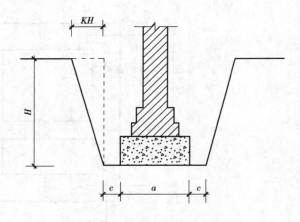

图 7.12　有放坡地槽示意图

$$= 2.028 \times 1.60 \times 15.50 = 50.29(\mathrm{m}^3)$$

②支撑挡土板地槽的计算公式为：

$$V = (a + 2c + 2 \times 0.10)HL$$

③有工作面不放坡地槽(图 7.13)的计算公式为：

$$V = (a + 2c)HL$$

④无工作面不放坡地槽(图 7.14)的计算公式为：

$$V = aHL$$

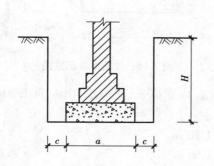 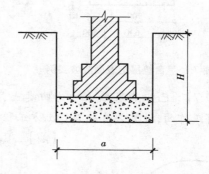

图 7.13　有工作面不放坡地槽示意图　　　图 7.14　无工作面不放坡地槽示意图

⑤自垫层上表面放坡地槽(图 7.15)的计算公式为：

$$V = [\,a_1 H_2 + (a_2 + 2c + KH_1)H_1\,]L$$

【例 7.6】　根据图 7.15 中的数据计算 12.8 m 长地槽的土方工程量(三类土)。

【解】　已知：$a_1 = 0.90$ m

　　　　　　$a_2 = 0.63$ m

　　　　　　$c = 0.30$ m

　　　　　　$H_1 = 1.55$ m

　　　　　　$H_2 = 0.30$ m

　　　　　　$K = 0.33$(查表 7.3)

故：$V = [\,0.9 \times 0.30 + (0.63 + 2 \times 0.30 + 0.33 \times 1.55) \times 1.55\,] \times 12.8$

　　$= (0.27 + 2.70) \times 12.80 = 2.97 \times 12.80 = 38.02(\mathrm{m}^3)$

(2)地坑土方

①矩形不放坡地坑的计算公式为：

$$V = abH$$

②矩形放坡地坑(图 7.16)的计算公式为：

$$V = (a + 2c + KH)(b + 2c + KH)H + \frac{1}{3}K^2 H^3$$

式中　a——基础垫层宽度；

　　　b——基础垫层长度；

　　　c——工作面宽度；

　　　H——地坑深度；

　　　K——放坡系数。

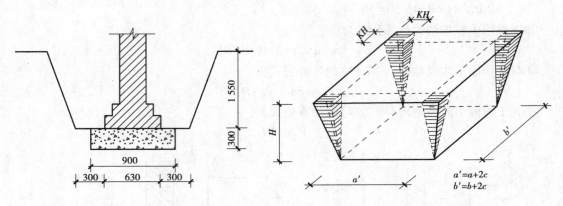

图 7.15　自垫层上表面放坡实例　　　　　　　图 7.16　放坡地坑示意图

【例 7.7】　已知某基础土方为四类土,混凝土基础垫层长、宽为 1.50 m 和 1.20 m,深度 2.20 m,有工作面,计算该基础工程土方工程量。

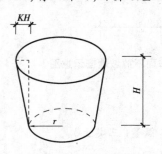

图 7.17　圆形放坡地坑示意图

【解】　已知:$a = 1.20$ m

$b = 1.50$ m

$H = 2.20$ m

$K = 0.25$(查表 7.3)

$c = 0.30$(查表 7.4)

故:$V = (1.20 + 2 \times 0.30 + 0.25 \times 2.20) \times (1.50 + 2 \times 0.30 +$

$0.25 \times 2.20) \times 2.20 + \dfrac{1}{3} \times 0.25^2 \times 2.20^3$

$= 2.35 \times 2.65 \times 2.20 + 0.22 = 13.92(\text{m}^3)$

③圆形不放坡地坑的计算公式为:

$$V = \pi r^2 H$$

④圆形放坡地坑(图 7.17)的计算公式为:

$$V = \frac{1}{3}\pi H\left[\, r^2 + (r + KH)^2 + r(r + KH)\,\right]$$

式中　r——坑底半径(含工作面);

H——坑深度;

K——放坡系数。

【例 7.8】　已知一圆形放坡地坑,混凝土基础垫层半径0.40 m,坑深 1.65 m,二类土,有工作面,计算其土方工程量。

【解】　已知:$c = 0.30$ m(查表 7.4)

$r = 0.40 + 0.30 = 0.70$ m

$H = 1.65$

$K = 0.50$(查表 7.3)

故:$V = \dfrac{1}{3} \times 3.141\ 6 \times 1.65 \times [\,0.70^2 + (0.70 + 0.50 \times 1.65)^2 + 0.70 \times (0.70 + 0.50 \times 1.65)\,]$

$= 1.728 \times (0.49 + 2.326 + 1.068) = 1.728 \times 3.884 = 6.71(\text{m}^3)$

（3）挖孔桩土方

人工挖孔桩土方应按图示桩断面积乘以设计桩孔中心线深度计算。

挖孔桩的底部一般是球冠体（图 7.18），球冠体的体积计算公式为：

$$V = \pi h^2 \left(R - \frac{h}{3} \right)$$

由于施工图中一般只标注 r 的尺寸，无 R 尺寸，所以需变换为求 R 的公式。

已知：$r^2 = R^2 - (R-h)^2$

故：$r^2 = 2Rh - h^2$

所以 $R = \dfrac{r^2 + h^2}{2h}$

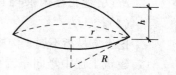

图 7.18　球冠示意图

【例 7.9】　根据图 7.19 中的有关数据和上述计算公式，计算挖孔桩土方工程量。

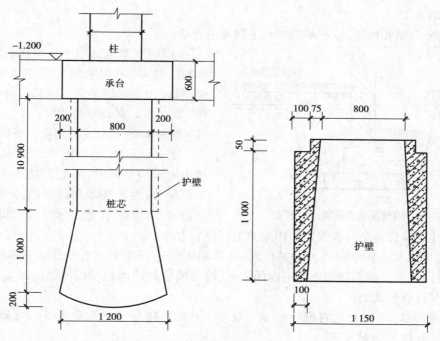

图 7.19　挖孔桩示意图

【解】　（1）桩身部分

$$V = 3.141\,6 \times \left(\frac{1.15}{2} \right)^2 \times 10.90 = 11.32\,(\text{m}^3)$$

（2）圆台部分

$$V = \frac{1}{3}\pi h(r^2 + R^2 + rR)$$

$$= \frac{1}{3} \times 3.141\,6 \times 1.0 \times \left[\left(\frac{0.80}{2} \right)^2 + \left(\frac{1.20}{2} \right)^2 + \frac{0.80}{2} \times \frac{1.20}{2} \right]$$

$$= 1.047 \times (0.16 + 0.36 + 0.24)$$

$$= 1.047 \times 0.76 = 0.80\,(\text{m}^3)$$

（3）球冠部分

$$R = \frac{\left(\frac{1.20}{2}\right)^2 + (0.2)^2}{2 \times 0.2} = \frac{0.40}{0.4} = 1.0(\text{m})$$

$$V = \pi h^2 \left(R - \frac{h}{3}\right) = 3.141\ 6 \times (0.20)^2 \times \left(1.0 - \frac{0.20}{3}\right) = 0.12(\text{m}^3)$$

所以,挖孔桩体积 = 11.32 + 0.80 + 0.12 = 12.24(m³)

（4）挖土方

挖土方是指不属于沟槽、基坑和平整场地厚度超过±300 mm,按土方平衡竖向布置图的挖方。

建筑工程中竖向布置平整场地,常有大规模土方工程。所谓大规模土方工程,是指一个单位工程的挖方或填方工程分别在2 000 m³以上的及无砌筑管道沟的挖土方。计算其土方量,常用的方法有横截面计算法和方格网计算法两种。

（5）回填土

回填土分夯填和松填,按图示尺寸和下列规定计算:

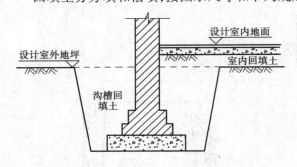

①沟槽、基坑回填土。沟槽、基坑回填土体积以挖方体积减去设计室外地坪以下埋设砌筑物(包括基础垫层、基础等)体积计算,如图7.20所示。其计算公式为:

V = 挖方体积 - 设计室外地坪以下埋设砌筑物

需要注意的是:如图7.20所示,在减去沟槽内砌筑的基础时,不能直接减去砖基础的工程量,因为砖基础与砖墙的分界线在设计室内地面,而回填土的分界线在设计室外地坪,所以要注意调整两个分界线之间相差的工程量。也即:

图7.20 沟槽及室内回填土示意图

回填土体积 = 挖方体积 - 基础垫层体积 - 砖基础体积 + 高出设计室外地坪砖基础体积

②房心回填土。房心回填土即室内回填土,按主墙之间的面积乘以回填土厚度计算,如图7.20所示,其计算公式为:

V = 室内净面积 × (设计室内地坪标高 - 设计室外地坪标高 - 地面面层厚 - 地面垫层厚)
　 = 室内净面积 × 回填土厚

③管道沟槽回填土。管道沟槽回填土以挖方体积减去管道所占体积计算。管径在500 mm以下的不扣除管道所占体积;管径超过500 mm以上时,按表7.7的规定扣除管道所占体积。

表7.7 管道扣除土方体积表　　　　　　　　　　　　　单位:m³

管道名称	管道直径(mm)					
	501~600	601~800	801~1 000	1 001~1 200	1 201~1 400	1 401~1 600
钢管	0.21	0.44	0.71			
铸铁管	0.24	0.49	0.77			
混凝土管	0.33	0.60	0.92	1.15	1.35	1.55

（6）运土

运土包括余土外运和取土。当回填土方量小于挖方量时,需余土外运,反之,需取土。各地区的预算定额规定,土方的挖、填、运工程量均按自然密实体积计算,不换算为虚方体积。其计算公式为:

$$运土体积 = 总挖方量 - 总回填量$$

式中计算结果为正值时,为余土外运体积;负值时,为取土体积。

土方运距按下列规定计算:

①推土机运距:按挖方区重心至回填区重心之间的直线距离计算。

②铲运机运土距离:按挖方区重心至卸土区重心加转向距离 45 m 计算。

③自卸汽车运距:按挖方区重心至填土区(或堆放地点)重心的最短距离计算。

7.3.2　桩基及脚手架工程

1)预制钢筋混凝土桩

（1）打桩

打预制钢筋混凝土桩的体积,按设计桩长(包括桩尖)乘以桩截面面积计算。管桩的空心体积应扣除。如管桩的空心部分按设计要求灌注混凝土或其他填充材料时,应另行计算。预制桩、桩靴示意图如图 7.21 所示。

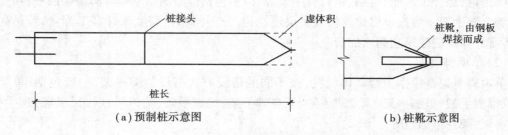

（a）预制桩示意图　　　　　　　　　　（b）桩靴示意图

图 7.21　预制桩、桩靴示意图

（2）接桩

电焊接桩按设计接头,以个计算(图 7.22);硫磺胶泥接桩按桩断面积以 m^2 计算(图7.23)。

（3）送桩

送桩按桩截面面积乘以送桩长度(即打桩架底至桩顶面高度或自桩顶面至自然地坪面另加 0.5 m)计算工程量。

2)钢板桩

打拔钢板桩按设计桩体的质量计算。

3)灌注桩

①钻孔桩、旋挖桩成孔工程量,按打桩前自然地坪高至设计桩底标高的成孔长度乘以设计桩径截面积,以体积计算。

②钻孔桩、旋挖桩、冲孔桩灌注混凝土工程量,按设计桩径截面积乘以设计桩长(包括桩尖)另加加灌长度,以体积计算。加灌长度无规定者,按 0.5 m 计算。

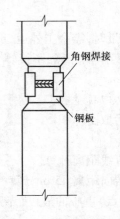

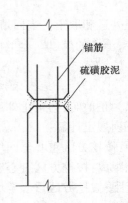

图 7.22 电焊接桩示意图   图 7.23 硫磺胶泥接桩示意图

4)脚手架工程

建筑工程施工中所需搭设的脚手架应计算工程量。目前,脚手架工程量有两种计算方法,即综合脚手架和单项脚手架。具体采用哪种方法计算,应按本地区预算定额的规定执行。

(1)综合脚手架

为了简化脚手架工程量的计算,一些地区以建筑面积为综合脚手架的工程量。

不论采用何种搭设方式,综合脚手架一般都综合了砌筑、浇注、吊装、抹灰等所需脚手架材料的摊销量;综合了木制、竹制、钢管脚手架等,但不包括浇灌满堂基础等脚手架的项目。

综合脚手架一般按单层建筑物或多层建筑物,分不同檐口高度来计算工程量,若是高层建筑,还需计算高层建筑超高增加费。

(2)单项脚手架

单项脚手架是根据工程具体情况,按不同的搭设方式搭设的脚手架,一般包括:单排脚手架、双排脚手架、里脚手架、满堂脚手架、悬空脚手架、挑脚手架、防护架、烟囱(水塔)脚手架、电梯井字架、架空运输道等。

单项脚手架的项目应根据批准了的施工组织设计或施工方案确定。如施工方案无规定,应根据预算定额的规定确定。

①单项脚手架工程量计算的一般规则如下:

a.建筑物外墙脚手架:凡设计室外地坪至檐口(或女儿墙上表面)的砌筑高度在 15 m 以下的,按单排脚手架计算;砌筑高度在 15 m 以上的或砌筑高度虽不足 15 m,但外墙门窗及装饰面积超过外墙表面积 60%以上时,均按双排脚手架计算。采用竹制脚手架时,按双排计算。

b.建筑物内墙脚手架:凡设计室内地坪至顶板下表面(或山墙高度的 1/2 处)的砌筑高度在 3.6 m 以下的(含 3.6 m),按里脚手架计算;砌筑高度超过 3.6 m 以上时,按单排脚手架计算。

c.石砌墙体,凡砌筑高度超过 1.0 m 以上时,按外脚手架计算。

d.计算内、外墙脚手架时,均不扣除、门、窗洞口、空圈洞口等所占的面积。

e.同一建筑物高度不同时,应按不同高度分别计算。

f.现浇钢筋混凝土框架柱、梁按双排脚手架计算。

g.围墙脚手架:凡室外自然地坪至围墙顶面的砌筑高度在 3.6 m 以下的,按里脚手架计算;砌筑高度超过 3.6 m 时,按单排脚手架计算。

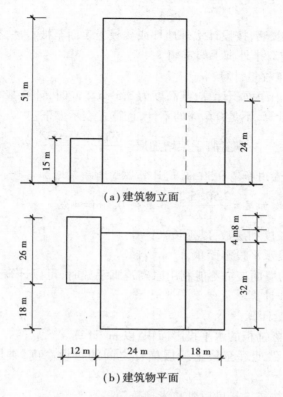

（a）建筑物立面

（b）建筑物平面

图 7.24　计算外墙脚手架工程量示意图

h.室内顶棚装饰面距设计室内地坪3.6 m以上时,应计算满堂脚手架。计算满堂脚手架后,墙面装饰工程不再计算脚手架。

i.滑升模板施工的钢筋混凝土烟囱、筒仓,不另计算脚手架。

j.砌筑储仓,按双排外脚手架计算。

【例 7.10】　根据图 7.24 的图示尺寸,计算建筑物外墙脚手架工程量。

【解】　单排脚手架（15 m 高）＝（26＋12×2＋8）×15＝870（m²）

单排脚手架（24 m 高）＝（18×2＋32）×24＝1 632（m²）

双排脚手架（27 m 高）＝32×27＝864（m²）

双排脚手架（36 m 高）＝（26－8）×36＝648（m²）

双排脚手架（51 m 高）＝（18＋24×2＋4）×51＝3 570（m²）

②砌筑脚手架工程量计算:

a.外脚手架按外墙外边线长度乘以外墙砌筑高度,以 m² 计算,突出墙面宽度在 24 cm 以内的墙垛、附墙烟囱等不计算脚手架;宽度超过 24 cm 以外时,按图示尺寸展开计算,并入外脚手架工程量之内。

b.里脚手架按墙面垂直投影面积计算。

c.独立柱按图示柱结构外围周长另加 3.6 m 乘以砌筑高度,以 m² 计算,套用相应外脚手架定额。

③现浇钢筋混凝土框架脚手架计算:

a.现浇钢筋混凝土柱,按柱图示周长尺寸另加 3.6 m 乘以柱高,以 m² 计算,套用外脚手架定额。

b.现浇钢筋混凝土梁、墙,按设计室外地坪或楼板上表面至楼板底之间的高度乘以梁、墙净长,以 m² 计算,套用相应双排外脚手架定额。

④装饰工程脚手架工程量计算:

a.满堂脚手架,按室内净面积计算,其高度为 3.6~5.2 m 时,计算基本层。超过 5.2 m 时,每增加 1.2 m 按增加一层计算,不足 0.6 m 的不计,计算式表示如下:

$$满堂脚手架增加层 = \frac{室内净高 - 5.2}{1.2}$$

【例 7.11】 某大厅室内净高 9.50 m,试计算满堂脚手架增加层数。

【解】 满堂脚手架增加层 $= \frac{9.50 - 5.2}{1.2} = 3$ 层余 0.7 m = 4 层

b.挑脚手架按搭设长度和层数,以延长米计算。

c.悬空脚手架按搭设水平投影面积,以 m² 计算。

d.高度超过 3.6 m 的墙面装饰不能利用原砌筑脚手架时,可以计算装饰脚手架。装饰脚手架按双排脚手架乘以 0.3 计算。

⑤其他脚手架工程量计算:

a.水平防护架,按实际铺板的水平投影面积,以 m² 计算。

b.垂直防护架,按自然地坪至最上一层横杆之间的搭设高度,乘以实际搭设长度,以 m² 计算。

c.架空运输脚手架,按搭设长度以延长米计算。

d.烟囱、水塔脚手架,区别不同搭设高度以座计算。

e.电梯井脚手架,按单孔以座计算。

f.斜道,区别不同高度以座计算。

g.砌筑储仓脚手架,不分单筒或储仓组,均按单筒外边线周长乘以设计室外地坪至储仓上口之间高度,以 m² 计算。

h.储水(油)池脚手架,按外壁周长乘以室外地坪至池壁顶面之间高度,以 m² 计算。

i.大型设备基础脚手架,按其外形周长乘以地坪至外形顶面边线之间高度,以 m² 计算。

j.建筑物垂直封闭工程量,按封闭面的垂直投影面积计算。

⑥安全网工程量计算:

a.立挂式安全网,按网架部分的实挂长度乘以实挂高度计算。

b.挑出式安全网,按挑出的水平投影面积计算。

7.3.3 砌筑工程

1)砖墙的一般规定

(1)计算墙体的规定

①计算墙体时,应扣除门窗洞口、过人洞、空圈、嵌入墙身的钢筋混凝土柱、梁(包括过梁、圈梁及埋入墙内的挑梁)、砖平碹(图7.25)、平砌砖过梁和暖气包壁龛(图7.26)及内墙板头(图7.27)的体积,不扣除梁头、外墙板头(图7.28)、檩头、垫木、木楞头、沿椽木、木砖、门窗框走头(图7.31)、

砖墙内的加固钢筋、木筋、铁件、钢管及每个面积在 0.3 m² 以下的孔洞等所占的体积,突出墙面的窗台虎头砖(图 7.32)、压顶线(图 7.33)、山墙泛水(图 7.37、图 7.38)、烟囱根(图 7.34、图 7.35)、门窗套(图 7.29)及三皮砖以内的腰线和挑檐(图 7.30)等体积亦不增加。

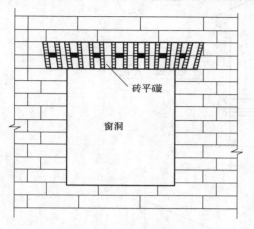

图 7.25　砖平碹示意图

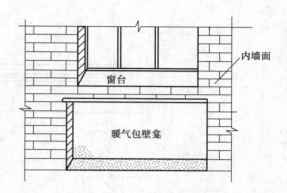

图 7.26　暖气包壁龛示意图

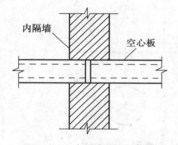

图 7.27　内墙板头示意图

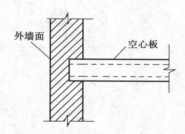

图 7.28　外墙板头示意图

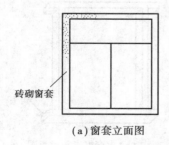

（a）窗套立面图

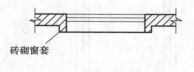

（b）窗套剖面图

图 7.29　窗套示意图

②砖垛、三皮砖以上的腰线和挑檐等体积,并入墙身体积内计算。

③附墙烟囱(包括附墙通风道、垃圾道)按其外形体积计算,并入所依附的墙体内,不扣除每一个孔洞横截面在0.1 m²以下的体积,但孔洞内的抹灰工程量亦不增加。

④女儿墙(图 7.38)高度,应计算自外墙顶面至图示女儿墙顶面高度,不同墙厚分别并入外墙计算。

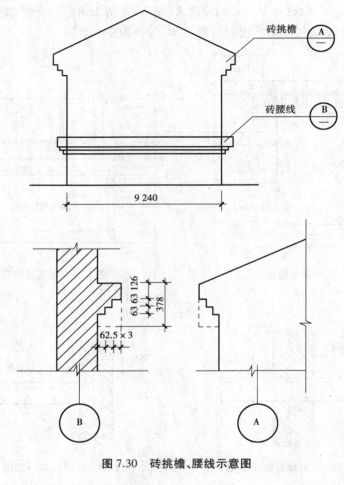

图 7.30 砖挑檐、腰线示意图

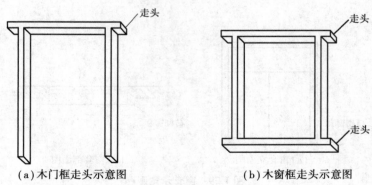

(a)木门框走头示意图   (b)木窗框走头示意图

图 7.31 木门窗走头示意图

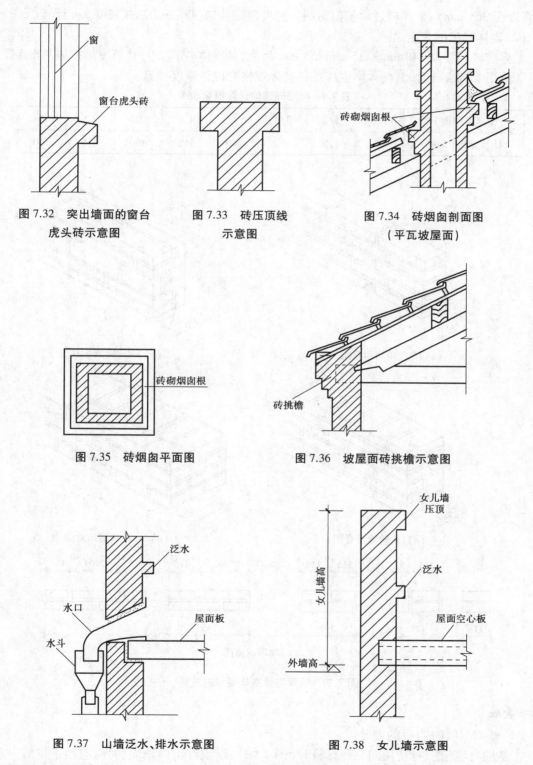

图 7.32　突出墙面的窗台
虎头砖示意图

图 7.33　砖压顶线
示意图

图 7.34　砖烟囱剖面图
（平瓦坡屋面）

图 7.35　砖烟囱平面图

图 7.36　坡屋面砖挑檐示意图

图 7.37　山墙泛水、排水示意图

图 7.38　女儿墙示意图

⑤砖平碳、平砌砖过梁按图示尺寸以 m³ 计算。如设计无规定时,砖平碳按门窗洞口宽度两端共加 100 mm 乘以高度计算（门窗洞口宽小于 1 500 mm 时,高度为 240 mm；大于 1 500 mm

时,高度为 365 mm);平砌砖过梁按门窗洞口宽度两端共加 500 mm,高按 440 mm 计算。

（2）砌体厚度的规定

①标准砖尺寸以 240 mm×115 mm×53 mm 为准,其砌体(图 7.39)计算厚度按表 7.8 计算。

②使用非标准砖时,其砌体厚度应按砖实际规格和设计厚度计算。

表 7.8　标准砖砌体计算厚度表

砖数(厚度)	1/4	1/2	3/4	1	1.5	2	2.5	3
计算厚度(mm)	53	115	180	240	365	490	615	740

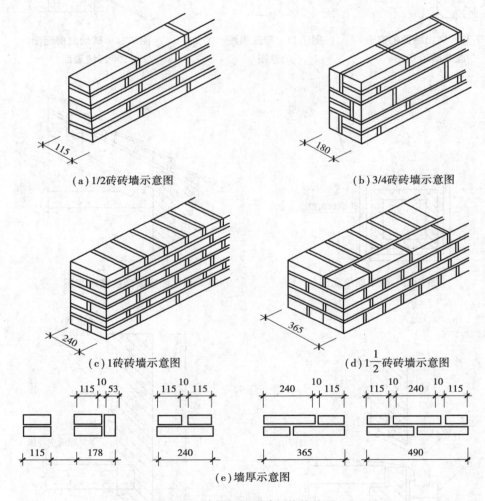

（a）1/2 砖砖墙示意图　　　　　　　　　　（b）3/4 砖砖墙示意图

（c）1 砖砖墙示意图　　　　　　　　（d）1$\frac{1}{2}$ 砖砖墙示意图

（e）墙厚示意图

图 7.39　墙厚与标准砖规格的关系

2）砖基础

（1）基础与墙(柱)身的划分

①基础与墙(柱)身使用同一种材料时(图 7.40),以设计室内地面为界;有地下室者,以地下室室内设计地面为界,其下为基础,其上为墙(柱)身。

②基础与墙身使用不同材料时,位于设计室内地面±300 mm 以内时,以不同材料为分界

线;超过±300 mm时,以设计室内地面为分界线。

③砖、石围墙,以设计室外地坪为界线,其下为基础,其上为墙身。

(2)基础长度

外墙墙基按外墙中心线长度计算;内墙墙基按内墙净长计算。基础大放脚T形接头处的重叠部分以及嵌入基础的钢筋、铁件、管道、基础防潮层及单个面积在0.3 m²内的孔洞所占体积不予扣除,但靠墙暖气沟的挑檐亦不增加。附墙垛基础宽出部分体积应并入基础工程量内。

砖砌挖孔桩护壁工程量按实砌体积计算。

【例7.12】 根据图7.40基础施工图的尺寸,计算砖基础的长度(基础墙均为240厚)。

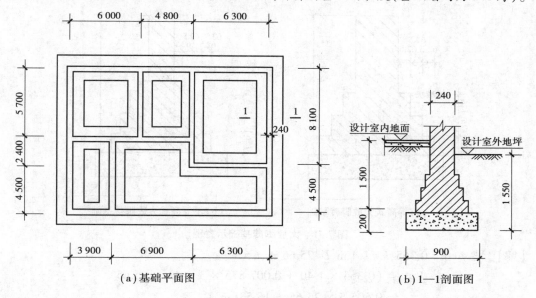

(a)基础平面图 (b)1—1剖面图

图7.40 砖基础施工图

【解】 (1)外墙砖基础长($L_中$)

$$L_中=[(4.5+2.4+5.7)+(3.9+6.9+6.3)]×2$$
$$=(12.6+17.1)×2=59.40(m)$$

(2)内墙砖基础净长($L_内$)

$$L_内=(5.7-0.24)+(8.1-0.24)+(4.5+2.4-0.24)+$$
$$(6.0+4.8-0.24)+6.3$$
$$=5.46+7.86+6.66+10.56+6.30$$
$$=36.84(m)$$

(3)有放脚砖基础

①等高式放脚砖基础(图7.41(a))的计算公式为:

$$V_基=(基础墙厚×基础墙高+放脚增加面积)×基础长$$
$$=(d×h+\Delta S)×l$$
$$=[dh+0.126×0.062\ 5n(n+1)]l$$
$$=[dh+0.007\ 875n(n+1)]l$$

式中 0.007 875——1个放脚标准块面积;

0.007 875$n(n+1)$——全部放脚增加面积;

n——放脚层数；

d——基础墙厚；

h——基础墙高；

l——基础长。

【例7.13】 某工程砌筑的等高式标准砖放脚基础如图7.41(a)所示，当基础墙高 $h=$ 1.4 m，基础长 $l=25.65$ m 时，计算砖基础工程量。

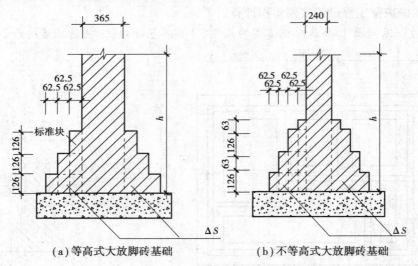

(a)等高式大放脚砖基础　　　　　(b)不等高式大放脚砖基础

图 7.41　大放脚砖基础示意图

【解】 已知：$d=0.365$，$h=1.4$ m，$l=25.65$ m，$n=3$

$$V_{砖基} = (0.365 \times 1.40 + 0.007\,875 \times 3 \times 4) \times 25.65$$
$$= 0.605\,5 \times 25.65 = 15.53(\mathrm{m}^3)$$

②不等高式放脚砖基础(图7.41(b))的计算公式为：

$$V_{基} = \{dh + 0.007\,875[n(n+1) - \sum 半层放脚层数值]\} \times l$$

式中　半层放脚层数值——半层放脚(0.063 m 高)所在放脚层的值。如图 7.41(b)中
为1+3=4。

其余字母含义同上公式。

【例7.14】 某工程大放脚砖基础的尺寸如图7.41(b)所示，当 $h=1.56$ m，基础长 $L=$ 18.5 m 时，计算砖基础工程量。

【解】 已知：$d=0.24$ m，$h=1.56$ m，$L=18.5$ m，$n=4$

$$V_{砖基} = \{0.24 \times 1.56 + 0.007\,875 \times [4 \times 5 - (1+3)]\} \times 18.5$$
$$= (0.374\,4 + 0.007\,875 \times 16) \times 18.5$$
$$= 0.500\,4 \times 18.5$$
$$= 9.26(\mathrm{m}^3)$$

③基础放脚 T 形接头重复部分如图7.42所示。

标准砖大放脚基础，其放脚增加面积 ΔS 见表7.9。

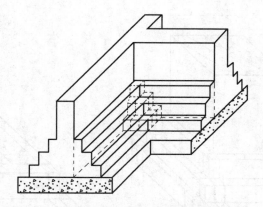

图 7.42　基础放脚 T 形接头重复部分示意图

表 7.9　砖墙基础大放脚面积增加表

放脚层数(n)	增加断面积 $\Delta S(\mathrm{m}^2)$		放脚层数(n)	增加断面积 $\Delta S(\mathrm{m}^2)$	
	等　高	不等高(奇数层为半层)		等　高	不等高(奇数层为半层)
1	0.015 75	0.007 9	10	0.866 3	0.669 4
2	0.047 25	0.039 4	11	1.039 5	0.756 0
3	0.094 5	0.063 0	12	1.228 5	0.945 0
4	0.157 5	0.126 0	13	1.433 3	1.047 4
5	0.236 3	0.165 4	14	1.653 8	1.267 9
6	0.330 8	0.259 0	15	1.890 0	1.386 0
7	0.441 0	0.315 0	16	2.142 0	1.638 0
8	0.567 0	0.441 0	17	2.409 8	1.771 9
9	0.708 8	0.511 9	18	2.693 3	2.055 4

注:①等高式 $\Delta S = 0.007\,875n(n+1)$;

②不等高式 $\Delta S = 0.007\,875[n + (n + 1) - \sum$ 半层层数值$]$。

（4）有放脚砖柱基础

有放脚砖柱基础工程量计算分为两部分:一是将柱的体积算至基础底;二是将柱四周放脚体积算出（图 7.43、图 7.44）。其计算公式如下:

$$V_{柱基} = abh + \Delta V$$
$$= abh + n(n + 1)[0.007\,875(a + b) + 0.000\,328\,125(2n + 1)]$$

式中　a——柱断面长;

　　　b——柱断面宽;

　　　h——柱基高;

　　　n——放脚层数;

　　　ΔV——砖柱四周放脚体积。

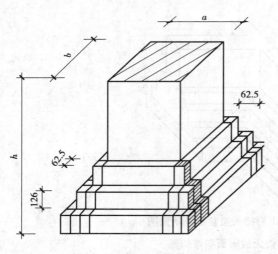

图 7.43　砖柱四周放脚示意图　　　　图 7.44　砖柱基四周放脚体积 ΔV 示意图

【例 7.15】　某工程有 5 个等高式放脚砖柱基础,根据下列条件计算砖基础工程量:

柱断面　0.365 m×0.365 m

柱基高　1.85 m

放脚层数　5 层

【解】　已知 $a = 0.365$ m, $b = 0.365$ m, $h = 1.85$ m, $n = 5$

$V_{柱基} = 5 \times \{0.365 \times 0.365 \times 1.85 + 5 \times 6 \times [0.007\,875 \times (0.365 + 0.365) +$

$\qquad 0.000\,328\,125 \times (2 \times 5 + 1)]\}$

$\qquad = 5 \times (0.246 + 0.281)$

$\qquad = 2.64\,(\text{m}^3)$

砖柱基四周放脚体积见表 7.10。

表 7.10　砖柱基四周放脚体积表　　　　　　　　单位:m³

$a \times b$ 放脚层数	0.24× 0.24	0.24× 0.365	0.365× 0.365 0.24× 0.49	0.365× 0.49 0.24× 0.615	0.49× 0.49 0.365× 0.615	0.49× 0.615 0.365× 0.74	0.365× 0.865 0.615× 0.615	0.615× 0.74 0.49× 0.865	0.74× 0.74 0.615× 0.865
1	0.010	0.011	0.013	0.015	0.017	0.019	0.021	0.024	0.025
2	0.033	0.038	0.045	0.050	0.056	0.062	0.068	0.074	0.080
3	0.073	0.085	0.097	0.108	0.120	0.132	0.144	0.156	0.167
4	0.135	0.154	0.174	0.194	0.213	0.233	0.253	0.272	0.292
5	0.221	0.251	0.281	0.310	0.340	0.369	0.400	0.428	0.458
6	0.337	0.379	0.421	0.462	0.503	0.545	0.586	0.627	0.669
7	0.487	0.543	0.597	0.653	0.708	0.763	0.818	0.873	0.928
8	0.674	0.745	0.816	0.887	0.957	1.028	1.095	1.170	1.241
9	0.910	0.990	1.078	1.167	1.256	1.344	1.433	1.521	1.61
10	1.173	1.282	1.390	1.498	1.607	1.715	1.823	1.931	2.04

3）砖墙

（1）墙的长度

外墙长度按外墙中心线长度计算，内墙长度按内墙净长线计算。墙长计算方法如下：

①墙长在转角处的计算。墙体在 90°转角时，用中轴线尺寸计算墙长，就能算准墙体的体积。例如图 7.45 的Ⓐ图中，按箭头方向的尺寸算至两轴线的交点时，墙厚方向的水平断面积重复计算的矩形部分正好等于没有计算到的矩形面积。因此，凡是 90°转角的墙，算到中轴线交叉点时就算够了墙长。

②T 形接头的墙长计算。当墙体处于 T 形接头时，T 形上部水平墙拉通算完长度后，垂直部分的墙只能从墙内边算净长。例如，图 7.45 中的Ⓑ图，当③轴上的墙算完长度后，Ⓑ轴墙只能从③轴墙内边起计算Ⓑ轴的墙长，故内墙应按净长计算。

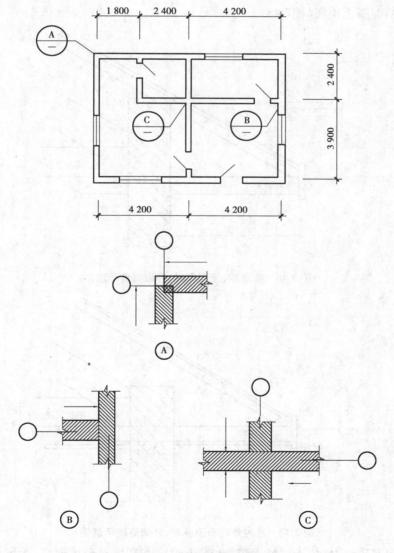

图 7.45　墙长计算示意图

③十字形接头的墙长计算。当墙体处于十字形接头状时,计算方法基本同 T 形接头,例如图 7.45 中ⓒ图的示意。因此,十字形接头处分断的两道墙也应算净长。

【例 7.16】 根据图 7.45,计算内、外墙长(墙厚均为 240)。

【解】 (1)240 厚外墙长

$$L_{中}=[(4.2+4.2)+(3.9+2.4)]×2=29.40(m)$$

(2)240 厚内墙长

$$L_{内}=(3.9+2.4-0.24)+(4.2-0.24)+(2.4-0.12)+(2.4-0.12)=14.58(m)$$

(2)墙身高度的规定

①外墙墙身高度:斜(坡)屋面无檐口顶棚者算至屋面板底;有屋架且室内外均有顶棚者(图 7.47),算至屋架下弦底面,另加 200 mm;无顶棚者算至屋架下弦底面,另加 300 mm(图 7.46),出檐宽度超过 600 mm 时,应按实砌高度计算;有钢筋混凝土楼板隔层者算至板顶。平屋面算至钢筋混凝土板底(图 7.48)。

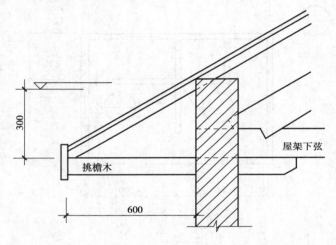

图 7.46 有屋架,无顶棚时,外墙高度示意图

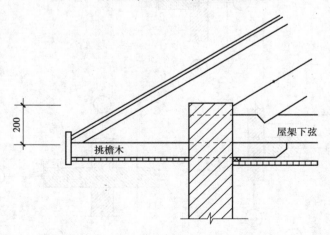

图 7.47 室内外均有顶棚时,外墙高度示意图

②内墙墙身高度:内墙位于屋架下弦者(图 7.49),其高度算至屋架底;无屋架者(图 7.50)

算至顶棚底,另加 100 mm;有钢筋混凝土楼板隔层者(图 7.51)算至板底;有框架梁时(图7.52)算至梁底面。

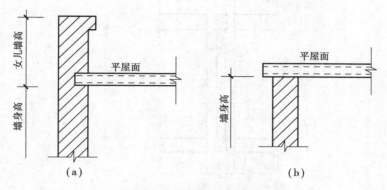

图 7.48　平屋面外墙墙身高度示意图

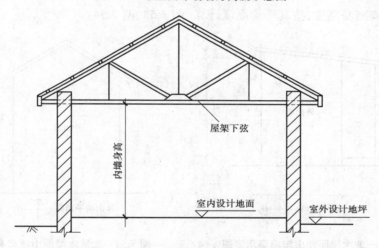

图 7.49　屋架下弦的内墙墙身高度示意图

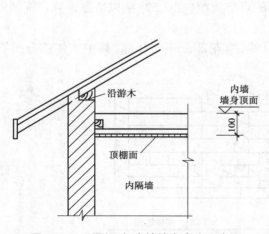

图 7.50　无屋架时,内墙墙身高度示意图

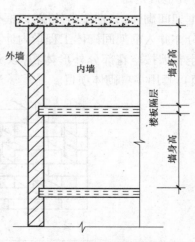

图 7.51　有混凝土楼板隔层时的
内墙墙身高度示意图

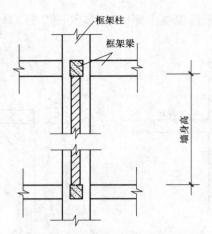

图 7.52　有框架梁时的墙身高度示意图

③内、外山墙墙身高度,按其平均高度计算(图 7.53、图 7.54)。

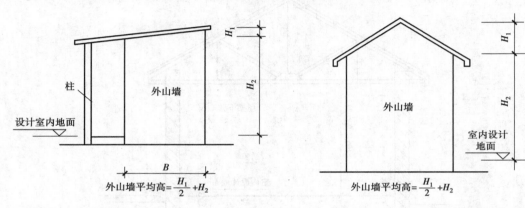

图 7.53　一坡水屋面外山墙墙高示意图　　　图 7.54　二坡水屋面山墙墙身高度示意图

(3)其他规定

①框架间砌体,分别按内外墙,以框架间的净空面积(图 7.52)乘以墙厚计算。框架外表镶贴砖部分亦并入框架间砌体工程量内计算。

②空花墙按空花部分外形体积,以 m³ 计算,空花部分不予扣除,其中实体部分另行计算(图 7.55),套用零星砌体项目。

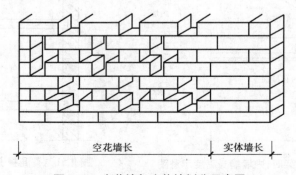

图 7.55　空花墙与实体墙划分示意图

③空斗墙按外形尺寸以 m³ 计算,墙角、内外墙交接处,门窗洞口立边,窗台砖及屋檐处的实砌部分已包括在定额内,不另行计算,但窗间墙、窗台下、楼板下、梁头下等实砌部分(图 7.56),应另行计算,套零星砌体定额项目。

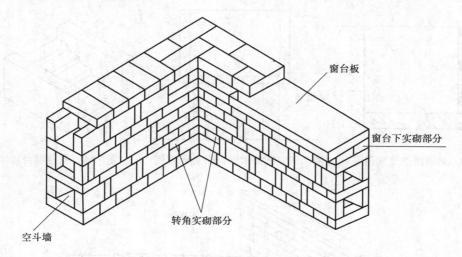

图 7.56　空斗墙转角及窗台下实砌部分示意图

④多孔砖、空心砖按图示厚度以 m³ 计算,不扣除其孔、空心部分体积。

⑤填充墙按外形尺寸以 m³ 计算,其中实砌部分已包括在定额内,不另计算。

⑥加气混凝土墙、硅酸盐砌块墙、小型空心砌块墙,按图示尺寸以 m³ 计算,按设计规定需要镶嵌砖砌体部分已包括在定额内,不另计算。

4) 其他砌体

①砖砌锅台、炉灶,不分大小,均按图示外形尺寸以 m³ 计算,不扣除各种空洞的体积。

说明:锅台一般指大食堂、餐厅里用的锅灶;炉灶一般指住宅里每户用的灶台。

②砖砌台阶(不包括梯带)(图 7.57)按水平投影面积以 m² 计算。

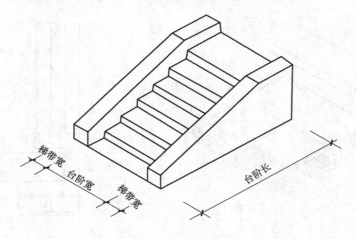

图 7.57　砖砌台阶示意图

③厕所蹲位(图7.58)、水槽腿(图7.59)、灯箱、垃圾箱、台阶挡墙或梯带(图7.60)、花台、花池、地垄墙及支撑地楞木的砖墩(图7.61),房上烟囱、屋面架空隔热层砖墩(图7.62)及毛石墙的门窗立边、窗台虎头砖(图7.63)等实砌体积,以 m³ 计算,套用零星砌体定额项目。

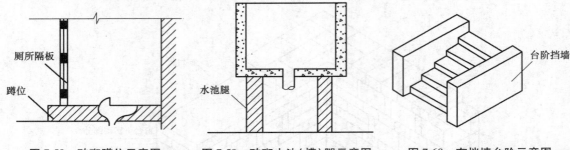

图 7.58　砖砌蹲位示意图　　　图 7.59　砖砌水池(槽)腿示意图　　　图 7.60　有挡墙台阶示意图

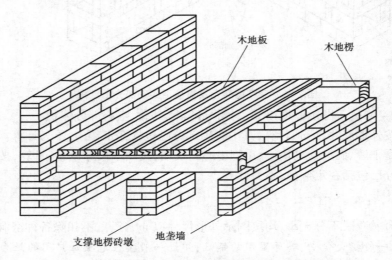

图 7.61　地垄墙及支撑地楞砖墩示意图

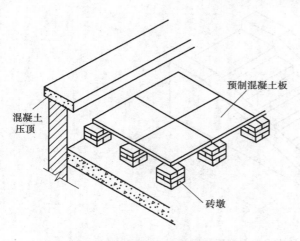

图 7.62　屋面架空隔热层砖墩示意图

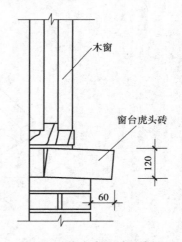

图 7.63　窗台虎头砖示意图

注:石墙的窗台虎头砖单独计算工程量

④检查井及化粪池不分壁厚,均以 m³ 计算,洞口上的砖平拱碹等并入砌体体积内计算。

⑤砖砌地沟不分墙基、墙身,合并以 m³ 计算。石砌地沟按其中心线长度,以延长米计算。

5) 砖烟囱

①筒身:圆形、方形均按图示筒壁平均中心线周长乘以厚度,并扣除筒身各种孔洞、钢筋混凝土圈梁、过梁等体积,以 m³ 计算。其筒壁周长不同时可按下式分段计算:

$$V = \sum (H \times C \times \pi D)$$

式中　V——筒身体积;

　　　H——每段筒身垂直高度;

　　　C——每段筒壁厚度;

　　　D——每段筒壁中心线的平均直径。

【例7.17】　根据图 7.64 中的有关数据和上述公式,计算砖砌烟囱和圈梁工程量。

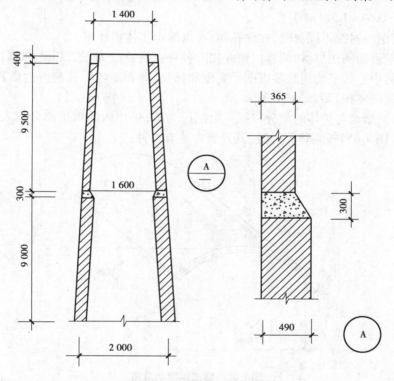

图 7.64　有圈梁砖烟囱示意图

【解】　(1)砖砌烟囱工程量

①上段:

已知:$H = 9.50$ m,$C = 0.365$ m

求:$D = (1.40 + 1.60 + 0.365) \times \dfrac{1}{2} = 1.68$(m)

∴ $V_{上} = 9.50 \times 0.365 \times 3.141\ 6 \times 1.68 = 18.30$(m³)

②下段:

已知:$H = 9.0$ m,$C = 0.490$(m)

求：$D = (2.0+1.60+0.365×2-0.49) × \dfrac{1}{2} = 1.92(\text{m})$

$\therefore V_{下} = 9.0×0.49×3.141\ 6×1.92 = 26.60(\text{m}^3)$

$\therefore V = 18.30+26.60 = 44.90(\text{m}^3)$

(2)混凝土圈梁工程量

①上部圈梁：

$$V_{上} = 1.40 × 3.141\ 6 × 0.4 × 0.365 = 0.64(\text{m}^3)$$

②中部圈梁：

圈梁中心直径 $= 1.60+0.365×2-0.49 = 1.84(\text{m})$

圈梁断面积 $= (0.365+0.49) × \dfrac{1}{2}×0.30 = 0.128(\text{m}^2)$

$V_{中} = 1.84×3.141\ 6×0.128 = 0.74(\text{m}^3)$

$\therefore V = 0.74+0.64 = 1.38(\text{m}^3)$

②烟道、烟囱内衬按不同材料,扣除孔洞后,以图示实体积计算。

③烟囱内壁表面隔热层,按筒身内壁并扣除各种孔洞后的面积,以 m^2 计算;填料按烟囱内衬与筒身之间的中心线平均周长乘以图示宽度和筒高,并扣除各种孔洞所占体积(但不扣除连接横砖及防沉带的体积)后以 m^3 计算。

④烟道砌砖:烟道与炉体的划分以第一道闸门为界,炉体内的烟道部分列入炉体工程量计算。烟道拱顶(图 7.65)按实体积计算,其计算方法有两种:

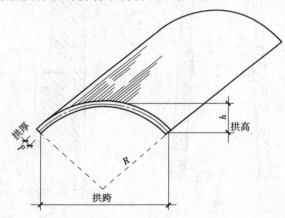

图 7.65　烟道拱顶示意图

方法一:按矢跨比公式计算

计算公式：$V = $ 中心线拱跨×弧长系数×拱厚×拱长

$\qquad = b×P×d×L$

烟道拱顶弧长系数见表 7.12。表中弧长系数 P 的计算公式为(当 $h=1$ 时):

$$P = \frac{1}{90}\left(\frac{0.5}{b} + 0.125b\right) \pi \arcsin \frac{b}{1 + 0.25b^2}$$

例如,当矢跨比 $\dfrac{h}{l} = \dfrac{1}{7}$ 时,弧长系数 P 为:

$$P = \frac{1}{90}\left(\frac{0.5}{7} + 0.125 \times 7\right) \times 3.141\,6 \times \arcsin\frac{7}{1 + 0.25 \times 7^2}$$
$$= 1.054$$

【例7.18】 已知矢高为1,拱跨为6,拱厚为0.15 m,拱长7.8 m,求拱顶体积。

【解】 查表7.11知弧长系数P为1.07。

表7.11 烟道拱顶弧长系数表

矢跨比$\dfrac{h}{b}$	$\dfrac{1}{2}$	$\dfrac{1}{3}$	$\dfrac{1}{4}$	$\dfrac{1}{5}$	$\dfrac{1}{6}$	$\dfrac{1}{7}$	$\dfrac{1}{8}$	$\dfrac{1}{9}$	$\dfrac{1}{10}$
弧长系数P	1.57	1.27	1.16	1.10	1.07	1.05	1.04	1.03	1.02

故:$V = 6 \times 1.07 \times 0.15 \times 7.8 = 7.51(\text{m}^3)$

方法二:按圆弧长公式计算

计算公式:$V = $圆弧长×拱厚×拱长
$$= l \times d \times L$$

式中:
$$l = \frac{\pi}{180}R\theta$$

【例7.19】 某烟道拱顶厚0.18 m,半径4.8 m,$\theta = 180°$,拱长10 m,求拱顶体积。

【解】 已知:$d = 0.18$ m,$R = 4.8$ m,$\theta = 180°$,$L = 10$ m

$$V = \frac{3.141\,6}{180} \times 4.8 \times 180 \times 0.18 \times 10$$
$$= 27.14(\text{m}^3)$$

6) 砖砌水塔

砖砌水塔构造及各部分划分如图7.66所示。

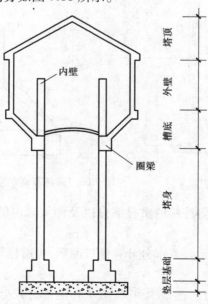

图7.66 水塔构造及各部分划分示意图

①水塔基础与塔身划分:以砖基础的扩大部分顶面为界,其上为塔身,其下为基础,分别套用相应基础砌体定额。

②塔身以图示实砌体积计算,并扣除门窗洞口和混凝土构件所占的体积,砖平拱碹及砖出檐等并入塔身体积内计算,套水塔砌筑定额。

③砖水箱内外壁,不分壁厚,均以图示实砌体积计算,套相应的内外砖墙定额。

7.3.4 混凝土及钢筋混凝土工程

1)现浇混凝土及钢筋混凝土模板工程量

①现浇混凝土及钢筋混凝土模板工程量,除另有规定者外,均应区别模板的不同材质,按混凝土与模板接触面积扣除后浇带所占面积,以 m² 计算。

说明:除了底面有垫层、构件(侧面有构件)及上表面不需支撑模板外,其余各个方向的面均应计算模板接触面积。

②现浇钢筋混凝土柱、梁、板、墙的支模高度(即室外地坪至板底或板面至板底之间的高度)以 3.6 m 以内为准,超过 3.6 m 以上部分,另按超过部分计算增加支撑工程量(图 7.67)。

③现浇钢筋混凝土墙、板上单孔面积在 0.3 m² 以内的孔洞,不予扣除,洞侧壁模板也不增加;单孔面积在 0.3 m² 以外时,应予扣除,洞侧壁模板面积并入墙、板模板工程量内计算。

④现浇钢筋混凝土框架的模板,分别按梁、板、柱、墙有关规定计算,附墙柱并入墙内工程量计算。

⑤杯形基础杯口高度大于杯口大边长度的,套高杯基础模板定额项目(图 7.68)。

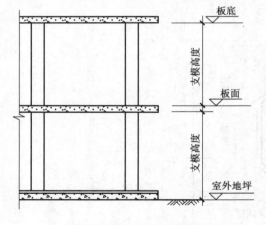

图 7.67 支模高度示意图

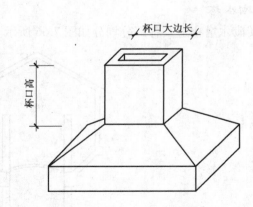

图 7.68 高杯基础示意图(杯口高大于杯口大边长时)

⑥柱与梁、柱与墙、梁与梁等连接的重叠部分以及伸入墙内的梁头、板头部分,均不计算模板面积。

⑦构造柱外露面均应按图示外露部分计算模板面积,构造柱与墙接触部分不计算模板面积(图 7.69)。

⑧现浇钢筋混凝土悬挑板(雨篷、阳台)按图示外挑部分尺寸的水平投影面积计算。挑出墙外的牛腿梁及板边模板不另计算。

说明:"挑出墙外的牛腿梁及板边模板"在实际施工时需支模板,为了简化工程量计算,在编制该项定额时已经将该因素考虑在定额消耗内,所以工程量就不单独计算了。

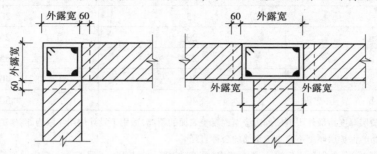

图 7.69　构造柱外露宽需支模板示意图

⑨现浇钢筋混凝土楼梯,以图示露明面尺寸的水平投影面积计算,不扣除小于 500 mm 楼梯井所占面积。楼梯的踏步、踏步板、平台梁等侧面模板,不另计算。

⑩混凝土台阶不包括梯带,按图示台阶尺寸的水平投影面积计算,台阶端头两侧不另计算模板面积。

⑪柱、墙、梁、板、栏板相互连接的重叠部分,均不扣除模板面积。

2)预制钢筋混凝土构件模板工程量

预制模板按模板与混凝土的接触面积计算,地模不计算接触面积。

3)构筑物钢筋混凝土模板工程量

①构筑物工程的模板工程量,除另有规定者外,应区别现浇、预制和构件类别,分别按上面模板工程量第①、②条的有关规定计算。

②大型池槽等分别按基础、墙、板、梁、柱等有关规定计算并套相应定额项目。

③液压滑升钢模板施工的烟囱、水塔身、储仓等,均按混凝土体积,以 m^3 计算。

④预制倒圆锥形水塔罐壳模板按混凝土体积,以 m^3 计算。

⑤预制倒圆锥形水塔罐壳组装、提升、就位,按不同容积以座计算。

4)钢筋工程量

(1)钢筋工程量有关规定

①钢筋工程应区别现浇、预制构件、不同钢种和规格,分别按设计长度乘以单位质量,以 t 计算。

②计算钢筋工程量时,设计已规定钢筋搭接长度的,按规定搭接长度计算;设计未规定搭接长度的,按定额规定计算。某地区预算定额规定,钢筋的制作损耗及钢筋的施工搭接用量已包括在预算定额的钢筋损耗率内,不另计算搭接长度。

(2)钢筋长度的确定

$$钢筋长＝构件长－保护层厚度×2＋弯钩长×2＋弯起钢筋增加值(\Delta L)×2$$

①钢筋的混凝土保护层。受力钢筋的混凝土保护层,应符合设计要求;当设计无具体要求时,不应小于受力钢筋直径,并应符合表 7.12 的要求。

②混凝土结构环境类别见表 7.13。

表 7.12　混凝土保护层的最小厚度　　　　　　单位:mm

环境类别	板、墙	梁、柱
一	15	20
二 a	20	25
二 b	25	35
三 a	30	40
三 b	40	50

注:①表中混凝土保护层厚度指最外层钢筋外边缘至混凝土表面的距离,适用于设计使用年限为 50 年的混凝土结构。

　　②构件中受力钢筋的保护层厚度不应小于钢筋的公称直径。

　　③设计使用年限为 100 年的混凝土结构,一类环境中,最外层钢筋的保护层厚度不应小于表中数值的 1.4 倍;二、三类环境中,应采取专门的有效措施。

　　④混凝土强度等级不大于 C25 时,表中保护层厚度数值应增加 5。

　　⑤基础底面钢筋的保护层厚度,有混凝土垫层时应从垫层顶面算起,且不应小于 40 mm。

表 7.13　混凝土结构的环境类别

环境类别	条　件
一	室内干燥环境; 无侵蚀性静水浸没环境
二 a	室内潮湿环境; 非严寒和非寒冷地区的露天环境; 非严寒和非寒冷地区与无侵蚀性的水或土壤直接接触的环境; 严寒和寒冷地区的冰冻线以下与无侵蚀性的水或土壤直接接触的环境
二 b	干湿交替环境; 水位频繁变动环境; 严寒和寒冷地区的露天环境; 严寒和寒冷地区冰冻线以上与无侵蚀性的水或土壤直接接触的环境
三 a	严寒和寒冷地区冬季水位变动区环境; 受除冰盐影响环境; 海风环境
三 b	盐渍土环境; 受除冰盐作用环境; 海岸环境
四	海水环境
五	受人为或自然的侵蚀性物质影响的环境

注:①室内潮湿环境是指构件表面经常处于结露或湿润状态的环境。

　　②严寒和寒冷地区的划分应符合现行国家标准《民用建筑热工设计规范》GB 50176 的有关规定。

　　③海岸环境和海风环境宜根据当地情况,考虑主导风向及结构所处迎风,背风部位等因素的影响,由调查研究和工程经验确定。

　　④受除冰盐影响环境是指受到除冰盐盐雾影响的环境;受除冰盐作用环境是指被除冰盐溶液溅射的环境以及使用除冰盐地区的洗车房、停车楼等建筑。

　　⑤暴露的环境是指混凝土结构表面所处的环境。

③纵向钢筋弯钩长度计算。HPB300 级钢筋末端需要做 180°弯钩时,其圆弧弯曲直径 D 不应小于钢筋直径 d 的 2.5 倍,平直部分长度不宜小于钢筋直径 d 的 3 倍(图 7.70);HRB335 级、HRB400 级钢筋的弯弧内直径不应小于钢筋直径的 4 倍,弯钩的弯后平直部分应符合设计要求。

a.钢筋弯钩增加长度基本公式如下:

$$L_x = \left(\frac{n}{2}d + \frac{d}{2} \right) \pi \times \frac{x}{180°} + zd - \left(\frac{n}{2}d + d \right)$$

式中 L——钢筋弯钩增加长度,mm;

　　　　n——弯钩弯心直径的倍数值;

　　　　d——钢筋直径,mm;

　　　　x——弯钩角度;

　　　　z——以 d 为基础的弯钩末端平直长度系数,mm。

b.纵向钢筋 180°弯钩增加长度(当弯心直径=2.5d,z=3 时)的计算。根据图 7.70 和基本公式计算 180°弯钩增加长度。

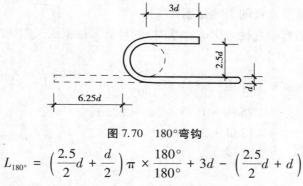

图 7.70 180°弯钩

$$\begin{aligned} L_{180°} &= \left(\frac{2.5}{2}d + \frac{d}{2} \right) \pi \times \frac{180°}{180°} + 3d - \left(\frac{2.5}{2}d + d \right) \\ &= 1.75d\pi \times 1 + 3d - 2.25d \\ &= 5.498d + 0.75d \\ &= 6.248d \end{aligned}$$

取值为 6.25d。

c.纵向钢筋 90°弯钩(当弯心直径=4d,z=12 时)的计算。根据图 7.71(a)和基本公式计算 90°弯钩增加长度。

$$\begin{aligned} L_{90°} &= \left(\frac{4}{2}d + \frac{d}{2} \right) \pi \times \frac{90}{180°} + 12d - \left(\frac{4}{2}d + d \right) \\ &= 2.5d\pi \times \frac{1}{2} + 12d - 3d \\ &= 3.927d + 9d \\ &= 12.927d \end{aligned}$$

取值为 12.93d。

d.纵向钢筋 135°弯钩(当弯心直径=4d,z=5 时)的计算。根据图 7.71(b)和基本公式计算 135°弯钩增加长度。

$$L_{135°} = \left(\frac{4}{2}d + \frac{d}{2} \right) \pi \times \frac{135°}{180°} + 5d - \left(\frac{4}{2}d + d \right)$$

$$= 2.5d\pi \times 0.75 + 5d - 3d$$

$$= 7.891d$$

取值为 7.89d。

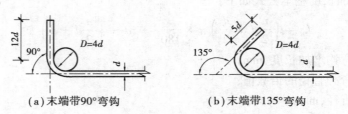

（a）末端带90°弯钩　　　　　（b）末端带135°弯钩

图 7.71　90°和135°弯钩

④箍筋弯钩。箍筋的末端应作弯钩,弯钩形式应符合设计要求。当设计无具体要求时,用 HPB300 级钢筋或冷拔低碳钢丝制作的箍筋,其弯钩的弯曲直径应大于受力钢筋直径,且不小于箍筋直径的 2.5 倍。弯钩平直部分的长度,对一般结构,不宜小于箍筋直径的 5 倍;对有抗震要求的结构,不应小于箍筋直径的 10 倍(图7.72)。

a.箍筋 135°弯钩(当弯心直径 = 2.5d,z = 5 时)的计算。根据图 7.72 和基本公式计算 135°弯钩增加长度。

$$L_{135°} = \left(\frac{2.5}{2}d + \frac{d}{2} \right) \pi \times \frac{135°}{180°} + 5d - \left(\frac{2.5}{2}d + d \right)$$

$$= 1.75d\pi \times 0.75 + 5d - 2.25d$$

$$= 4.123d + 2.75d$$

$$= 6.873d$$

取值为 6.87d。

b.箍筋 135°弯钩(当弯心直径 = 2.5d,z = 10 时)的计算。根据图 7.73 和基本公式计算 135°弯钩增加长度。

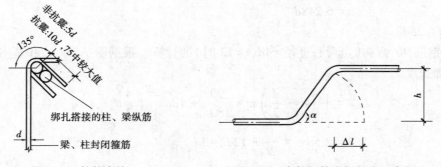

图 7.72　箍筋弯钩　　　　　图 7.73　弯起钢筋增加长度示意图

$$L_{135°} = \left(\frac{2.5}{2}d + \frac{d}{2} \right) \pi \times \frac{135°}{180°} + 10d - \left(\frac{2.5}{2}d + d \right)$$

$$= 1.75d\pi \times 0.75 + 10d - 2.25d$$

$$= 11.873d$$

取值为 11.87d。

⑤弯起钢筋增加长度。弯起钢筋的弯起角度,一般有 30°、45°、60° 三种,其弯起增加值是指斜长与水平投影长度之间的差值,如图 7.73 所示。

弯起钢筋斜长及增加长度计算方法见表 7.14。

⑥钢筋的绑扎接头。按《混凝土结构设计规范》(GB 50010—2010)的规定,纵向受拉钢筋的绑扎搭接接头的搭接长度,应根据位于同一连接区段内的钢筋搭接接头面积百分率,且不应小于 300 mm,按表7.15中规定计算。

表 7.14   弯起钢筋斜长及增加长度计算表

形　　状		30°	45°	60°
计算方法	斜边长 S	$2h$	$1.414h$	$1.155h$
	增加长度 $S-L=\Delta l$	$0.268h$	$0.414h$	$0.577h$

表 7.15   纵向受拉钢筋的绑扎搭接接头的搭接长度

纵向受拉钢筋绑扎搭接长度 l_l、l_{lE}		注:
抗震	非抗震	1. 当直径不同的钢筋搭接时,l_l、l_{lE} 按直径较小的钢筋计算。
$l_{lE}=\zeta_l l_{aE}$	$l_l=\zeta_l l_a$	2. 任何情况下不应小于 300 mm。

纵向受拉钢筋搭接长度修正系数 ζ_l			3. 式中 ζ_l 为纵向受拉钢筋搭接长度修正系数。当纵向钢筋搭接接头百分率为表的中间值时,可按内插取值。
纵向钢筋搭接接头面积百分率(%)	≤25	50	100
ζ_l	1.2	1.4	1.6

(3)钢筋的锚固

钢筋的锚固长度是指受力钢筋依靠其表面与混凝土的黏结作用或端部构造的挤压作用而达到设计承受应力所需的长度。

根据 11G101—1 标准图规定,钢筋的锚固长度应按表 7.16—表 7.18 的要求计算。

表 7.16   受拉钢筋基本锚固长度 l_{ab}、l_{abE}

钢筋种类	抗震等级	混凝土强度等级								
		C20	C25	C30	C35	C40	C45	C50	C55	≥C60
HPB300	一、二级(l_{abE})	$45d$	$39d$	$35d$	$32d$	$29d$	$28d$	$26d$	$25d$	$24d$
	三级(l_{abE})	$41d$	$36d$	$32d$	$29d$	$26d$	$25d$	$24d$	$23d$	$22d$
	四级(l_{abE})非抗震(l_{ab})	$39d$	$34d$	$30d$	$28d$	$25d$	$24d$	$23d$	$22d$	$21d$

续表

钢筋种类	抗震等级	混凝土强度等级								
		C20	C25	C30	C35	C40	C45	C50	C55	≥C60
HPB335 HRBF335	一、二级(l_{abE})	$44d$	$38d$	$33d$	$31d$	$29d$	$26d$	$25d$	$24d$	$24d$
	三级(l_{abE})	$40d$	$35d$	$31d$	$28d$	$26d$	$24d$	$23d$	$22d$	$22d$
	四级(l_{abE}) 非抗震(l_{ab})	$38d$	$33d$	$29d$	$27d$	$25d$	$23d$	$22d$	$21d$	$21d$
HPB400 HRBF400 RRB400	一、二级(l_{abE})	—	$46d$	$40d$	$37d$	$33d$	$32d$	$31d$	$30d$	$29d$
	三级(l_{abE})	—	$42d$	$37d$	$34d$	$30d$	$29d$	$28d$	$27d$	$26d$
	四级(l_{abE}) 非抗震(l_{ab})	—	$40d$	$35d$	$32d$	$29d$	$28d$	$27d$	$26d$	$25d$
HPB500 HRBF500	一、二级(l_{abE})	—	$55d$	$49d$	$45d$	$41d$	$39d$	$37d$	$36d$	$35d$
	三级(l_{abE})	—	$50d$	$45d$	$41d$	$38d$	$36d$	$34d$	$33d$	$32d$
	四级(l_{abE}) 非抗震(l_{ab})	—	$48d$	$43d$	$39d$	$36d$	$34d$	$32d$	$31d$	$30d$

表 7.17　受拉钢筋锚固长度 l_a、抗震锚固长度 l_{aE}

非抗震	抗震	注:
$l_a = \zeta_a l_{ab}$	$l_{aE} = \zeta_{aE} l_a$	1. l_a 不应小于 200; 2. 锚固长度修正系数 ζ_a 按表 7.18 取用,当多于一项时,可按连乘计算,但不应小于 0.6; 3. ζ_{aE} 为抗震锚固长度修正系数,对一、二级抗震等级取 1.15,对三级抗震等级取 1.05, 对四级抗震等级取 1.00

表 7.18　受拉钢筋锚固长度修正系数 ζ_a

锚固条件		ζ_a	
带肋钢筋的公称直径大于 25		1.10	
环氧树脂涂层带肋钢筋		1.25	—
施工过程中易受扰动的钢筋		1.10	
锚固区保护层厚度	$3d$	0.80	注:中间时按内插值,d 为锚固钢筋直径。
	$5d$	0.70	

(4)钢筋质量计算
①钢筋理论质量计算:

$$钢筋理论质量 = 钢筋长度 × 每米质量$$

式中　每米质量——每米钢筋的质量,取值为 $0.006\,165d^2$,kg/m;

　　　d——以 mm 为单位的钢筋直径。

②钢筋工程量计算:

$$钢筋工程量 = 钢筋分规格长 × 分规格每米质量$$

(5)钢筋工程量计算实例

【例7.20】 根据图7.74计算8根现浇C20钢筋混凝土矩形梁(抗震)的钢筋工程量,混凝土保护层厚度为25 mm(按混凝土保护层最小厚度确定为20 mm,当混凝土强度等级不大于C25时,增加5 mm,故为25 mm)。

【解】 (1)计算一根矩形梁钢筋长度

①号筋(坐16)2根

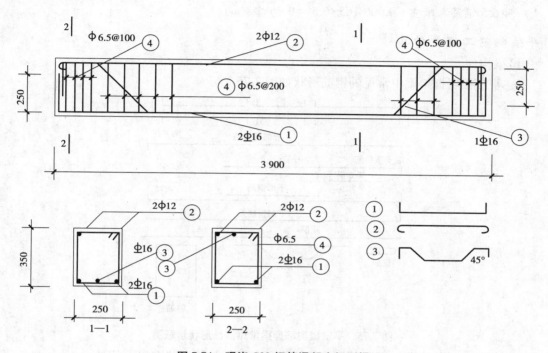

图7.74 现浇C20钢筋混凝土矩形梁

$$l = (3.90 - 0.025 \times 2 + 0.25 \times 2) \times 2$$
$$= 4.35 \times 2 = 8.70(\text{m})$$

②号筋(Φ12)2根

$$l = (3.90 - 0.025 \times 2 + 0.012 \times 6.25 \times 2) \times 2$$
$$= 4.0 \times 2 = 8.0(\text{m})$$

③号筋(坐16)1根

弯起增加值计算,见表7.15(下同)。

$$l = 3.90 - 0.025 \times 2 + 0.25 \times 2 + (0.35 - 0.025 \times 2 - 0.016) \times 0.414^* \times 2$$
$$= 4.35 + 0.284 \times 0.414^* \times 2 = 4.59(\text{m})$$

④号筋(Φ6.5)

箍筋根数 = (3.90−0.30×2−0.025×2)÷0.20+1+6(两端加密筋)= 24(根)

单根箍筋长 = (0.35−0.025×2−0.006 5+0.25−0.025×2−0.006 5)×2+

11.89×0.006 5×2

= 1.125(m)

箍筋长 = 1.125×24 = 27.00(m)

（2）计算 8 根矩形梁钢筋质量

$$\left.\begin{array}{l} \Phi16:(8.7 + 4.59) \times 8 \times 1.58 = 167.99(kg) \\ \Phi12:8.0 \times 8 \times 0.888 = 56.83(kg) \\ \Phi6.5:27 \times 8 \times 0.26 = 56.16(kg) \end{array}\right\} 280.98 \ kg$$

注：$\Phi16$ 钢筋每米重 $= 0.006 \ 165 \times 16^2 = 1.58(kg/m)$

$\Phi12$ 钢筋每米重 $= 0.006 \ 165 \times 12^2 = 0.888(kg/m)$

$\Phi6.5$ 钢筋每米重 $= 0.006 \ 165 \times 6.5^2 = 0.26(kg/m)$

5）平法钢筋工程量计算

（1）梁构件

①在平法楼层框架梁中常见的钢筋形状如图 7.75 所示。

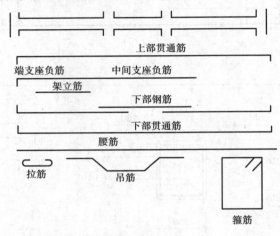

图 7.75 平法楼层框架梁常见钢筋形状示意图

②钢筋长度计算方法。平法楼层框架梁常见的钢筋计算方法有以下几种：

a.上部贯通筋（图 7.76）。

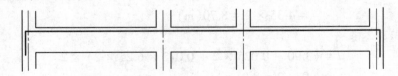

图 7.76 上部贯通筋

上部贯通筋长 L = 各跨长之和 − 左支座内侧宽 − 右支座内侧宽 + 锚固长度 + 搭接长度

锚固长度取值：

• 当（支座宽度 − 保护层）$\geq L_{aE}$，且 $\geq 0.5h_c + 5d$ 时，锚固长度 $= \max(L_{aE}, 0.5h_c + 5d)$；

• 当（支座宽度 − 保护层）$< L_{aE}$ 时，锚固长度 = 支座宽度 − 保护层 + 15d。

其中，h_c 为柱宽，d 为钢筋直径。

b.端支座负筋（图 7.77）。

$$上排钢筋长 \ L = L_{ni}/3 + 锚固长度$$

$$下排钢筋长 \ L = L_{ni}/4 + 锚固长度$$

式中　$L_{ni}(i = 1, 2, 3, \cdots)$——梁净跨长，锚固长度同上部贯通筋。

c.中间支座负筋(图7.78)。

$$上排钢筋长\ L = 2 \times (L_{ni}/3) + 支座宽度$$
$$下排钢筋长\ L = 2 \times (L_{ni}/4) + 支座宽度$$

式中 跨度值 L_n——左跨 L_{ni} 和右跨 L_{ni+1} 之较大值,其中 $i = 1, 2, 3, \cdots$。

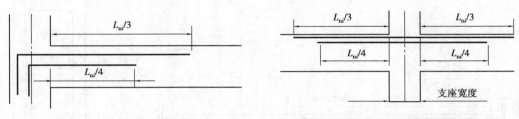

图7.77 端支座负筋示意图   图7.78 中间支座负筋示意图

d.架立筋(图7.79)。

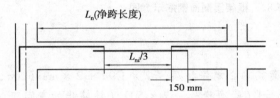

图7.79 架立筋示意图

架力筋力 L = 本跨净跨长−左侧负筋伸出长度−右侧负筋伸出长度+2×搭接长度

搭接长度可按150 mm计算。

e.下部钢筋(图7.80)。

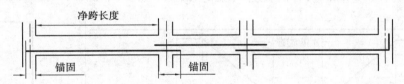

图7.80 框架梁下部钢筋示意图

$$下部钢筋长 = \sum_{i=1}^{n} \left[L_n + 2 \times 锚固长度(或\ 0.5h_c + 5d) \right]_i$$

f.下部贯通筋(图7.81)。

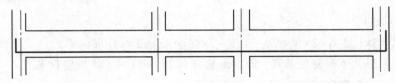

图7.81 框架梁下部钢筋示意图

下部贯通筋长 L = 各跨长之和−左支座内侧宽−右支座内侧宽+锚固长度+搭接长度

式中锚固长度同上部贯通筋。

g.梁侧面钢筋(图7.82)。

梁侧面钢筋长 L = 各跨长之和−左支座内侧宽−右支座内侧宽+锚固长度+搭接长度

说明:当为侧面构造钢筋时,搭接与锚固长度为 $15\,d$;当为侧面受扭纵向钢筋时,搭接长度为 L_{lE} 或 L_l,其锚固长度为 L_{aE} 或 L_a,锚固方式同框架梁下部纵筋。

h.拉筋(图 7.83)。

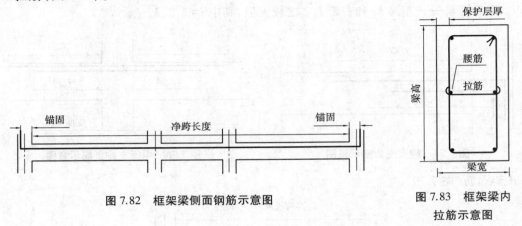

图 7.82 框架梁侧面钢筋示意图

图 7.83 框架梁内
拉筋示意图

当只勾住主筋时:

$$拉筋长度\ L = 梁宽 - 2 \times 保护层 + 2 \times 1.9d + 2 \times \max(10d,75\ \mathrm{mm}) + 2d$$

$$拉筋根数\ n = \lceil(梁净跨长 - 2 \times 50)/(箍筋非加密间距 \times 2)\rceil + 1$$

i.吊筋(图 7.84)。

$$吊筋长度\ L = 2 \times 20d(锚固长度) + 2 \times 斜段长度 + 次梁宽度 + 2 \times 50$$

说明:当梁高≤800 mm 时,斜段长度=(梁高−2×保护层)/sin 45°;

当梁高>800 mm 时,斜段长度=(梁高−2×保护层)/sin 60°。

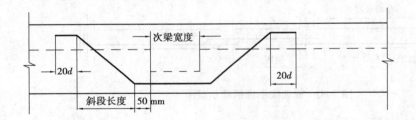

图 7.84 框架梁内吊筋示意图

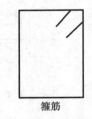

图 7.85 框架梁
内箍筋示意图

j.箍筋(图 7.85)。

箍筋长度 $L=2\times(梁高-2\times保护层+梁宽-2\times保护层)+2\times11.9d+4d$

箍筋根数 $n=2\times\{[(加密区长度-50)/加密区间距]+1\}+[(非加密区长度/非加密区间距)-1]$

说明:当为 1 级抗震时,箍筋加密区长度为 $\max(2\times梁高,500)$;

当为 2~4 级抗震时,箍筋加密区长度为 $\max(1.5\times梁高,500)$。

k.屋面框架梁钢筋(图 7.86)。

屋面框架梁上部贯通筋和端支座负筋的锚固长度 L=柱宽−保护层+梁高−保护层

l.悬臂梁钢筋计算(图 7.87)。

箍筋长度 $L=2\times[(H+H_b)/2-2\times$保护层$+$挑梁宽$-2\times$保护层$]+11.9d+4d$

箍筋根数 $n=(L-$次梁宽$-2\times50)/$箍筋间距$+1$

上部上排钢筋 $L=L_{ni}/3+$支座宽$+L-$保护层$+\max\{(H_b-2\times$保护层$),12d\}$

上部下排钢筋 $L=L_{ni}/4+$支座宽$+0.75L$

下部钢筋 $L=15d+XL-$保护层

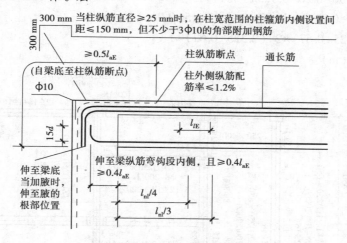

图 7.86　屋面框架梁钢筋示意图

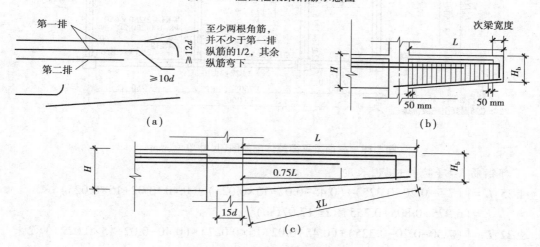

图 7.87　悬臂梁钢筋示意图

说明:不考虑地震作用时,当纯悬挑梁的纵向钢筋直锚长度 $\geq l_a$,且$\geq 0.5h_c+5d$ 时,可不必上下弯锚,当直锚伸至对边仍不足 l_a 时,则应按图示弯锚,当直锚伸至对边仍不足 $0.45l_a$ 时,则应采用较小直径的钢筋。

当悬挑梁由屋面框架梁延伸出来时,其配筋构造应由设计者补充;当梁的上部设有第3排钢筋时,其延伸长度应由设计者注明。

【例 7.21】　根据图 7.88,计算 WKL2 框架梁钢筋工程量(柱截面尺寸为 400 mm×400 mm,梁纵长钢筋为对焊连接)。

【解】　上部贯通筋 $L=$各跨长之和$-$左支座内侧宽$-$右支座内侧宽$+$锚固长度

$\underline{\Phi}18:L = [(7.50-0.20-0.325)+(0.45-0.02+15\times0.018)+(0.40-0.02+15\times0.018)]\times2$

$\qquad = (6.975+0.70+0.65)\times2$

$\qquad = 16.65(\text{m})$

端支座负筋　$L=L_{ni}/3+$锚固长度

$\underline{\Phi}16:L = [(7.50-0.20-0.325)\div3+(0.45-0.02+15\times0.016)]\times2+[(7.50-$

$\qquad 0.20-0.325)\div3+(0.40-0.02+15\times0.016)]\times1$

$\qquad = (2.325+0.67)\times2+(2.325+0.62)\times1$

$\qquad = 8.94(\text{m})$

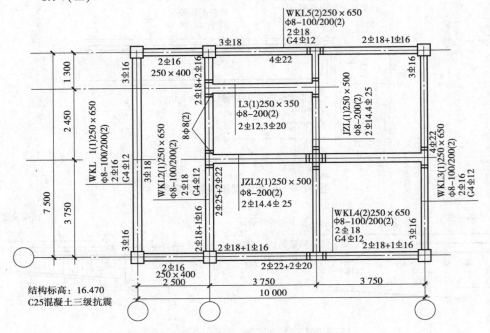

图 7.88　屋面梁平面整体配筋图(尺寸单位:mm)

下部钢筋 $L=$净跨长+锚固长度

$\underline{\Phi}25:L = [(7.5-0.20-0.325)+(0.45-0.02+15\times0.025)+(0.40-0.02+15\times0.025)]\times2$

$\qquad = (6.975+0.805+0.755)\times2 = 17.07(\text{m})$

$\underline{\Phi}22:L = [(7.50-0.20-0.325)+(0.45-0.02+15\times0.022)+(0.40-0.02+15\times0.022)]\times2$

$\qquad = (6.975+0.76+0.71)\times2$

$\qquad = 16.89(\text{m})$

箍筋长 $L=2\times($梁宽$-2\times$保护层$+$梁高$-2\times$保护层$)+2\times11.9d+4d$

$\Phi8:L = 2\times(0.25-0.02\times2+0.65-0.02\times2)+2\times11.9\times0.008+4\times0.008$

$\qquad = 1.86(\text{m})$

箍筋根数(取整)$n=2\times[($加密区长$-50)/$加密区间距$+($非加密区长$/$非加密区间距$)-1]+$支梁加密根数

$n=2\times[(0.975-0.05)\div0.10+1]+[(7.50-0.20-0.325-0.975\times2)\div0.20-1]+8\times2=82(\text{根})$

箍筋长小计:$L=1.86\times82=152.52(\text{m})$

WKL2 箍筋质量:

梁纵筋Φ18　16.65×2.00＝33.30（kg）

　　　　Φ16　8.94×1.58＝14.13（kg）

　　　　Φ25　17.07×3.85＝65.72（kg）

　　　　Φ22　16.89×2.98＝50.33（kg）

箍筋　Φ8　152.52×0.395＝60.25（kg）

钢筋质量小计：223.73 kg

（2）柱构件

平法柱钢筋主要是纵筋和箍筋两种形式，不同的部位有不同的构造要求。每种类型的柱，其纵筋都会分为基础、首层、中间层和顶层4个部分来设置。

①基础部位钢筋计算（图7.89）。

柱纵筋长 $L＝$ 本层层高 － 下层柱钢筋外露长度 max（ ≥ $H_n/6$，≥ 500，≥ 柱截面长边尺寸）+

　　　　本层柱钢筋外露长度 max（ ≥ $H_n/6$，≥ 500，≥ 柱截面长边尺寸）+

　　　　搭接长度（对焊接时为0）

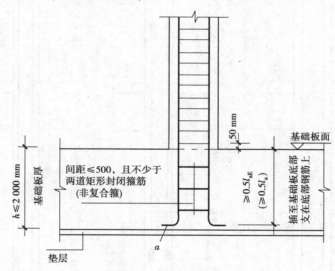

图7.89　柱插筋构造示意图

基础插筋 $L＝$ 基础高度 － 保护层 + 基础弯折 a（ ≥ 150）+

　　　　基础钢筋外露长度 $H_n/3$（H_n 指楼层净高）+

　　　　搭接长度（焊接时为0）

②首层柱钢筋计算（图7.90）。

柱纵筋长度 ＝ 首层层高 － 基础柱钢筋外露长度 $H_n/3$ +

　　　　本层柱钢筋外露长度$_{max}$（ ≥ $H_n/6$，≥ 500，

　　　　≥ 柱截面长边尺寸）+ 搭接长度（焊接时为0）

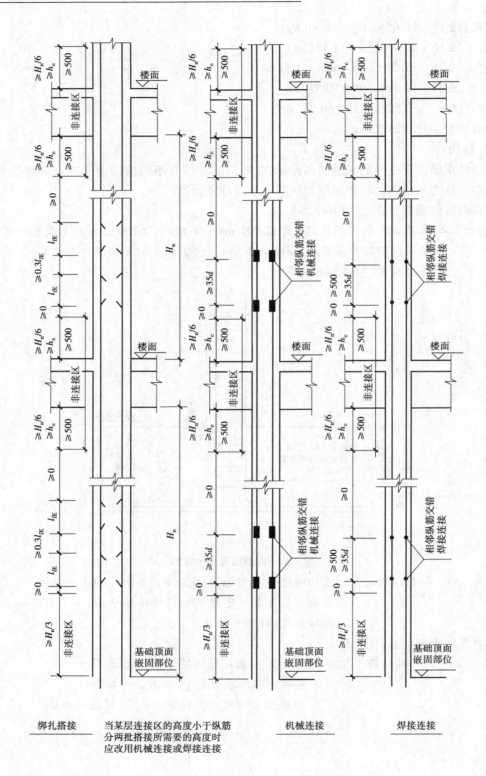

图 7.90　框架柱钢筋示意图(尺寸单位:mm)

③中间柱钢筋计算。

柱纵筋长 L=本层层高-下层柱钢筋外露长度$_{max}$(≥H_n/6,≥500,≥柱截面长边尺寸)+
本层柱钢筋外露长度$_{max}$(≥H_n/6,≥500,≥柱截面长边尺寸)+搭接长度(焊接时为0)

④顶层柱钢筋计算(图7.91)。

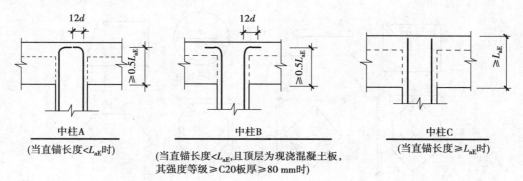

中柱A
(当直锚长度<L_{aE}时)

中柱B
(当直锚长度<L_{aE},且顶层为现浇混凝土板,
其强度等级≥C20板厚≥80 mm时)

中柱C
(当直锚长度≥L_{aE}时)

图7.91 顶层柱钢筋示意图

柱纵筋长 L=本层层高-下层柱钢筋外露长度$_{max}$(≥H_n/6,≥500,≥柱截面长边尺寸)-
屋顶节点梁高+锚固长度

锚固长度确定分为3种:

a.当为中柱时,直锚长度<L_{aE}时,锚固长度=梁高-保护层+12d;当柱纵筋的直锚长度(即伸入梁内的长度)不小于L_{aE}时,锚固长度=梁高-保护层。

b.当为边柱时,边柱钢筋分一面外侧锚固和三面内侧锚固。外侧钢筋锚固≥1.5L_{aE},内侧钢筋锚固同中柱纵筋锚固(图7.92)。

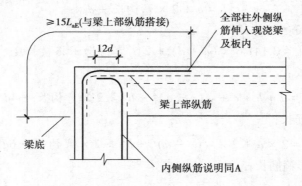

≥15L_{aE}(与梁上部纵筋搭接)

全部柱外侧纵
筋伸入现浇梁
及板内

12d

梁上部纵筋

梁底

内侧纵筋说明同A

图7.92 边柱、角柱钢筋示意图

c.当为角柱时,角柱钢筋分两面外侧和两面内侧锚固。

⑤柱箍筋计算。

a.柱箍筋根数计算。

基础层柱箍筋根数 n=在基础内布置间距不少于500且不少于两道矩形
封闭非复合箍的数量

底层柱箍筋根数 $n=$（底层柱根部加密区高度/加密区间距）$+1+$（底层柱上部加密区高度/加密区间距）$+1+$（底层柱中间非加密区高度/非加密区间距）-1

楼层或顶层柱箍筋根数 $n=\dfrac{\text{下部加密区高度+上部加密区高度}}{\text{加密区间距}}+2+\dfrac{\text{柱中间非加密区高度}}{\text{非加密区间距}}-1$

b.柱非复合箍筋长度计算（图7.93）。

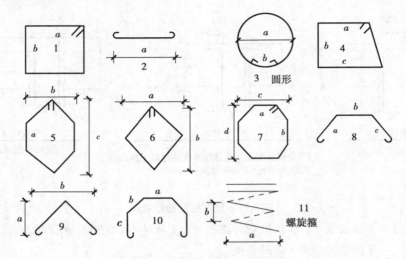

图7.93 柱非复合箍筋形状示意图

各种非复合箍筋长度计算如下（图中尺寸均已扣除保护层厚度）：

a.1号图矩形箍筋长：

$$L = 2 \times (a + b) + 2 \times \text{弯钩长} + 4d$$

b.2号图一字形箍筋长：

$$L = a + 2 \times \text{弯钩长} + d$$

c.3号图圆形箍筋长：

$$L = 3.141\,6 \times (a + d) + 2 \times \text{弯钩长} + \text{搭接长度}$$

d.4号图梯形箍筋长：

$$L = a + b + c + \sqrt{(c - a)^2 + b^2} + 2 \times \text{弯钩长} + 4d$$

e.5号图六边形箍筋长：

$$L = 2 \times a + 2 \times \sqrt{(c - a)^2 + b^2} + 2 \times \text{弯钩长} + 6d$$

f.6号图平行四边形箍筋长：

$$L = 2 \times \sqrt{a^2 + b^2} + 2 \times \text{弯钩长} + 4d$$

g.7号图八边形箍筋长：

$$L = 2 \times (a + b) + 2 \times \sqrt{(c - a)^2 + (d - b)^2} + 2 \times \text{弯钩长} + 8d$$

h.8号图八字形箍筋长：

$$L = a + b + c + 2 \times \text{弯钩长} + 3d$$

i.9号图转角形箍筋长：

$$L = 2 \times \sqrt{a^2 + b^2} + 2 \times \text{弯钩工} + 2d$$

j.10 号图门字形箍筋长:

$$L = a + 2(b + c) + 2 \times 弯钩长 + 5d$$

k.11 号图螺旋形箍筋长:

$$L = \sqrt{[3.14 \times (a + b)]^2 + b^2} + (柱高 \div 螺距 b)$$

⑥柱复合箍筋长度计算(图 7.94)。

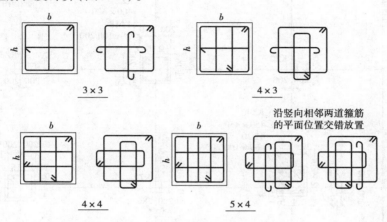

图 7.94　柱复合箍筋形状示意图

a.3×3 箍筋长:

外箍筋长 $L = 2 \times (b+h) - 8 \times 保护层 + 2 \times 弯钩长 + 4d$

内一字箍筋长 $= (h - 2 \times 保护层 + 2 \times 弯钩长 + d) + (b - 2 \times 保护层 + 2 \times 弯钩长 + d)$

b.4×3 箍筋长:

外箍筋长 $L = 2 \times (b+h) - 8 \times 保护层 + 2 \times 弯钩长 + 4d$

内矩形箍筋长 $L = [(b - 2 \times 保护层 - D) \div 3 + D] \times 2 + (h - 2 \times 保护层) \times 2 + 2 \times 弯钩长 + 4d$

式中　D——纵筋直径。

内一字箍筋长 $L = b - 2 \times 保护层 + 2 \times 弯钩长 + d$

c.4×4 箍筋长:

外箍筋长 $L = 2 \times (b+h) - 8 \times 保护层 + 2 \times 弯钩子 + 4d$

内矩形箍筋长 $L_1 = [(b - 2 \times 保护层 - D) \div 3 + D + d + h - 2 \times 保护层 + d] \times 2 + 2 \times 弯钩长$

内矩形箍筋长 $L_2 = [(h - 2 \times 保护层 - D) \div 3 + D + d + b - 2 \times 保护层 + d] \times 2 + 2 \times 弯钩长$

d.5×4 箍筋长:

外箍筋长 $L = 2 \times (b+h) - 8 \times 保护层 + 2 \times 弯钩长 + 4d$

内矩形箍筋长 $L_1 = [(b - 2 \times 保护层 - D) \div 4 + D + d + h - 2 \times 保护层 + d] \times 2 + 2 \times 弯钩长$

内矩形箍筋长 $L_2 = [(h - 2 \times 保护层 - D) \div 3 + D + d + b - 2 \times 保护层 + d] \times 2 + 2 \times 弯钩长$

内一字箍筋长 $L = h - 2 \times 保护层 + 2 \times 弯钩长 + d$

【例 7.22】　根据图 7.95,计算 ⓒ 轴与 ② 轴相交的 KZ4 框架柱的钢筋工程量。柱纵筋为对焊连接,柱本层高为 3.90 m,上层层高为 3.60 m。

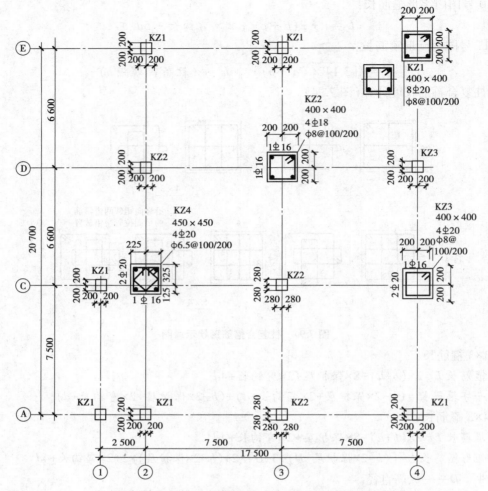

注:本层编号仅用于本层,标高:8.970,层高:3.90,C25混凝土三级抗震。

图7.95 三层柱平面整体配筋图(尺寸单位:mm)

【**解**】 中间层柱钢筋长 L＝本层层高−下层柱钢筋外露长度$_{max}$($\geqslant H_n/6$，$\geqslant 500$，$\geqslant$柱截面长边尺寸)+本层柱钢筋外露长度$_{max}$($\geqslant H_n/6$，$\geqslant 500$，$\geqslant$柱截面长边尺寸)+搭接长度(对焊接时为0)

$\Phi 20$: L＝[3.90−(3.90−梁高0.25)÷6+(3.60−梁高0.25)÷6]×8

　　　＝[(3.90−0.61)+0.56]×8

　　　＝30.80(m)

$\Phi 16$: L＝3.85×2＝7.70(m)

六边形箍筋长 L＝2×a+2×$\sqrt{(c-a)^2+b^2}$+2×弯钩长+6d

图7.96中:

　　a＝(0.45−0.02×2)÷3＝0.14(m)

　　b＝0.45−0.02×2＝0.41(m)

　　c＝0.45−0.02×2＝0.41(m)

图7.96 六边形箍筋

六边形Φ6.5：$L = 2 \times 0.14 + 2 \times \sqrt{(0.41-014)^2 + 0.41^2} + 2 \times (0.075 + 1.9 \times 0.006\,5) +$
$6 \times 0.006\,5$

$\qquad = 0.28 + 2 \times 0.49 + 0.17 + 0.04$

$\qquad = 1.47\,(\text{m})$

矩形箍筋长　$L = 2 \times (柱长边 - 2 \times 保护层 + 柱短边 - 2 \times 保护层) + 2 \times 弯钩长 + 4d$

Φ6.5：$L = 2 \times (0.45 - 2 \times 0.02 + 0.45 - 2 \times 0.02) + 2 \times (0.075 + 1.9 \times 0.006\,5) + 4 \times 0.006\,5$

$\qquad = 1.90\,(\text{m})$

箍筋根数(取整数)$n = \dfrac{柱下部加密区高度 + 上部加密区高度}{加密区间距} + 2 + \dfrac{柱中间非加密区高度}{非加密区间距} - 1$

柱箍筋根数：$n = [(3.90 - 0.25) \div 6 \times 2 + 梁高0.25] \div 0.10 + 2 + [(3.90 - 0.25) -$
$\qquad (3.90 - 0.25) \div 6 \times 2] \div 0.20 - 1$

$\qquad = (0.61 \times 2 + 0.25) \div 0.10 + 2 + (3.65 - 0.61 \times 2) \div 0.20 - 1$

$\qquad = 29$

箍筋长小计：$L = (1.47 + 1.90) \times 29$

$\qquad = 97.73\,(\text{m})$

KZ4 钢筋质量：

柱纵筋$\text{⚎}20$：30.80 m × 2.47 kg/m = 76.08(kg)

$\text{⚎}18$：7.70 m × 2.00 kg/m = 15.40(kg)

Φ6.5：97.73 × 0.26 kg/m = 25.41(kg)

钢筋质量小计：116.89 kg

【例7.23】　根据图7.97,计算Ⓑ轴与②轴相交的KZ3框架柱钢筋工程量(柱纵筋为对焊连接,本层层高3.60 m)。

【解】　顶层柱钢筋长：$L = 本层层高 - 下层柱钢筋外露长度_{max}(\geqslant H_n/6, \geqslant 500, \geqslant 柱截面长边尺寸) - 屋顶节点梁高 + 锚固长度$

$\text{⚎}20$：$L = [3.60 - (3.60 - 0.25) \div 6 - 0.25 + (0.25 - 0.02 + 12 \times 0.02)] \times 8 +$
$\qquad [3.60 - (3.60 - 0.25) \div 6 - 0.25 + 1.5 \times 35 \times 0.02] \times 4$

$\qquad = (2.792 + 0.47) \times 8 + 3.842 \times 4$

$\qquad = 41.46\,(\text{m})$

六边形箍筋长 L 计算同上例,即Φ6.5：$L = 1.47$ m

矩形箍筋长 L 计算同上例,即Φ6.5：$L = 1.90$ m

箍筋根数(取整数)n 计算同上例,即：

$$n = [(3.60 - 0.25) \div 6 \times 2 + 0.25] \div 0.10 + 2 +$$
$$[(3.60 - 0.25) - (3.60 - 0.25) \div 6 \times 2] \div 0.20 - 1$$
$$= 27\,(根)$$

箍筋长小计：$L = (1.47 + 1.90) \times 27 = 90.99\,(\text{m})$

KZ3 钢筋质量：

柱纵筋$\text{⚎}20$：41.46 × 2.47 = 102.41(kg)

箍筋Φ6.5：90.99 × 0.26 = 23.66(kg)

钢筋质量小计：126.07 kg

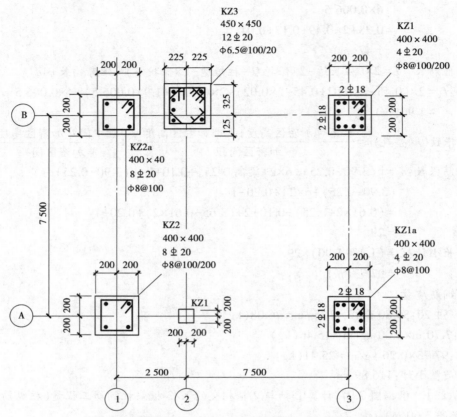

注:本层编号仅用于本层。标高:12.870,层高3.60,C25混凝土三级抗震。

图 7.97 顶层柱平面整体配筋图(尺寸单位:mm)

(3)板构件

①板中钢筋计算。

板底受力钢筋长 L = 板跨净长 + 两端锚固 max(1/2 梁宽,5d)(当为梁、剪力墙、圆梁时); max(120,h,墙厚12)(当为砌体墙时)

板底受力钢筋根数 n = (板跨净长 − 2×50) ÷ 布置间距 + 1

板面受力钢筋长 L = 板跨净长 + 两端锚固

板面受力钢筋根数 n = (板跨净长 − 2×50) ÷ 布置间距 + 1

说明:板面受力钢筋在端支座的锚固,结合平法和施工实际情况,大致有以下3种构造:

a.端支座为砌体墙:$0.35l_{ab}$ + 15d。

b.端部支座为剪力墙:$0.4l_{ab}$ + 15d。

c.端支座为梁时:$0.6l_{ab}$ + 15d。

②板负筋计算(图7.98)。

板边支座负筋长 L = 左标注(右标注) + 左弯折(右弯折) + 锚固长度(同板面钢筋锚固取值)

板中间支座负筋长 L = 左标注 + 右标注 + 左弯折 + 右弯折 + 支座宽度

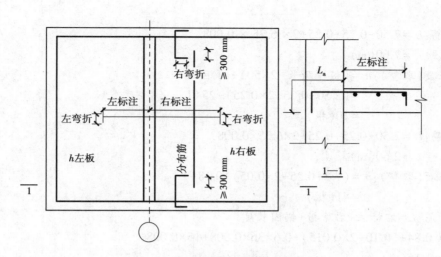

图 7.98　板支座负筋、分布筋示意图

③板负筋分布钢筋计算。

中间支座负筋分布钢筋长 L = 净跨−两侧负筋标注之和+2×300（根据图纸实际情况）

中间支座负筋分布钢筋数量 n =（左标注−50）÷分布筋间距+1+（右标注−50）÷分布筋间距
　　　　　　　　　　　　　　　+1

【例 7.24】　根据图 7.99,计算屋面板Ⓐ轴~Ⓒ轴到①轴~②轴范围的部分钢筋工程量。

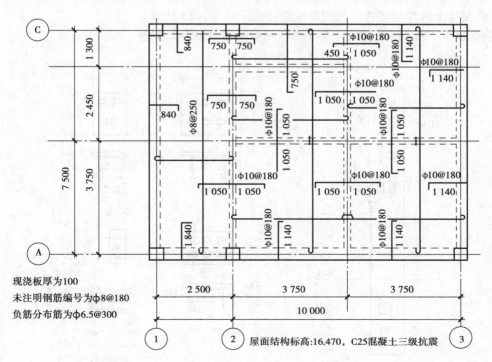

现浇板厚为100
未注明钢筋编号为φ8@180
负筋分布筋为φ6.5@300

图 7.99　屋面配筋图(尺寸单位:mm)

【解】　板底钢筋:L=板跨净长+两端锚固$_{\max}$(1/2 梁宽,5d)

$$\Phi 8 \ 长筋:L = 7.50 - 0.25 + 0.25 + \overbrace{2 \times 6.25 \times 0.008}^{弯钩}$$
$$= 7.60(\text{m})$$

长筋根数(取整):$n = (板净跨长 - 2 \times 50) \div 间距 + 1$
$$= (2.50 - 0.25 - 2 \times 0.25) \div 25 + 1$$
$$= 10(根)$$

$\Phi 8 \ 短筋:L = 2.50 - 0.25 + 0.25 + 2 \times 6.25 \times 0.008$
$$= 2.60(\text{m})$$

短筋根数(取整):$n = (7.5 - 0.25 - 2 \times 0.05) \div 0.18 + 1$
$$= 41(根)$$

②轴负筋:$L = 右标注 + 右弯折 + 锚固长度$

$\Phi 8:L = 0.84 + (0.10 - 2 \times 0.015) + 0.6 \times 36 \times 0.008 + 15 \times 0.008$
$$= 1.16(\text{m})$$

①轴负筋根数(取整):$n = [板长(宽) - 2 \times 保护层] \div 间距 + 1$
$$= (7.5 - 0.25 - 2 \times 0.015) \div 0.18 + 1$$
$$= 42(根)$$

钢筋质量小计:$(7.60 \times 10 + 2.60 \times 41 + 1.16 \times 42) \times 0.395 = 91.37(\text{kg})$

6)铁件工程量

钢筋混凝土构件预埋铁件工程量按设计图示尺寸,以 t 计算。

【例 7.25】 根据图 7.100,计算 5 根预制柱的预埋铁件工程量。

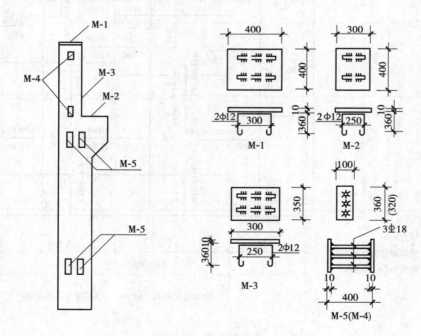

图 7.100 钢筋混凝土预制柱预埋件

【解】　(1)每根柱预埋件工程量

M-1:钢板:0.4×0.4×78.5=12.56(kg)

　　　　ϕ12:2×(0.30+0.36×2+12.5×0.012)×0.888=2.08(kg)

M-2:钢板:0.3×0.4×78.5=9.42(kg)

　　　　ϕ12:2×(0.25+0.36×2+12.5×0.012)×0.888=1.99(kg)

M-3:钢板:0.3×0.35×78.5=8.24(kg)

　　　　ϕ12:2×(0.25+0.36×2+12.5×0.012)×0.888=1.99(kg)

M-4:钢板:2×0.1×0.32×2×78.5=10.05(kg)

　　　　$\underline{\Phi}$18:2×3×0.38×2.00=4.56(kg)

M-5:钢板:4×0.1×0.36×2×78.5=22.61(kg)

　　　　$\underline{\Phi}$18:4×3×0.38×2.00=9.12(kg)

　　　　　　　　　　　　　小计:82.62 kg

(2)5根柱预埋铁件工程量

82.62×5=413.1(kg)=0.413 t

7)现浇混凝土工程量

(1)计算规定

混凝土工程量除另有规定者外,均按图示尺寸实体体积,以 m³ 计算。不扣除构件内钢筋、预埋铁件及墙、板中 0.3 m² 内的孔洞所占体积。型钢混凝土中型钢骨架所占体积按(密度)>850 kg/m³ 扣除。

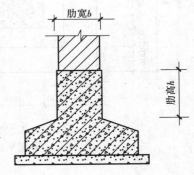

图 7.101　有肋带形基础

(2)基础

①箱式满堂基础应分别按无梁式满堂基础、柱、墙、梁、板有关规定计算,套相应定额项目(图 7.103)。

②设备基础除块体外,其他类型设备基础分别按基础、梁、柱、板、墙等有关规定计算,套相应的定额项目。

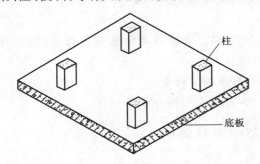

图 7.102　板式(筏形)满堂基础示意图

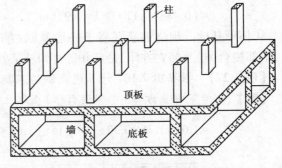

图 7.103　箱式满堂基础示意图

③独立基础。钢筋混凝土独立基础与柱在基础上表面分界,如图 7.105 和图 7.106 所示。

【例 7.26】　根据图 7.106 计算 3 个钢筋混凝土独立柱基工程量。

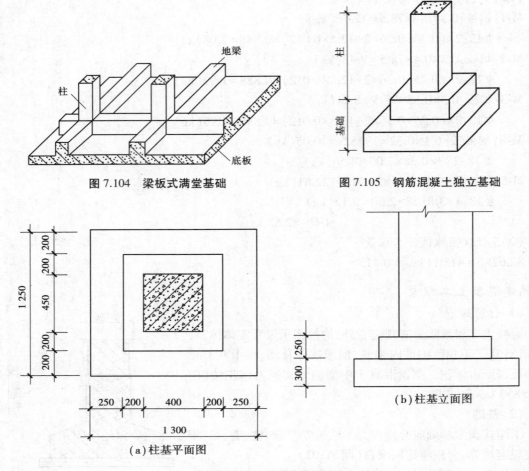

图 7.104　梁板式满堂基础　　　　图 7.105　钢筋混凝土独立基础

图 7.106　柱基示意图

【解】　$V = [1.30 \times 1.25 \times 0.30 + (0.2+0.4+0.2) \times (0.2+0.45+0.2) \times 0.25] \times 3$

$= (0.488 + 0.170) \times 3 = 1.97(\text{m}^3)$

④杯形基础。现浇钢筋混凝土杯形基础(图 7.107)的工程量分 4 个部分计算:底部立方体、中部棱台体、上部立方体、最后扣除杯口空心棱台体。

【例 7.27】　根据图 7.107 计算现浇钢筋混凝土杯形基础工程量。

【解】　$V =$ 下部立方体+中部棱台体+上部立方体-杯口空心棱台体

$= 1.65 \times 1.75 \times 0.30 + \dfrac{1}{3} \times 0.15 \times [1.65 \times 1.75 + 0.95 \times 1.05 +$

$\sqrt{(1.65 \times 1.75) \times (0.95 \times 1.05)}] + 0.95 \times 1.05 \times 0.35 - \dfrac{1}{3} \times (0.8-0.2) \times$

$[0.4 \times 0.5 + 0.55 \times 0.65 + \sqrt{(0.4 \times 0.5) \times (0.55 \times 0.65)}]$

$= 1.33(\text{m}^3)$

(3)柱

柱按图示断面尺寸乘以柱高,以 m^3 计算。柱高按下列规定确定:

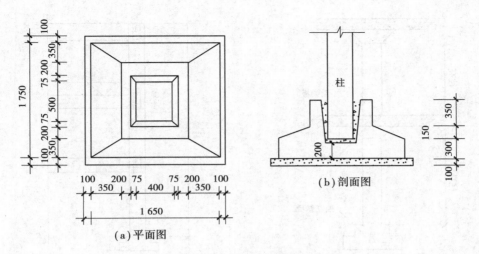

（a）平面图　　　　　（b）剖面图

图 7.107　杯形基础

①有梁板的柱高（图 7.108），应自柱基上表面（或楼板上表面）至上一层楼板上表面的高度计算。

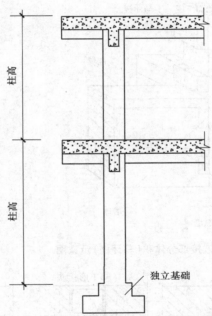

图 7.108　有梁板柱高示意图

②无梁板的柱高（图 7.109），应自柱基上表面（或楼板上表面）至柱帽下表面之间的高度计算。

③框架柱的柱高（图 7.110），应自柱基上表面至柱顶高度计算。

④构造柱按全高计算，与砖墙嵌接部分（马牙槎）的体积并入柱身体积内计算。

⑤依附柱上的牛腿，并入柱身体积计算。

构造柱的形状、尺寸示意图如图 7.111 至图 7.113 所示。构造柱体积计算公式如下：

当墙厚为 240 时：$V =$ 构造柱高 $\times (0.24 \times 0.24 + 0.03 \times 0.24 \times$ 马牙槎边数$)$

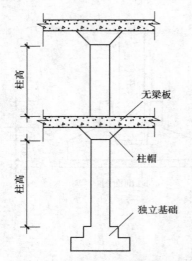

图 7.109 无梁板柱高示意图

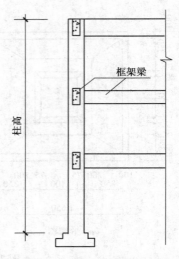

图 7.110 框架柱柱高示意图

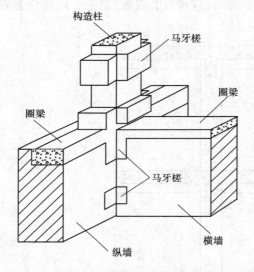

图 7.111 构造柱与砖墙嵌接部分体积(马牙槎)示意图

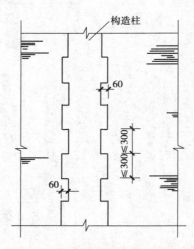

图 7.112 构造柱立面示意图

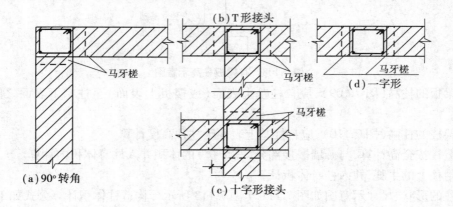

图 7.113 不同平面形状构造柱示意图

【例 7.28】　根据下列数据计算构造柱体积。

- 90°转角型:墙厚 240,柱高 12.0 m;
- T 形接头:墙厚 240,柱高 15.0 m;
- 十字形接头:墙厚 365,柱高 18.0 m;
- 一字形:墙厚 240,柱高 9.5 m。

【解】　（1）90°转角

$$V = 12.0 \times (0.24 \times 0.24 + 0.03 \times 0.24 \times 2)$$
$$= 0.864 (m^3)$$

（2）T 形

$$V = 15.0 \times (0.24 \times 0.24 + 0.03 \times 0.24 \times 3)$$
$$= 1.188 (m^3)$$

（3）十字形

$$V = 18.0 \times (0.365 \times 0.365 + 0.03 \times 0.365 \times 4)$$
$$= 3.186 (m^3)$$

（4）一字形

$$V = 9.5 \times (0.24 \times 0.24 + 0.03 \times 0.24 \times 2)$$
$$= 0.684 (m^3)$$

小计:0.864+1.188+3.186+0.684 = 5.92(m³)

（4）梁（图 7.114 至图 7.116）

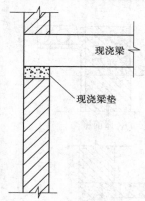

图 7.114　现浇梁垫并入现
浇梁体积内计算示意图

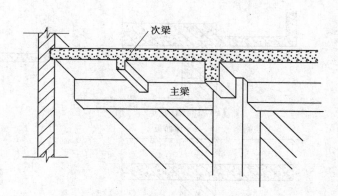

图 7.115　主梁、次梁示意图

梁按图示断面尺寸乘以梁长,以 m³ 计算。梁长按下列规定确定:

①梁与柱连接时,梁长算至柱侧面。

②主梁与次梁连接时,次梁长算至主梁侧面。

③伸入墙内梁头、梁垫体积并入梁体积内计算。

（5）板

现浇板按设计图示尺寸以体积计算,不扣除单个面积 0.3 m² 以内的柱、垛及孔洞所占体积。

①有梁板包括梁与板,按梁板体积之和计算。

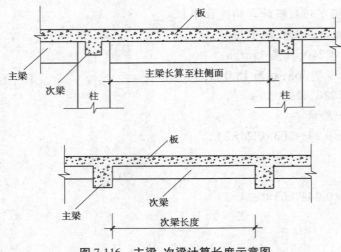

图 7.116 主梁、次梁计算长度示意图

②无梁板按板和柱帽体积之和计算。

③各类板伸入砖墙内的板头并入板体积内计算,薄壳板的肋、基梁并入薄壳体积内计算。

④挑檐、天沟板按设计图示尺寸以体积计算。现浇挑檐、天沟与板(包括屋面板、楼板)连接时,以外墙为分界线,与圈梁(包括其他梁)连接时,以梁外边线为分界线。外墙边线以外或梁外边线以外为挑檐、天沟(图 7.117)。

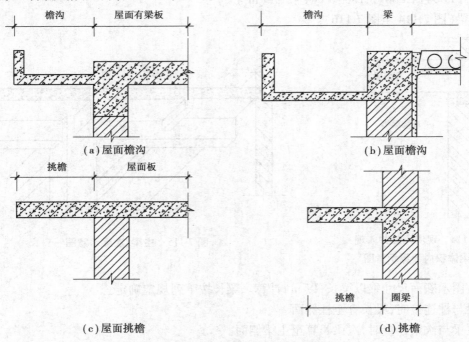

图 7.117 现浇挑檐天沟与板、梁划分

⑤空心板按设计图示尺寸以体积(扣除空心部分)计算。

(6)墙

现浇钢筋混凝土墙按图示中心线长度乘以墙高及厚度,以 m³ 计算,应扣除门窗洞口及 0.3 m² 以外孔洞的体积,墙垛及突出部分应并入墙体积内计算。

直形墙中门窗洞口上的梁并入墙体体积,短肢剪力墙结构砌体内门窗洞口上的梁并入梁体积。墙与柱连接时墙算至柱边;墙与梁连接时算至梁底;墙与板连接时算至墙侧;未凸出墙面的暗梁、暗柱并入墙体积。

(7)整体楼梯

现浇钢筋混凝土整体楼梯,包括休息平台、平台梁、斜梁及楼梯的连接梁,按设计图示尺寸以水平投影面积计算,不扣除宽度小于 500 mm 的楼梯井,伸入墙内部分不计算。

说明:平台梁、斜梁比楼梯板厚,好像少算了;不扣除宽度小于 500 mm 楼梯井,好像多算了;伸入墙内部分不另增加等,是因为这些因素在编制定额时已经作了综合考虑。

【例 7.29】 某工程现浇钢筋混凝土楼梯（图 7.118）,包括休息平台和平台梁,试计算该楼梯工程量(建筑物 4 层,共 3 层楼梯)。

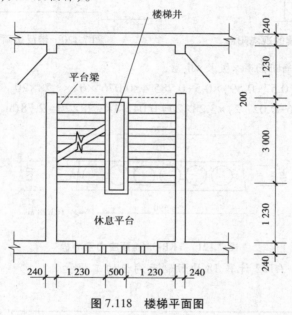

图 7.118 楼梯平面图

【解】 $S = (1.23+0.50+1.23) \times (1.23+3.00+0.20) \times 3$
$= 39.34 (\text{m}^2)$

(8)阳台、雨篷

凸阳台(凸出外墙外侧用挑梁悬挑的阳台)按阳台项目计算;凹进墙内的阳台,按梁、板分别计算,阳台栏板、压顶分别按栏板、压顶项目计算。各示意图见图 7.119 和图 7.120。

雨篷梁、板工程量合并,按雨篷以体积计算,高度≤400 mm 的栏板并入雨篷体积内计算,栏板>400 mm 时,超过部分按栏板计算。

(9)栏板、扶手

栏板、扶手按设计图示尺寸以体积计算。伸入砖墙内的部分并入栏板、扶手体积计算。

8)预制混凝土工程量

①预制混凝土工程量均按图示尺寸实体体积,以 m³ 计算,不扣除构件内钢筋、铁件及小于 300 mm×300 mm 以内孔洞面积所占体积。

【例 7.30】 根据图 7.121 计算 20 块 YKB-3364 预应力空心板的工程量。

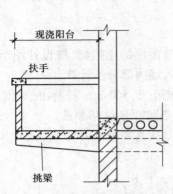

图 7.119　有现浇挑梁的现浇阳台

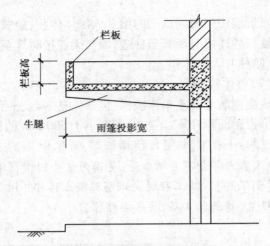

图 7.120　带反边雨篷示意图

【解】　V = 空心板净断面积×板长×块数

$$= [0.12×(0.57+0.59)×0.5-0.785\ 4×0.076^2×6]×3.28×20$$

$$= (0.069\ 6-0.027\ 2)×3.28×20 = 0.042\ 4×3.28×20 = 2.78(m^3)$$

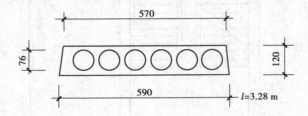

图 7.121　YKB-3364 预应力空心板

【例 7.31】　根据图 7.122 计算 18 块预制天沟板的工程量。

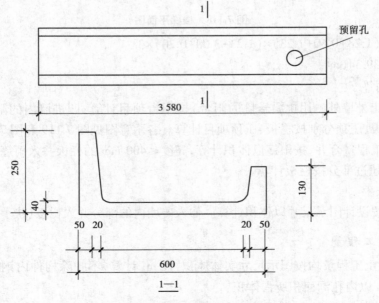

图 7.122　预制天沟板

【解】　V = 断面积×长度×块数

$$= \left[(0.05+0.07) \times \frac{1}{2} \times (0.25-0.04) + 0.60 \times 0.04 + (0.05+0.07) \times \frac{1}{2} \times \right.$$

$$\left. (0.13-0.04) \right] \times 3.58 \times 18$$

$$= 0.150 \times 18 = 2.70(\text{m}^3)$$

【例7.32】　根据图7.123计算6根预制工字形柱的工程量。

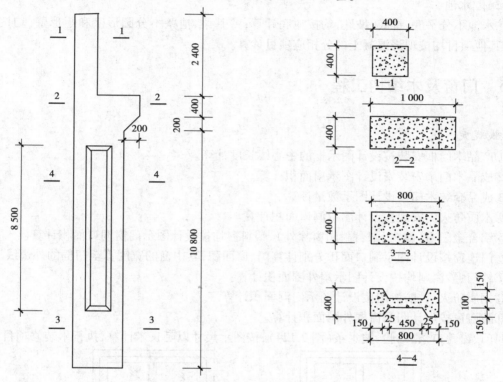

图7.123　预制工字形柱

【解】　V = (上柱体积+牛腿部分体积+下柱外形体积-工字形槽口体积)×根数

$$= \left\{ (0.40 \times 0.40 \times 2.40) + \left[0.40 \times (1.0+0.80) \times \frac{1}{2} \times 0.20 + 0.40 \times 1.0 \times 0.40 \right] + \right.$$

$$\left. (10.8 \times 0.80 \times 0.40) - \frac{1}{2} \times (8.5 \times 0.50 + 8.45 \times 0.45) \times 0.15 \times 2 \text{ 边} \right\} \times 6$$

$$= (0.384+0.232+3.456-1.208) \times 6$$

$$= 2.864 \times 6 = 17.18(\text{m}^3)$$

②预制桩按桩全长(包括桩尖)乘以桩断面(空心桩应扣除孔洞体积),以 m³ 计算。

③混凝土与钢杆件组合的构件,混凝土部分按构件实体积以 m³ 计算,钢构件部分按 t 计算,分别套相应的定额项目。

9)构筑物钢筋混凝土工程量

(1)一般规定

构筑物混凝土除另有规定者外,均按图示尺寸扣除门窗洞口及 0.3 m² 以外孔洞所占体积,以实体体积计算。

（2）水塔

①筒身与槽底以槽底连接的圈梁底为界，其上为槽底，其下为筒身。

②筒式塔身及依附于筒身的过梁、雨篷、挑檐等，并入筒身体积内计算；柱式塔身的柱、梁合并计算。

③塔顶包括顶板和圈梁，槽底包括底板挑出的斜壁板和圈梁等，合并计算。

（3）贮水池

贮水池不分平底、锥底、坡底，均按池底计算；壁基梁、池壁不分圆形壁和矩形壁，均按池壁计算；其他项目均按现浇混凝土部分相应项目计算。

7.3.5　门窗及木结构工程

1）一般规定

①产品木门框安装按设计图示框的中心线长度计算。

②成品木门扇安装安设计图示扇面积计算。

③成品套装木门按设计图示数量计算。

④木质防火门安装按设计图示洞口面积计算。

⑤铝合金门窗（飘窗、阳台封闭窗除外）、塑料窗均按设计图示门窗洞口面积计算。

⑥门连窗按设计图示洞口面积分别计算门、窗面积，其中窗的宽度算至门框的外边线。

⑦纱门、纱窗扇均按设计图示扇外围面积计算。

⑧钢质防火门、防盗门按设计图示门洞面积计算。

⑨防盗窗按设计图示窗框外围面积计算。

⑩门、窗盖口条、贴脸、披水条（图7.124），按图示尺寸以延长米计算，执行木装修项目。

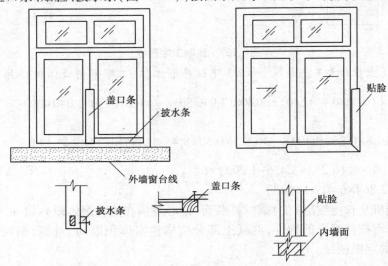

图7.124　门窗盖口条、贴脸、披水条示意图

⑪普通窗上部带有半圆窗（图7.125）的工程量，应分别按半圆窗和普通窗计算。其分界线以普通窗和半圆窗之间的横框上裁口线为分界线。

2)套用定额的规定

(1)木材木种分类

全国统一建筑工程基础定额将木材分为以下 4 类：

一类:红松、水桐木、樟子松。

二类:白松(方杉、冷杉)、杉木、杨木、柳木、椴木。

三类:青松、黄花松、秋子木、马尾松、东北榆木、柏木、苦楝木、梓木、黄菠萝、椿木、楠木、柚木、樟木。

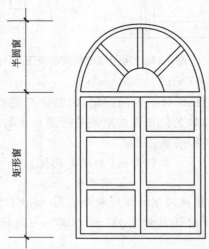

图 7.125　带半圆窗示意图

四类:栎木(柞木)、檀木、色木、槐木、荔木、麻栗木(麻栎、青杠)、桦木、荷木、水曲柳、华北榆木。

(2)板、枋材规格分类

板、枋材规格分类见表 7.19。

表 7.19　板、枋材规格分类表

项　目	按宽厚尺寸比例分类	按板材厚度、枋材宽与厚乘积分类			
板　材	宽≥3×厚	名　称	薄　板	中　板	厚　度	特厚板
		厚度(mm)	<18	19~35	36~65	≥66
枋　材	宽<3×厚	名　称	小　枋	中　枋	大　枋	特大坊
		宽×厚(cm²)	<54	55~100	101~225	≥226

(3)门窗框扇断面的确定及换算

①框扇断面的确定。定额中所注明的木材断面或厚度均以毛料为准。如设计图纸注明的断面或厚度为净料时,应增加刨光损耗;板、枋材一面刨光增加 3 mm;两面刨光增加 5 mm;圆木每 m^3 材积增加 0.5 m^3 计算。

【例 7.33】 根据图 7.126 中门框断面的净尺寸,计算含刨光损耗的毛断面。

【解】 门框毛断面 = (9.5+0.5)×(4.2+0.3) = 45(cm²)

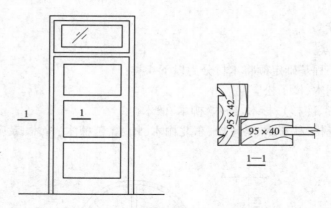

图 7.126　木门框扇断面示意图

门扇毛断面 = $(9.5+0.5)×(4.0+0.5) = 45(cm^2)$

②框、扇断面的换算。当图纸设计的木门窗框、扇断面与定额规定不同时,应按比例换算。框断面以边框断面为准(框裁口如为钉条者加贴条的断面);扇断面以主梃断面为准。

框、扇断面不同时的定额材积换算公式:

$$换算后材积 = \frac{设计断面(加刨光损耗)}{定额断面} × 定额材积$$

【例 7.34】　某工程的单层镶板门框的设计断面为 60 mm×115 mm(净尺寸),查定额框断面 60 mm×100 mm(毛料),定额枋材耗用量 2.037 m^3/100 m^2,试计算按图纸设计的门框枋材耗用量。

【解】　换算后体积 = $\dfrac{设计断面}{定额断面}×定额材积 = \dfrac{63×120}{60×100}×2.037 = 2.567(m^3/100\ m^2)$

3)铝合金门窗等

铝合金门窗制作、安装,铝合金、不锈钢门窗,彩板组角钢门窗,塑料门窗,钢门窗安装,均按设计门窗洞口面积计算。

4)卷闸门

卷闸(帘)门按设计图示卷帘门宽度乘以卷帘门高度(包括卷帘箱高度)以面积计算。电动装置安装设计图示套数计算。

【例 7.35】　根据图 7.127 所示尺寸计算卷闸门工程量。

【解】　$S = 3.20×(3.60+0.60) = 13.44(m^2)$

5)包门框、安附框

不锈钢片包门框,按框外表面面积以 m^2 计算。彩板组角钢门窗附框安装,按延长米计算。

6)屋面木基层

屋面木基层(图 7.128),按设计图示尺寸以屋面的斜面积计算。屋面烟囱、风帽底座、风道、小气窗及斜沟部分所占面积不扣除。

7)封檐板

封檐板按设计图示檐口外围长度计算,博风板按斜长计算,每个大刀头增加长度 500 mm。

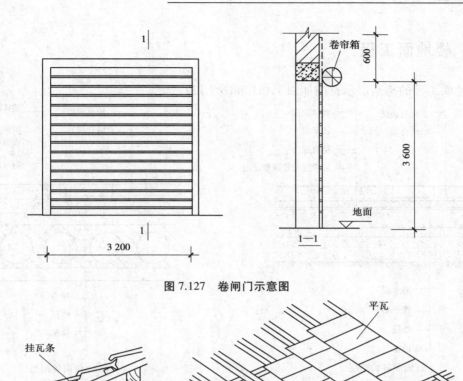

图 7.127　卷闸门示意图

图 7.128　屋面木基层示意图

挑檐木、封檐板、博风板、大刀头示意如图 7.129 和图 7.130 所示。

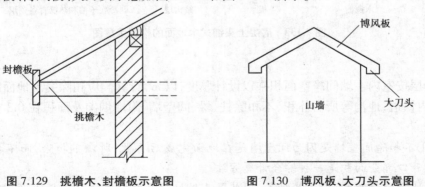

图 7.129　挑檐木、封檐板示意图　　　　图 7.130　博风板、大刀头示意图

8)木楼梯

　　木楼梯按水平投影面积计算,不扣除宽度小于 300 mm 的楼梯井,伸入墙内部分,不另计算。

7.3.6　楼地面工程

楼地面工程的构造层示意图如图 7.131 和图 7.132 所示。

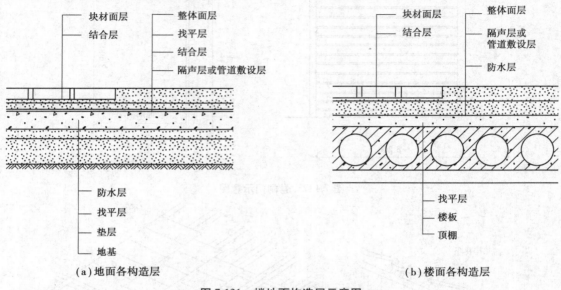

（a）地面各构造层　　　　　　　　　　（b）楼面各构造层

图 7.131　楼地面构造层示意图

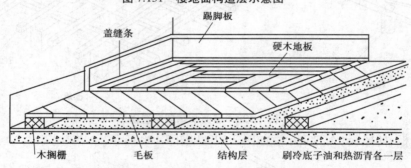

图 7.132　底层上实铺式木地面的构造示意图

1）垫层

地面垫层按室内主墙间净空面积乘以设计厚度,以 m³ 计算。应扣除突出地面的构筑物、设备基础、室内铁道、地沟等所占体积,不扣除柱、垛、间壁墙、附墙烟囱及面积在 0.3 m² 以内孔洞所占体积。

说明:①不扣除间壁墙是因为间壁墙是在地面完成后再做,所以不扣除;而不扣除柱、垛及不增加门洞开口部分面积是一种综合计算方法。

②突出地面的构筑物、设备基础等,因其是先做好后再做室内地面垫层的,所以要扣除所占体积。

2）整体面层、找平层

整体面层、找平层均按设计图示尺寸以面积计算。应扣除突出地面的构筑物、设备基础、室内管道、地沟等所占面积,不扣除柱、垛、间壁墙、附墙烟囱及面积在 0.3 m² 以内的孔洞所占面积,但门洞、空圈、暖气包槽、壁龛的开口部分也不增加。

说明:①整体面层包括水泥砂浆、水磨石、水泥豆石等。

②找平层包括水泥砂浆、细石混凝土等。

③不扣除柱、垛、间壁墙等所占面积,不增加门洞、空圈、暖气包槽、壁龛的开口部分,各种面积经过正负抵消后就能确定定额用量,这是编制定额时采用的综合计算方法。

【例 7.36】　根据图 7.133 计算该建筑物的室内地面面层工程量。

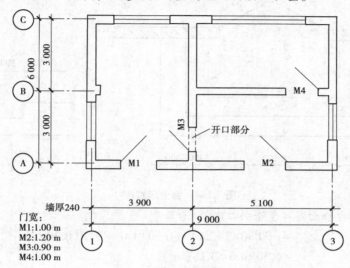

图 7.133　某建筑平面图

【解】　室内地面面积=建筑面积-墙结构面积

$$=9.24×6.24-[(9+6)×2+6-0.24+5.1-0.24]×0.24$$
$$=57.66-40.62×0.24$$
$$=47.91(m^2)$$

3) 块料面层

块料面层橡塑面层及其他材料面层按图示尺寸以面积计算,门洞、空圈、暖气包槽和壁龛的开口部分的工程量并入相应的面层内计算。

说明:块料面层包括大理石、花岗岩、彩釉砖、缸砖、陶瓷锦砖、木地板等。

【例 7.37】　根据图 7.133 和上例的数据,计算该建筑物室内花岗岩地面工程量。

【解】　花岗岩地面面积=室内地面面积+门洞开口部分面积

$$=47.91+(1.0+1.2+0.9+1.0)×0.24$$
$$=48.89(m^2)$$

楼梯面层(包括踏步、平台以及小于 500 mm 宽的楼梯井)按水平投影面积计算。

【例 7.38】　根据图 7.118 的尺寸计算水泥豆石浆楼梯间面层(只算一层)工程量。

【解】　水泥豆石浆楼梯间面层$=(1.23×2+0.50)×(0.200+1.23×2+3.0)$
$$=2.96×5.66=16.75(m^2)$$

4) 台阶面层

台阶面层按设计图示尺寸以台阶(包括踏步及最上一层踏步沿300 mm)按水平投影面积计算。

说明:台阶的整体面层和块料面层均按水平投影面积计算,这是因为定额已将台阶踢脚立面的工料综合到水平投影面积中了。

【例7.39】 根据图7.134计算花岗岩台阶面层工程量。

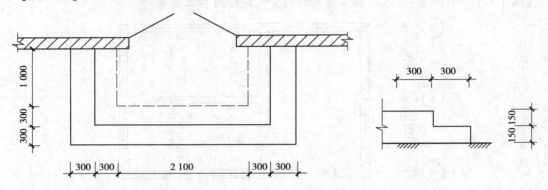

图7.134 台阶示意图

【解】 花岗岩台阶面层 = 台阶中心线长 × 台阶宽

$$= [(0.30 \times 2 + 2.1) + (0.30 + 1.0) \times 2] \times (0.30 \times 2)$$
$$= 5.30 \times 0.6 = 3.18(m^2)$$

5) 其他

①踢脚板(线)设计图示长度乘以高度以面积计算。楼梯靠墙踢线(含锯齿形部分)贴块料按设计图示面积计算。

【例7.40】 根据图7.135计算各房间150 mm高瓷砖踢脚线工程量。

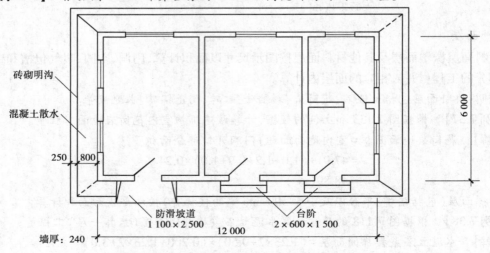

图7.135 散水、防滑坡道、明沟、台阶示意图

【解】 瓷砖踢脚线:

$$L = (\sum 房间净空周长 - 门洞宽 + 门洞侧面) \times 0.15$$

$$= [(6.0 - 0.24 + 3.9 - 0.24 + 0.12) \times 2 + (5.1 - 0.24 + 3.0 - 0.24) \times 2 +$$

$$(5.1 - 0.24 + 3.0 - 0.24) \times 2 - (1.0 + 1.20 + 0.9 \times 2 + 1.0 \times 2) + 0.24 \times 4] \times 0.15$$

$$= (19.08 + 30.48 - 6.0 + 0.96) \times 0.15$$

$$= 44.52 \times 0.15$$

$$= 6.68(m^2)$$

②散水、防滑坡道按图示尺寸以 m^2 计算。散水面积计算公式如下：

$$S_{散水} = (外墙外边周长 + 散水宽 \times 4) \times 散水宽 - 坡道、台阶所占面积$$

【例 7.41】　根据图 7.135，计算散水工程量。

【解】　$S_{散水} = [(12.0 + 0.24 + 6.0 + 0.24) \times 2 + 0.80 \times 4] \times 0.80 - 2.50 \times 0.80 -$
$$0.60 \times 1.50 \times 2$$
$$= 40.16 \times 0.80 - 3.80 = 28.33(m^2)$$

【例 7.42】　根据图 7.135，计算防滑坡道工程量。

【解】　$S_{防滑坡道} = 1.10 \times 2.50 = 2.75(m^2)$

③栏杆、扶手包括弯头长度按延长米计算（图 7.136，图 7.137）。

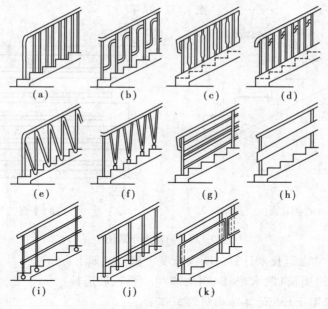

图 7.136　栏杆示意图

【例 7.43】　某大楼有等高的 8 跑楼梯，采用不锈钢管扶手栏杆，每跑楼梯高为 1.80 m，每跑楼梯扶手水平长为 3.80 m，扶手转弯处为 0.30 m，最后一跑楼梯连接的安全栏杆水平长 1.55 m，求该扶手栏杆工程量。

【解】　不锈钢扶手栏杆长 $= \sqrt{(1.80)^2 + (3.80)^2} \times 8 + 0.30(转弯) \times 7 + 1.55(水平)$
$$= 4.205 \times 8 + 2.10 + 1.55$$
$$= 37.29(m)$$

④防滑条按楼梯踏步两端距离减 300 mm，以延长米计算，如图 7.138 所示。

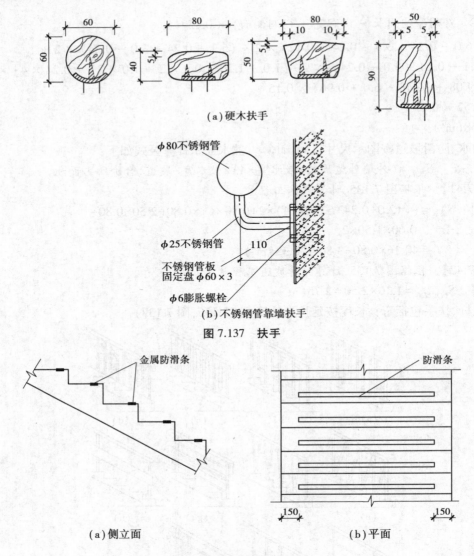

（a）硬木扶手

φ80不锈钢管

φ25不锈钢管

不锈钢管板
固定盘φ60×3

φ6膨胀螺栓

（b）不锈钢管靠墙扶手

图7.137 扶手

金属防滑条

防滑条

（a）侧立面

（b）平面

图7.138 防滑条示意图

⑤明沟按图示尺寸以延长米计算。明沟长度计算公式如下：

明沟长＝外墙外边周长＋散水宽×8＋明沟宽×4－台阶、坡道长

【例7.44】 根据图7.135计算砖砌明沟工程量。

【解】 明沟长＝（12.24＋6.24）×2＋0.80×8＋0.25×4－2.50（m）

＝41.86（m）

7.3.7 屋面防水及防腐、保温、隔热工程

1）坡屋面

（1）有关规则

各种屋面和型材屋面（包括挑檐部分）均按设计图示尺寸以面积计算（斜屋面按斜面面积

计算)。不扣除房上烟囱、风帽底座、风道、屋面小气窗、斜沟等所占面积,屋面小气窗的出檐部分也不增加。

（2）屋面坡度系数

利用屋面坡度系数来计算坡屋面工程量是一种简便有效的计算方法。坡度系数的计算式如下:

$$坡度系数 = \frac{斜长}{水平长} = \sec \alpha$$

屋面坡度系数表见表 7.20,示意图如图 7.139 所示。

表 7.20　屋面坡度系数表

坡　度			延尺系数 C ($A=1$)	隔延尺系数 D ($A=1$)
以高度 B 表示（当 $A=1$ 时）	以高跨比表示（$B/2A$）	以角度表示（α）		
1	1/2	45°	1.414 2	1.732 1
0.75		36°52′	1.250 0	1.600 8
0.70		35°	1.220 7	1.577 9
0.666	1/3	33°40′	1.201 5	1.562 0
0.65		33°01′	1.192 6	1.556 4
0.60		30°58′	1.166 2	1.536 2
0.577		30°	1.154 7	1.527 0
0.55		28°49′	1.141 3	1.517 0
0.50	1/4	26°34′	1.118 0	1.500 0
0.45		24°14′	1.096 6	1.483 9
0.40	1/5	21°48′	1.077 0	1.469 7
0.35		19°17′	1.059 4	1.456 9
0.30		16°42′	1.044 0	1.445 7
0.25		14°02′	1.030 8	1.436 2
0.20	1/10	11°19′	1.019 8	1.428 3
0.15		8°32′	1.011 2	1.422 1
0.125		7°8′	1.007 8	1.419 1
1.100	1/20	5°42′	1.005 0	1.417 7
0.083		4°45′	1.003 5	1.416 6
0.066	1/30	3°49′	1.002 2	1.415 7

【例 7.45】　根据图 7.140 的图示尺寸,计算四坡水屋面工程量。

【解】　$S =$ 水平面积 × 坡度系数 C

$\qquad = 8.0 \times 24.0 \times 1.118^*$（查表 7.21）

$\qquad = 214.66（m^2）$

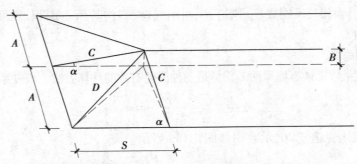

注:①两坡水排水屋面(当 α 角相等时,可以是任意坡水)面积为屋面水平投影
　　面积乘以延尺系数 C。
②四坡水排水屋面斜脊长度=A×D(当S=A时)。
③沿山墙泛水长度=A×C。

图 7.139　放坡系数各字母含义示意图

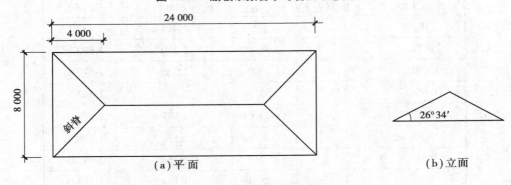

(a)平面　　　　　　　　　　(b)立面

图 7.140　四坡水屋面示意图

【例 7.46】　根据图 7.140 中的有关数据,计算四角斜脊的长度。

【解】　屋面斜脊长=跨长×0.5×隅延尺系数 D×4
$$=8.0×0.5×1.50^*(查表7.21)×4=24.0(m)$$

【例 7.47】　根据图 7.141 的图示尺寸,计算六坡水(正六边形)屋面的斜面面积。

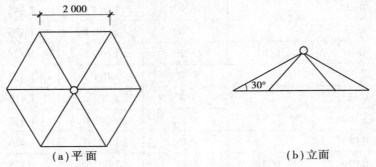

(a)平面　　　　　　　　　　(b)立面

图 7.141　六坡水屋面示意图

【解】　屋面斜面面积=水平面积×延尺系数 C
$$=\frac{3}{2}×\sqrt{3}×2.0^2×1.118$$
$$=10.39×1.118=11.62(m^2)$$

2) 卷材屋面

①卷材屋面按设计图示尺寸的水平投影面积乘以规定的坡度系数,以 m^2 计算,但不扣除房上烟囱、风帽底座、风道、屋面小气窗和斜沟所占的面积。屋面女儿墙、伸缩缝和天窗弯起部分(图 7.142,图 7.143),按图示尺寸并入屋面工程量计算,如图纸无规定时,伸缩缝、女儿墙的弯起部分可按 250 mm 计算,天窗弯起部分可按 500 mm 计算。

②屋面找坡一般采用轻质混凝土和保温隔热材料。找坡层的平均厚度需根据图示尺寸计算加权平均厚度,以 m^3 计算。

屋面找坡平均厚计算公式为:

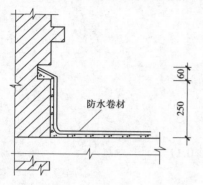

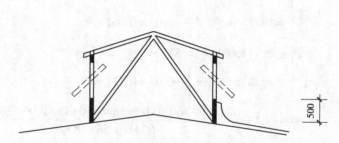

图 7.142 屋面女儿墙防水
卷材弯起示意图

图 7.143 卷材屋面天窗弯起部分示意图

$$找坡平均厚 = 坡宽 L \times 坡度系数 i \times \frac{1}{2} + 最薄处厚$$

【例 7.48】 根据图 7.144 所示尺寸和条件,计算屋面找坡层工程量。

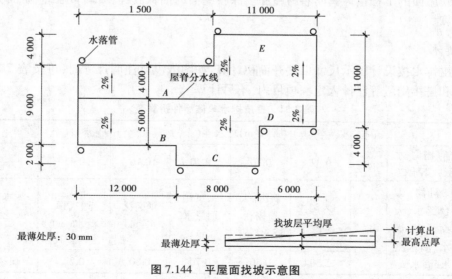

图 7.144 平屋面找坡示意图

【解】 （1）计算加权平均厚

$$A 区 \begin{cases} 面积：15 \times 4 = 60（m^2） \\ 平均厚：4.0 \times 2\% \times \dfrac{1}{2} + 0.03 = 0.07（m） \end{cases}$$

$$B 区 \begin{cases} 面积：12 \times 5 = 60（m^2） \\ 平均厚：5.0 \times 2\% \times \dfrac{1}{2} + 0.03 = 0.08（m） \end{cases}$$

$$C 区 \begin{cases} 面积：8 \times (5+2) = 56（m^2） \\ 平均厚：7 \times 2\% \times \dfrac{1}{2} + 0.03 = 0.10（m） \end{cases}$$

$$D 区 \begin{cases} 面积：6 \times (5+2-4) = 18（m^2） \\ 平均厚：3 \times 2\% \times \dfrac{1}{2} + 0.03 = 0.06（m） \end{cases}$$

$$E 区 \begin{cases} 面积：11 \times (4+4) = 88（m^2） \\ 平均厚：8 \times 2\% \times \dfrac{1}{2} + 0.03 = 0.11（m） \end{cases}$$

$$加权平均厚 = \frac{60 \times 0.07 + 60 \times 0.08 + 56 \times 0.10 + 18 \times 0.06 + 88 \times 0.11}{60 + 60 + 56 + 18 + 88}$$

$$= 0.089\ 9（m）$$

$$\approx 0.09（m）$$

（2）计算屋面找坡层体积

$$V = 屋面面积 \times 平均厚 = 282 \times 0.09 = 25.38（m^3）$$

③卷材屋面的附加层、接缝、收头、找平层的嵌缝、冷底子油已计入定额内，不另计算。

④涂膜屋面的工程量计算同卷材屋面。涂膜屋面的油膏嵌缝、玻璃布盖缝、屋面分格缝，以延长米计算。

3）屋面排水

①铁皮排水按设计图示尺寸以展开面积计算，如图纸没有注明尺寸时，可按表 7.21 规定计算。咬口和搭接用量等已计入定额项目内，不另计算。

表 7.21　铁皮排水单体零件折算表

名　称		单位	水落管（m）	檐沟（m）	水斗（个）	漏斗（个）	下水口（个）		
铁皮排水	水落管、檐沟、水斗、漏斗、下水口	m²	0.32	0.30	0.40	0.16	0.45		
	天沟、斜沟、天窗窗台泛水、天窗侧面泛水、烟囱泛水、滴水檐头泛水、滴水	m²	天沟（m）	斜沟、天窗窗台泛水（m）	天窗侧面泛水（m）	烟囱泛水（m）	通气管泛水（m）	滴水檐头泛水（m）	滴水（m）
			1.30	0.50	0.70	0.80	0.22	0.24	0.11

②铸铁、玻璃钢水落管区别不同直径，按图示尺寸以延长米计算，雨水口、水斗、弯头、短管以个计算。

4）防水工程

①建筑物楼地面防水、防潮层,按主墙间净空面积计算,扣除突出地面的构筑物、设备基础等所占的面积,不扣除柱、垛、间壁墙、烟囱及 0.3 m² 以内孔洞所占面积。与墙面连接处高度在 300 mm 以内者按展开面积计算,并入平面工程量内;超过 300 mm 时,按立面防水层计算。

②建筑物墙基防水、防潮层,外墙长度按中心线,内墙长度按净长,乘以宽度以 m² 计算。

【例 7.49】 根据图 7.133 中的有关数据,计算墙基水泥砂浆防潮层工程量(墙厚均为 240 mm)。

【解】
$$S = (外墙中线长 + 内墙净长) \times 墙厚$$
$$= [(6.0+9.0) \times 2 + 6.0 - 0.24 + 5.1 - 0.24] \times 0.24$$
$$= 40.62 \times 0.24 = 9.75 (m^2)$$

③构筑物及建筑物地下室防水层,按实铺面积计算,但不扣除 0.3 m² 以内的孔洞面积。平面与立面交接处的防水层,其上卷高度超过 300 mm 时,按立面防水层计算。

④防水卷材的附加层、接缝、收头、冷底子油等人工材料均已计入定额内,不另计算。

⑤变形缝按延长米计算。

5）防腐、保温、隔热工程

（1）防腐工程

①防腐工程面层、隔离层及防腐油漆工程量均按设计图示尺寸比面积计算。

②踢脚板防腐工程量按设计图示尺寸以面积计算。应扣除门洞所占面积并相应增加侧壁展开面积。

（2）保温隔热工程

①屋面保温隔热工程量按设计图示尺寸以面积计算。扣除面积 >0.3 m² 柱、垛、孔洞所占面积。

②其他项目按设计图示尺寸以定额项目规定的计量单位计算。

③天棚保温隔热层工程量按设计图示尺寸以面积计算。扣除面积 >0.3 m² 柱、垛、孔洞所占面积,与天棚相连的梁按展开面积计算,其工程并入天棚内。

（3）其他

①防火隔离带工程量按设计图示尺寸以面积计算。

②池、槽块料防腐面层工程量按设计图示尺寸以展开面积计算。

7.3.8　装饰工程

1）内墙抹灰

①内墙面、墙裙抹灰面积应扣除门窗洞口和单个面积 >0.3 m² 以上空圈所占的面积,不扣除踢脚板、挂镜线（图 7.145）、0.3 m² 以内的孔洞和墙与构件交接处的面积,洞口侧壁和顶面亦不增加。墙垛和附墙烟囱侧壁面积与内墙抹灰工程量合并计算。

②内墙面抹灰的长度以主墙间的图示净长尺寸计算,其高度确定如下:

a.无墙裙的,其高度按室内地面或楼面至顶棚底面之间距离计算。

b.有墙裙的,其高度按墙裙顶至顶棚底面之间距离计算。

c.钉板条顶棚的内墙面抹灰,其高度按室内地面或楼面至顶棚底面另加 100 mm 计算。

说明:Ⅰ.墙与构件交接处的面积(图 7.146),主要指各种现浇或预制梁头伸入墙内所占的面积。

Ⅱ.由于一般墙面先抹灰后做吊顶,所以钉板条顶棚的墙面需抹灰时应抹至顶棚底再加 100 mm。

Ⅲ.墙裙单独抹灰时,工程量应单独计算,内墙抹灰也要扣除墙裙工程量。

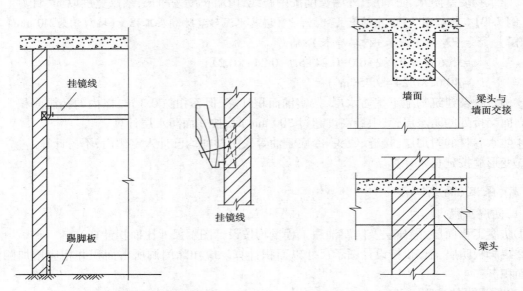

图 7.145　挂镜线、踢脚板示意图　　　　图 7.146　墙与构件交接处面积示意图

③内墙面抹灰面积计算公式如下:

内墙面抹灰面积=(主墙间净长+墙垛和附墙烟囱侧壁宽)×(室内净高-墙裙高)-门窗洞口及大于 0.3 m² 孔洞面积

$$室内净高=\begin{cases}有吊顶:楼面或地面至顶棚底加 100 mm\\无吊顶:楼面或地面至顶棚底净高\end{cases}$$

④内墙裙抹灰面积按内墙净长乘以高度计算,应扣除门窗洞口和空圈所占的面积,门窗洞口和空洞的侧壁面积不另增加,墙垛、附墙烟囱侧壁面积并入墙裙抹灰面积内计算。

2)外墙抹灰

①外墙抹灰面积按外墙面的垂直投影面积,以 m² 计算。应扣除门窗洞口、外墙裙和大于 0.3 m² 孔洞所占面积,洞口侧壁面积不另增加。附墙垛、梁、柱侧面抹灰面积并入外墙面抹灰工程量内计算。栏板、栏杆、窗台线、门窗套、扶手、压顶、挑檐、遮阳板、突出墙外的腰线等,另按相应规定计算。

②外墙裙抹灰面积按其长度乘高度计算,扣除门窗洞口和大于 0.3 m² 孔洞所占的面积,门窗洞口及孔洞的侧壁不增加。

③窗台线、门窗套、挑檐、腰线、遮阳板等展开宽度在 300 mm 以内者,按装饰线以延长米计算;如果展开宽度超过 300 mm 时,按图示尺寸以展开面积计算,套零星抹灰定额项目。

④栏板、栏杆(包括立柱、扶手或压顶等)抹灰,按立面垂直投影面积乘系数 2.2,以 m² 计算。

⑤阳台底面抹灰按水平投影面积以 m² 计算,并入相应顶棚抹灰面积内。阳台如带悬臂梁者,其工程量乘系数 1.30。

⑥雨篷底面或顶面抹灰分别按水平投影面积以 m² 计算,并入相应顶棚抹灰面积内。雨篷顶面带反沿或反梁者,其工程量乘系数 1.20;底面带悬臂梁者,其工程量乘系数 1.20。雨篷外边线按相应装饰或零星项目执行。

⑦墙面勾缝按垂直投影面积计算,应扣除墙裙和墙面抹灰的面积,不扣除门窗洞口、门窗套、腰线等零星抹灰所占的面积,附墙柱和门窗洞口侧面的勾缝面积亦不增加。独立柱、房上烟囱勾缝,按图示尺寸以 m² 计算。

3)外墙装饰抹灰

①外墙各种装饰抹灰均按图示尺寸以实抹面积计算。应扣除门窗洞口空圈的面积,其侧壁面积不另增加。

②挑檐、天沟、腰线、栏杆、栏板、门窗套、窗台线、压顶等,均按图示尺寸展开面积以 m² 计算,并入相应的外墙面积内。

4)墙面块料面层

①墙面贴块料面层均按图示尺寸以实贴表面积计算(图 7.147,图 7.148)。

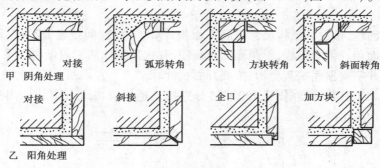

图 7.147   阴阳角的构造处理

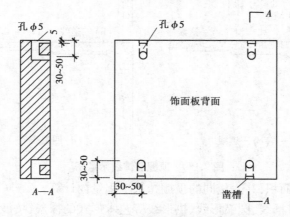

图 7.148   石材饰面板钻孔及凿槽示意图

②墙裙以高度 1 500 mm 以内为准,超过 1 500 mm 时按墙面计算;高度低于 300 mm 时,按踢脚板计算。

5) 隔墙、隔断、幕墙

①木隔墙、墙裙、护壁板,均按图示尺寸长度乘以高度,按实铺面积以 m^2 计算。

②玻璃隔墙按上横挡顶面至下横挡底面之间高度乘以宽度(两边立挺外边线之间),以 m^2 计算。

③浴厕木隔断,按下横挡底面至上横挡顶面高度乘以图示长度,以 m^2 计算,门扇面积并入隔断面积内计算。

④铝合金、轻钢隔墙、幕墙,按四周框外围面积计算。

6) 独立柱

①一般抹灰、装饰抹灰、镶贴块料按结构断面周长乘以柱的高度,以 m^2 计算。

②柱面装饰(图 7.149)按柱外围饰面尺寸乘以柱的高,以 m^2 计算。

7) 零星抹灰

各种"零星项目"均按图示尺寸以展开面积计算。

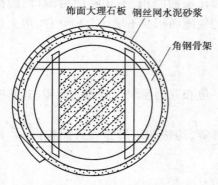

图 7.149 镶贴石材饰面板的圆柱构造

8) 顶棚抹灰

①顶棚抹灰面积,按设计结构尺寸以展开面积计算,不扣除间壁墙、垛、柱、附墙烟囱、检查口和管道所占的面积。带梁顶棚、梁两侧抹灰面积,并入顶棚抹灰工程量内计算。

②密肋梁和井字梁顶棚抹灰面积,按展开面积计算。

③顶棚抹灰如带有装饰线(图 7.150)时,分别按三道线以内或五道线以内按延长米计算,线角的道数以一个突出的棱角为一道线。

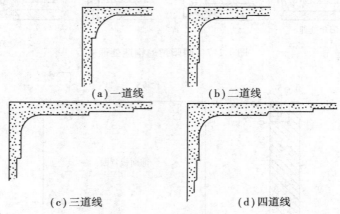

(a)一道线   (b)二道线

(c)三道线   (d)四道线

图 7.150 顶棚装饰线示意图

④檐口顶棚的抹灰面积,并入相同的顶棚抹灰工程量内计算。

⑤顶棚中的折线、灯槽线、圆弧形线、拱形线等艺术形式的抹灰,按展开面积计算。

9) 顶棚龙骨

各种吊顶顶棚龙骨(图 7.151)按主墙间水平投影面积计算,不扣除间壁墙、检查口、附墙烟囱、柱、垛和管道所占面积,扣除单个>0.3 m^2 孔洞、独立柱及天棚相连窗帘盒所占面积。斜面龙骨按斜面计算。

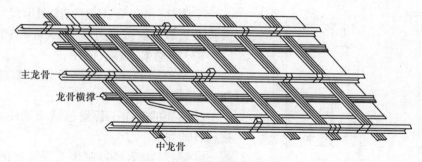

图 7.151 U 形轻钢天棚龙骨构造示意图

10）顶棚面装饰

天棚吊顶的基层和面层均按设计图示尺寸以展开面积计算。天棚面中的灯槽及跌级、阶梯式、锯齿形、吊挂式、藻井式天棚面积按展开计算。不扣除间壁墙、垛、柱、附墙烟囱、检查口和管道所占面积，扣除单个>0.3 m² 的孔洞、独立柱及与天棚相连的窗帘盒所占面积。

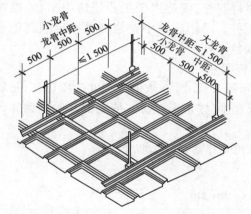

图 7.152 嵌入式铝合金方板天棚

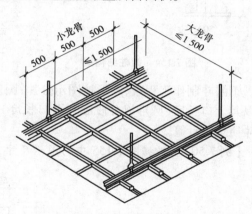

图 7.153 浮搁式铝合金方板天棚

11）喷涂、油漆、裱糊

①楼地面、顶棚面、墙、柱、梁面的喷（刷）涂料、抹灰面、油漆及裱糊工程，均按楼地面、顶棚面、墙、柱、梁面装饰工程相应的工程量计算规则规定计算。

②木材面、金属面油漆的工程量分别按定额规定计算，并乘以表列系数以 m² 计算。

7.3.9 金属结构制作、构件运输与安装及其他

1）金属结构制作

（1）一般规则

金属结构制作按图示钢材尺寸以 t 计算，不扣除孔眼、切边的质量，焊条、铆钉、螺栓等质量已包括在定额内，不另计算。在计算不规则或多边形钢板质量时，均按其几何图形的外接矩形面积计算。

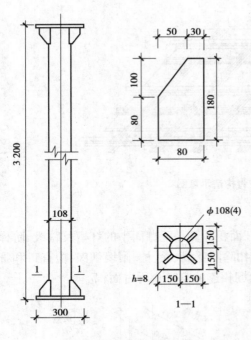

图 7.154　钢柱结构图

（2）实腹柱、吊车梁

实腹柱、吊车梁、H 型钢按图示尺寸计算，其中腹板及翼板宽度按每边增加 25 mm 计算。

（3）制动梁、墙架、钢柱

①制动梁的制作工程量包括制动梁、制动桁架、制动板质量。

②墙架的制作工程量包括墙架柱、墙架梁及连接柱杆质量。

③钢柱（图 7.154）制作工程量包括依附于柱上的牛腿及悬臂梁质量。

（4）轨道

轨道制作工程量，只计算轨道本身质量，不包括轨道垫板、压板、斜垫、夹板及连接角钢等质量。

（5）铁栏杆

铁栏杆制作，仅适用于工业厂房中平台、操作台的钢栏杆。民用建筑中铁栏杆等按定额其他章节有关项目计算。

（6）钢漏斗

钢漏斗制作工程量，矩形按图示分片；圆形按图示展开尺寸，并依钢板宽度分段计算，每段均以其上口长度（圆形以分段展开上口长度）与钢板宽度，按矩形计算。依附漏斗的型钢并入漏斗质量内计算。

【例 7.50】　根据图 7.155 中的图示尺寸，计算柱间支撑的制作工程量。

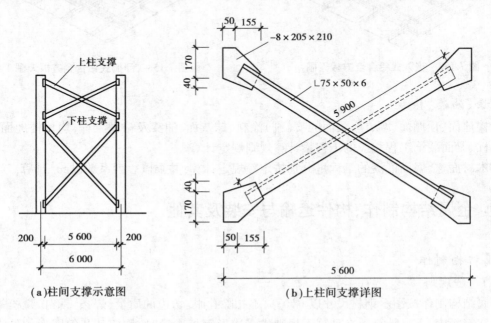

（a）柱间支撑示意图　　　　　（b）上柱间支撑详图

图 7.155　柱间支撑

【解】   角钢每 m 质量 = 0.007 95×厚×(长边+短边−厚)

$$= 0.007\ 95×6×(75+50−6)$$

$$= 5.68(\text{kg/m})$$

钢板每 m^2 质量 = 7.85×8 = 62.8(kg/m²)

角钢重 = 5.90 m×2×5.68 = 67.02(kg)

钢板重 = (0.205×0.21×4)×62.8

$$= 0.172\ 2×62.80$$

$$= 10.81(\text{kg})$$

柱间支撑工程量 = 67.02+10.81 = 77.83(kg)

2)建筑工程垂直运输

(1)建筑物垂直运输

建筑物垂直运输机械台班用量,区分不同建筑物的结构类型及檐口高度按建筑面积以 m^2 计算。

檐高是指设计室外地坪至檐口的高度(图 7.156),突出主体建筑屋顶的电梯间、水箱间等不计入檐口高度之内。

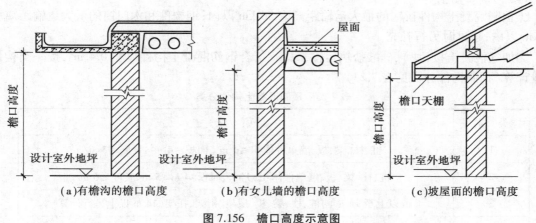

图 7.156 檐口高度示意图

(2)构筑物垂直运输

构筑物垂直运输机械台班以座计算。超过规定高度时,再按每增高 1 m 定额项目计算,其高度不足 1 m 时,也按 1 m 计算。

3)构件运输及安装工程

(1)一般规定

①预制混凝土构件运输及安装,均按构件图示尺寸,以实体体积计算。

②钢构件按构件设计图示尺寸以 t 计算;所需螺栓、电焊条等质量不另计算。

③木门窗以外框面积以 m^2 计算。

(2)构件制作、运输、安装损耗率

预制混凝土构件制作、运输、安装损耗率,按表7.22规定计算后并入构件工程量内。其中,预制混凝土屋架、桁架、托架及长度在9 m以上的梁、板、柱不计算损耗率。

表 7.22 预制钢筋混凝土构件制作、运输、安装损耗率表

名　　称	制作废品率	运输堆放损耗率	安装（打桩）损耗率
各类预制构件	0.2%	0.8%	0.5%
预制钢筋混凝土柱	0.1%	0.4%	1.5%

根据上述第（2）条和表 7.22 的规定，预制构件含各种损耗的工程量计算方法如下：

预制构件制作工程量＝图示尺寸实体积×（1+1.5%）
预制构件运输工程量＝图示尺寸实体积×（1+1.3%）
预制构件安装工程量＝图示尺寸实体积×（1+0.5%）

【例 7.51】 根据施工图计算出的预应力空心板体积为 2.78 m^3，计算空心板的制、运、安工程量。

【解】 空心板制作工程量＝2.78×（1+1.5%）＝2.82（m^3）

空心板运输工程量＝2.78×（1+1.3%）＝2.82（m^3）

空心板安装工程量＝2.78×（1+0.5%）＝2.79（m^3）

（3）构件运输

①预制混凝土构件运输的最大运输距离取 50 km 以内；钢构件和木门窗的最大运输距离取 20 km 以内；超过时另行补充。

②加气混凝土板（块）、硅酸盐块运输，每 m^3 折合钢筋混凝土构件体积 0.4 m^3，按一类构件运输计算（预制构件分类见表 7.23）。

表 7.23 预制混凝土构件分类

类　别	项　目
1	桩、柱、梁、板、墙单件体积≤1 m^3、面积≤4 m^2、长度≤5 m
2	桩、柱、梁、板、墙单件体积>1 m^3、面积>4 m^2、5 m<长度≤6 m
3	6 m 以上至 14 m 的桩、柱、梁、板、屋架、桁架、托架（14 m 以上另行计算）
4	天窗架、侧板、端壁板、天窗上下档及小型构件

（4）预制混凝土构件安装

①焊接形成的预制钢筋混凝土框架结构，其柱安装按框架柱计算，梁安装按框架梁计算；节点浇注成形的框架，按连体框架梁、柱计算。

②预制钢筋混凝土工字型柱、矩形柱、空腹柱、双肢柱、空心柱、管道支架等安装，均按柱安装计算。

③组合屋架安装，以混凝土部分实体体积计算，钢杆件部分不另计算。

④预制钢筋混凝土多层柱安装，首层柱按柱安装计算，二层及二层以上柱按柱接柱计算。

（5）钢构件安装

①钢构件安装按图示构件钢材质量以 t 计算。

②依附于钢柱上的牛腿及悬臂梁等，并入柱身主材质量计算。

③金属结构中所用钢板,设计为多边形者,按矩形计算,矩形的边长以设计尺寸中互相垂直的最大尺寸为准。

4)建筑物超高增加人工、机械费

（1）有关规定

①檐高是指设计室外地坪至檐口的高度,突出主体建筑屋顶的电梯间、水箱间等不计入檐高之内。

②同一建筑物高度不同时,应以不同高度的建筑面积,分别按相应项目计算。

③上述规定适用于建筑物檐口高 20 m（层数 6 层）以上的工程（图 7.157）。

（2）降效系数

①各项降效系数中包括的内容指建筑物基础以上的全部工程项目,但不包括垂直运输、各类构件的水平运输及各项脚手架。

②人工降效按规定内容中的全部人工费乘以定额系数计算。

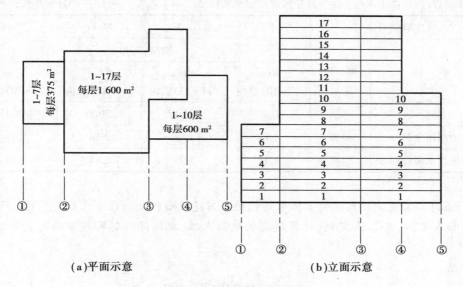

（a）平面示意　　　　　　　　　　（b）立面示意

图 7.157　高层建筑示意图

③吊装机械降效按吊装项目中的全部机械费乘以定额系数计算。

④其他机械降效按除吊装机械外的全部机械费乘以定额系数计算。

（3）加压水泵台班

建筑物施工用水加压增加的水泵台班,按建筑面积计算。

（4）建筑物超高人工、机械降效率定额摘录（见表 7.24）

建筑物超高人工、机械降效定额包含以下内容:

①工人上下班降低工效、上楼工作前休息及自然休息增加的时间。

②垂直运输影响的时间。

③由于人工降效引起的机械降效。

表 7.24　建筑物超高人工、机械降效率定额摘录

定额编号		14-1	14-2	14-3	14-4
项　目	降效率	檐高（层数）			
		30 m（7~10）以内	40 m（11~13）以内	50 m（14~16）以内	60 m（17~19）以内
人工降效	%	3.33	6.00	9.00	13.33
吊装机械降效	%	7.67	15.00	22.20	34.00
其他机械降效	%	3.33	6.00	9.00	13.33

（5）建筑物超高加压水泵台班定额摘录（见表 7.25）

表 7.25　建筑物超高加压水泵台班定额摘录

工作内容：包括由于水压不足所发生的加压用水泵台班。　　　　　　　　　　　　计量单位：100 m²

定额编号		14-11	14-12	14-13	14-14
项　目	单　位	檐高（层数）			
		30 m（7~10）以内	40 m（11~13）以内	50 m（14~16）以内	60 m（17~19）以内
基价	元	87.87	134.12	259.88	301.17
加压用水泵	台班	1.14	1.74	2.14	2.48
加压用水泵停滞	台班	1.14	1.74	2.14	2.48

【例 7.52】　某现浇钢筋混凝土框架结构的宾馆建筑面积及层数示意如图 7.157 所示,根据下列数据和表 7.24、表 7.25 定额,计算建筑物超高人工、机械降效费和建筑物超高加压水泵台班费。

1~7 层

①～②轴线 $\begin{cases} 人工费:202\ 500\ 元 \\ 吊装机械费:67\ 800\ 元 \\ 其他机械费:168\ 500\ 元 \end{cases}$

1~17 层

②～④轴线 $\begin{cases} 人工费:2\ 176\ 000\ 元 \\ 吊装机械费:707\ 200\ 元 \\ 其他机械费:1\ 360\ 000\ 元 \end{cases}$

1~10 层

③～⑤轴线 $\begin{cases} 人工费:450\ 000\ 元 \\ 吊装机械费:120\ 000\ 元 \\ 其他机械费:300\ 000\ 元 \end{cases}$

【解】　（1）人工降效费

$$\left.\begin{array}{l} \overset{①\sim②轴\qquad ③\sim⑤轴\qquad 定额14\text{-}1}{(202\ 500+450\ 000)\times 3.33\%=21\ 728.25(元)} \\ \overset{②\sim④轴\qquad 定额14\text{-}4}{2\ 176\ 000\times 13.33\%=290\ 060.80(元)} \end{array}\right\} 311\ 789.05\ 元$$

（2）吊顶机械降效费

$$\left.\begin{array}{l} \overset{①\sim②轴\qquad ③\sim⑤轴\qquad 定额14\text{-}1}{(67\ 800+120\ 000)\times 7.67\%=14\ 404.26(元)} \\ \overset{②\sim④轴\qquad 定额14\text{-}4}{707\ 200\times 34\%=240\ 448.00(元)} \end{array}\right\} 254\ 852.26\ 元$$

（3）其他机械降效费

$$\left.\begin{array}{l} \overset{①\sim②轴\qquad ③\sim⑤轴\qquad 定额14\text{-}1}{(168\ 500+300\ 000)\times 3.33\%=15\ 601.05(元)} \\ \overset{②\sim④轴\qquad 定额14\text{-}4}{1\ 360\ 000\times 13.33\%=181\ 288.00(元)} \end{array}\right\} 196\ 889.05\ 元$$

（4）建筑物超高加压水泵台班费

$$\left.\begin{array}{l} \overset{①\sim②轴\qquad ③\sim⑤轴\qquad 定额14\text{-}11}{(\ 375\times\ 7\ \ +600\times 10)\times 0.88=7\ 590(元)} \\ \overset{②\sim④轴\qquad 定额14\text{-}14}{1\ 600\times 17\times 3.01=81\ 872.00(元)} \end{array}\right\} 89\ 462.00\ 元$$

7.4 定额直接费计算

7.4.1 定额直接工程费计算及工料分析

当一个单位工程的工程量计算完毕后,就要套用预算定额基价进行直接费的计算。本节只介绍直接工程费的计算方法,措施费的计算方法详见建筑工程费用章节。计算直接工程费常采用两种方法,即单位估价法和实物金额法。

1)用单位估价法计算直接工程费

预算定额项目的基价构成一般有两种形式:一是基价中包含了全部人工费、材料费和机械使用费,这种方式称为完全定额基价,建筑工程预算定额常采用此种形式;二是基价中包含了全部人工费、辅助材料费和机械使用费,不包括主要材料费,这种方式称为不完全定额基价,安装工程预算定额和装饰工程预算定额常采用此种形式。凡是采用完全定额基价的预算定额计算直接工程费的方法称为单位估价法,计算出的直接工程费也称为定额直接费。

（1）单位估价法计算直接工程费的数学模型

$$单位工程定额直接工程费=定额人工费+定额材料费+定额机械费$$

其中:

$$定额人工费=\sum(分项工程量\times 定额人工费单价)$$

$$定额机械费=\sum(分项工程量\times 定额机械费单价)$$

$$定额材料费=\sum\big[(分项工程量\times 定额基价)-定额人工费-定额机械费\big]$$

（2）单位估价法计算定额直接工程费的方法与步骤

①根据施工图和预算定额计算分项工程量。

②根据分项工程量的内容套用相对应的定额基价(包括人工费单价、机械费单价)。

③根据分项工程量和定额基价计算出分项工程直接工程费、定额人工费和定额机械费。

④将各分项工程的各项费用汇总成单位工程直接工程费、单位工程定额人工费、单位工程定额机械费。

（3）单位估价法简例

【例7.53】 某工程有关工程量如下：C15混凝土地面垫层48.56 m³，M5水泥砂浆砌砖基础76.21 m³。根据这些工程量数据和表4.4中的预算定额，用单位估价法计算其直接工程费、定额人工费、定额机械费，并进行工料分析。

【解】 （1）计算直接工程费、定额人工费、定额机械费

直接工程费、定额人工费、定额机械费的计算过程和计算结果见表7.26。

表7.26 直接工程费计算表（单位估价法）

定额编号	项目名称	单位	工程数量	单价（元）				总价（元）			
				基价	其中			合价	其中		
					人工费	材料费	机械费		人工费	材料费	机械费
1	2	3	4	5	6	7	8	9=4×5	10=4×6	11	12=4×8
	一、砌筑工程										
定-1	M5水泥砂浆砌砖基础	m³	76.21	127.73	31.08		0.76	9 734.30	2 368.61		57.92
	⋮										
	分部小计							97 34.30	2 368.61		57.92
	二、脚手架工程										
	⋮										
	分部小计										
	三、楼地面工程										
定-3	C15混凝土地面垫层	m²	48.56	195.42	53.90		3.10	9 489.60	2 617.38		150.54
	⋮										
	分部小计							9 489.60	2 617.38		150.54
	合计							19 223.90	4 985.99		208.46

（2）工料分析

人工工日及各种材料分析见表7.27。

表7.27 人工、材料分析表

定额编号	项目名称	单位	工程量	人工（工日）	主要材料			
					标准砖（块）	M5水泥砂浆（m³）	水（m³）	C15混凝土（m³）
	一、砌筑工程							
定-1	M5水泥砂浆砌砖基础	m³	76.21	$\dfrac{1.243}{94.73}$	$\dfrac{523}{39\ 858}$	$\dfrac{0.236}{17.986}$	$\dfrac{0.231}{17.60}$	

定额编号	项目名称	单 位	工程量	人工（工日）	主要材料			
					标准砖（块）	M5 水泥砂浆（m³）	水（m³）	C15 混凝土（m³）
	分部小计			94.73	39 858	17.986	17.60	
	二、楼地面工程							
定-3	C15 混凝土地面垫层	m²	48.56	2.156 / 104.70			1.538 / 74.69	1.01 / 49.046
	分部小计			104.70			74.69	49.046
	合计			199.43	39.858	17.986	92.29	49.046

注:主要材料栏的分数中,分子表示定额用量,分母表示工程量乘以定额用量的结果。

2) 用实物金额法计算直接工程费

（1）实物金额法计算直接工程费的方法与步骤

实物金额法是用分项工程量分别乘以预算定额子目中的实物消耗量（即人工工日、材料数量、机械台班数量）求出分项工程的人工、材料、机械台班消耗量,然后汇总成单位工程实物消耗量,再分别乘以人工单价、材料单价、机械台班单价求出单位工程人工费、材料费、机械使用费,最后汇总成单位工程直接工程费的方法。

（2）实物金额法的数学模型

$$单位工程直接工程费 = 人工费 + 材料费 + 机械费$$

其中:人工费 $= \sum （分项工程量 \times 定额用工量） \times 工日单价$

材料费 $= \sum （分项工程量 \times 定额材料用量 \times 材料预算价格）$

机械费 $= \sum （分项工程量 \times 定额台班用量 \times 机械台班预算价格）$

（3）实物金额法计算直接工程费简例

【例7.54】 某工程有关工程量为:M5 水泥砂浆砌砖基础 76.21 m³,C15 混凝土地面垫层 48.56 m³。根据上述数据和预算定额分析工料机消耗量,再根据表 7.28 中的单价计算直接工程费。

表 7.28 人工单价、材料单价、机械台班单价表

序 号	名 称	单 位	单价(元)
一	人工单价	工日	25.00
二	材料预算价格		
1	标准砖	千块	127.00
2	M5 水泥砂浆	m³	124.32
3	C15 混凝土(0.5~4 砾石)	m³	136.02
4	水	m³	0.60

续表

序 号	名 称	单 位	单价(元)
三	机械台班预算价格		
1	200L 砂浆搅拌机	台班	15.92
2	400L 混凝土搅拌机	台班	81.52

【解】 (1)分析人工、材料、机械台班消耗量,其具体计算过程见表 7.29。

表 7.29　人工、材料、机械台班分析表

定额编号	项目名称	单位	工程量	人工(工日)	标准砖(千块)	M5水泥砂浆(m³)	C15混凝土(m³)	水(m³)	其他材料费(元)	200L砂浆搅拌机(台班)	400L混凝土搅拌机(台班)
	一、砌筑工程										
定-1	M5 水泥砂浆砌砖基础	m³	76.21	1.243/94.73	0.523/39.858	0.236/17.986		0.231/17.605		0.047 5/3.620	
	二、楼地面工程										
定-3	C15 混凝土地面垫层	m²	48.56	2.156/104.70			1.01/49.046	1.538/74.685	0.123/5.97		0.038/1.845
	合　计			199.43	39.858	17.986	49.046	92.29	5.97	3.620	1.845

注:分子为定额用量、分母为计算结果。

(2)计算直接工程费,其计算过程见表 7.30。

表 7.30　直接工程费计算表(实物金额法)

序 号	名 称	单 位	数 量	单价(元)	合价(元)	备 注
1	人工	工日	199.43	25.00	4 985.75	人工费:4 985.75
2	标准砖	千块	39.858	127.00	5 061.97	
3	M5 水泥砂浆	m³	17.986	124.32	2 236.02	
4	C15 混凝土(0.5~4)	m³	49.046	136.02	6 671.24	材料费:14 030.57
5	水	m³	92.29	0.60	55.37	
6	其他材料费	元	5.97		5.97	
7	200L 砂浆搅拌机	台班	3.620	15.92	57.63	机械费:208.03
8	400L 混凝土搅拌机	台班	1.845	81.52	15.40	
	合　计				19 224.35	直接工程费:19 224.35

7.4.2　材料价差调整

1）材料价差产生的原因

凡是使用单位估价法编制的施工图预算,一般需调整材料价差。

目前,预算定额基价中的材料费根据编制定额所在地区的省会所在地的材料预算价格计算。由于地区材料预算价格随着时间的变化而变化,其他地区使用该预算定额时材料预算价格也会发生变化,所以用单位估价法计算直接工程费后,一般还要根据工程所在地区的材料预算价格调整材料价差。

2）材料价差调整方法

材料价差的调整有两种基本方法,即单项材料价差调整法和材料价差综合系数调整法。

（1）单项材料价差调整

当采用单位估价法计算直接工程费时,对影响工程造价较大的主要材料（如钢材、木材、水泥等）一般进行单项材料价差调整。

单项材料价差调整的计算公式为：

$$\text{单项材料价差调整} = \sum \left[\text{单位工程某种材料用量} \times \left(\text{现行材料预算价格} - \text{预算定额中材料单价} \right) \right]$$

【例 7.55】　根据某工程有关材料消耗量和现行材料预算价格,调整材料价差,有关数据见表 7.31。

表 7.31　材料价差调整数据

材料名称	单位	数量	现行材料预算价格（元）	预算定额中材料单价（元）
52.5 水泥	kg	7 345.10	0.35	0.30
Φ10 内钢筋	kg	5 618.25	2.65	2.80
花岗岩板	m²	816.40	350.00	290.00

【解】　（1）直接计算

$$\begin{aligned}\text{某工程单项材料价差} &= [7\,345.10 \times (0.35-0.30)+5\,618.25 \times \\ &\quad (2.65-2.80)+816.40 \times (350-290)] \\ &= 48\,508.52 (\text{元})\end{aligned}$$

（2）用"单项材料价差调整表"计算价差调整,见表 7.32。

表 7.32　单项材料价差调整表

工程名称:××工程

序号	材料名称	数量	现行材料预算价格	预算定额中材料预算价格	价差（元）	调整金额（元）
1	52.5 水泥	7 345.10 kg	0.35 元/kg	0.30 元/kg	0.05	367.26
2	Φ10 圆钢筋	5 618.25 kg	2.65 元/kg	2.80 元/kg	−0.15	−842.74
3	花岗岩板	816.40 m²	350.00 元/m²	290.00 元/m²	60.00	48 984.00
	合计					48 508.52

（2）综合系数调整材料价差

采用单项材料价差的调整方法，其优点是准确性高，但计算过程较繁杂。因此，一些用量大、单价相对低的材料（如地方材料、辅助材料等）常采用综合系数的方法来调整单位工程材料价差。

采用综合系数调整材料价差的具体做法就是：用单位工程定额材料费或定额直接工程费乘以综合调整系数，求出单位工程材料价差，其计算公式如下：

$$\begin{matrix}单位工程采用综合\\系数调整材料价差\end{matrix} = \begin{matrix}单位工程定\\额材料费\end{matrix}\begin{pmatrix}定额直\\接工程费\end{pmatrix} \times \begin{matrix}材料价差综\\合调整系数\end{matrix}$$

【例 7.56】 某工程的定额材料费为 786 457.35 元，按规定以定额材料费为基础乘以综合调整系数 1.38%，计算该工程地方材料价差。

【解】 该工程地方材料价差＝786 457.35×1.38%＝10 853.11（元）

7.5 传统施工图预算工程造价费用计算方法

【例 7.57】 某工程由某一级施工企业施工，根据下列有关条件，计算该工程的工程造价。

（1）建筑层数及工程类别：三层；四类工程；工程在市区。

（2）取费等级：一级。

（3）直接工程费：284 590.07 元。

其中：人工费 84 311.00 元；

机械费 22 732.23 元；

材料费 210 402.63 元；

扣减脚手架费 10 343.55 元；

扣减模板费 22 512.24 元。

直接工程费小计：（84 311.00+22 732.23+210 402.63－10 343.55－22 512.24）

＝284 590.07（元）

（4）按取费证和合同规定收取的费用。

①环境保护费（按直接工程费的 0.4%收取夜间施工增加费按直接工程费的 0.5%收取）。

②文明施工费。

③安全施工费。

④临时设施费。

⑤二次搬运费。

⑥脚手架费：10 343.55 元。

⑦混凝土及钢筋混凝土模板及支架费：22 512.24 元。

⑧社会保障费。

⑨住房公积金。

⑩利润和税金。

试根据上述条件和表 5.6 确定有关费率和计算各项费用。

【解】 根据费用计算程序以直接工程费为基础计算工程造价，计算过程见表 7.33。

表 7.33 某工程建筑工程造价计算表

序 号	费用名称		计算式	金额（元）
（1）	直接工程费		317 445.86－10 343.55－22 512.24	284 590.07
（2）	单项材料价差调整		采用实物金额法不计算此费用	—
（3）	综合系数调整材料价差		采用实物金额法不计算此费用	—
（4）	措施费	环境保护费	284 590.07×0.4%＝1 138.36	49 646.60
		安全文明施工费	284 590.07×1.5%＝4 268.85	
		临时设施费	284 590.07×2.5%＝7 114.75	
		夜间施工增加费	284 590.07×0.5%＝1 422.95	
		二次搬运费	284 590.07×1.3%＝2 845.90	
		大型机械进出场及安拆费	—	
		脚手架费	10 343.55 元	
		已完工程及设备保护费		
		混凝土及钢筋混凝土模板及支架费	22 512.24 元	
		施工排、降水费		
（5）	规费	工程排污费		12 806.55
		社会保障费	284 590.07×2.5%＝7 114.75	
		住房公积金	284 590.07×2.0%＝5 691.80	
		危险作业意外伤害保险	—	
（6）	企业管理费		284 590.07×7.0%＝19 921.30	19 921.30
（7）	利润		284 590.07×8.0%＝22 767.21	22 767.21
（8）	营业税		389 731.73×3.48%＝13 562.66	13 562.66
（9）	工程造价		（1）～（8）之和	403 294.39

注：表中（1）—（7）之和即为直接费＋间接费＋利润。

7.6 按 44 号文件规定计算施工图预算的各种费用方法

7.6.1 分部分项工程费与单价措施项目费计算及工料分析

由于建标〔2013〕44 号文对工程造价的费用进行了重新划分，要从分部分项工程费包含的内容开始计算，然后再计算单价措施项目费与总价项目费、其他项目费、规费和税金，所以要重新设计工程造价费用的计算顺序。

下面通过例 7.58 来说明分部分项工程费与单价措施项目费计算及工料分析的方法。

【例 7.58】 甲工程有关工程量如下：M5 水泥砂浆砌砖基础工程量 76.21 m³，C15 混凝土地面垫层工程量 48.56 m³，综合脚手架工程量 512 m²。根据上述三项工程量数据和表 5.18 所示的"建筑安装工程施工图预算造价费用计算（程序）表"中的顺序和内容，计算分部分项工程费与单价措施项目费及进行主要材料分析。

表 7.34　分部分项工程、单价措施项目费及材料分析表

工程名称：甲工程

序号	定额编号	项目名称	单位	工程量	基价	合价	人工费 单价	人工费 合计	材料费 单价	材料费 合计	机械费 单价	机械费 合计	管理费、利润 费率(%)	管理费、利润 合计	32.5水泥(kg) 定额	32.5水泥(kg) 合计	中砂(m³) 定额	中砂(m³) 合计	脚手架钢材(kg) 定额	脚手架钢材(kg) 合计
		一、砌筑工程																		
1	AC0003	M5 水泥砂浆砌砖基础	m³	76.21	198.762	15 147.65	45.25	3 448.50	138.91	10 586.33	0.79	60.21	30	1 052.61	254.42	19 389.35	0.869	66.226		
		………																		
		分部小计				15 147.65		3 448.50		10 586.33		60.21		1 052.61		19 389.35		66.226		
		二、楼地面工程																		
2	AD0426	C15 混凝土地面垫层	m³	48.56	205.165 4	9 962.83	33.17	1 610.74	155.62	7 556.91	3.53	171.42	35	623.76	53.79	2 612.04	0.276	13.403		
		分部小计				9 962.83		1 610.74		7 556.91		171.42		623.76		2 612.04		13.403		
		分部分项工程小计				25 110.48		5 059.24		18 143.24		231.63		1 676.37						
		措施项目																		
		一、脚手架工程																		
3	TB0142	综合脚手架	m²	512.00	13.772	7 051.26	3.54	1 812.48	8.54	4 372.48	0.82	419.84	20	446.46					0.869	444.93
		单价措施项目小计				7 051.26		1 812.48		4 372.48		419.84		446.46						444.93
		合计				32 161.74		6 871.72		22 515.72		651.47		2 122.83		22 001.39		79.629		444.93

【解】　已知：管理费、利润＝（定额人工费＋定额机械费）×规定费率

主要计算步骤：将预算（计价）定额的人工费、材料费、机械费单价以及主要材料用量分别填入表中的单价（定额）栏内；用工程量分别乘以人工费、材料费、机械费单价以及定额材料消耗量后分别填入对应的合计栏内；将人工费与机械费合计之和乘以管理费和利润率得出的管理费和利润填入表中的合计栏；将同一项目的人工费、材料费、机械费及管理费、利润合计之和填入项目的合价栏内，然后用此合价除以工程量得出基价并填入该项目的计价栏内。

7.6.2　人工、材料价差调整方法

1）人工价差调整

人工价差是指定额人工单价与现行规定的人工单价之间的差额，一般通过单位工程的定额人工费为基础进行调整。下面通过例题来说明人工价差的调整方法。

【例7.59】　某地区工程造价行政主管部门规定，采用某地区预算（计价）定额时，人工费调增85%。根据表7.34中的人工费数据和上述规定调整某工程的人工费。

【解】　（1）定额人工费合计

分部分项工程定额人工费和单价措施项目定额人工费＝6 871.72元（见表7.34）

（2）人工费调整

人工费调整＝定额人工费合计×调整系数

　　　　　　＝6 871.72×85%

　　　　　　＝5 840.96元

2）材料价差调整

材料价差是根据施工合同约定、工程造价行政主管部门颁发的材料指导价和工程材料分析结果的数量进行调整。通过以下例题说明单项材料价差的调整方法。

【例7.60】　根据表7.35的内容调整某工程的材料价差。

【解】　甲工程单项材料价差调整计算见表7.35。

表7.35　甲工程单项材料价差调整表

序　号	材料名称	数　量	现行材料单价	定额材料单价	价差（元）	调整金额（元）
1	32.5水泥	22 001.39 kg	0.45元/kg	0.40元/kg	0.05	1 100.07
2	中砂	79.629 m³	54.00元/m³	48.00元/m³	6.00	477.77
3	脚手架钢材	444.93 kg	5.60元/kg	5.00元/kg	0.60	266.96
	合计					1 844.80

7.6.3　总价措施项目费、其他项目费、规费与税金计算

【例7.61】　甲工程由某三级施工企业施工，根据表7.34中的有关数据、建筑安装工程施工图预算造价费用计算程序和某地区规定，计算甲工程总价措施项目费、其他项目费、规费与增值

税和施工图预算工程造价费用。

甲工程为建筑工程,由三级企业施工,按某地区规定各种费用的费率如下:

表 7.36　工程所在地规定计取的各项费用的费率

序　号	费用名称	计算基数	费　率
1	夜间施工增加费	分部分项工程与单价措施项目定额人工费	2.5%
2	二次搬运费	同上	1.5%
3	冬雨季施工增加费	同上	2.0%
4	安全文明施工费费率	同上	26.0%
5	社会保险费	同上	10.6%
6	住房公积金	同上	2.0%
7	总承包服务费	工程估价	1.5%
8	综合税率	分部分项工程费+措施项目费+其他项目费+规费	3.48%

【解】　第 1 步,将表 7.34 中的分部分项工程费中的人工费、材料费、机械费、管理费和利润数据分别填入表 7.37 对应的栏目内。

第 2 步,将表 7.34 中的单价措施项目定额直接费及管理费和利润填入表 7.37 中的对应栏目。

第 3 步,根据该工程的分部分项工程定额人工费与单价措施项目定额人工费之和以及表 7.36 中的费率,计算安全文明施工费(必算)、夜间施工增加费(选算)、二次搬运费(选算)、冬雨季施工增加费(选算)后,填入表 7.37 中对应栏目。

说明:所谓"必算",是指规定必须计算的费用;所谓"选算",是指施工企业根据实际情况自主确定计算的项目。

第 4 步,根据表 7.36 的费率和该工程的分部分项工程定额人工费与单价措施项目定额人工费之和,计算社会保险费和住房公积金(此 2 项必算)。

第 5 步,根据例 7.34 的人工费调增数据填入表 7.37 的第 5 序号的栏目。

第 6 步,根据表 7.35 的材料价差调整数据填入表 7.37 的第 6 序号的栏目。

第 7 步,将表 7.37 中序号 1、2、3、4、5、6 的数据汇总乘以增值税税率 11% 后的税金,填入第 7 序号的对应栏目。

第 8 步,将序号 1、2、3、4、5、6、7 数据汇总为施工图预算工程造价。

表 7.37　建筑安装工程施工图预算造价计算表

工程名称:甲工程　　　　　　　　　　　　　　　　　　　　　　　　　　　　第 1 页共 1 页

序　号	费用名称		计算式(基数)	费率(%)	金额(元)	合计(元)
1	分部分项工程费	人工费	$\sum$(工程量×定额基价)			25 110.48
		材料费	见表 7.34 5 059.24+18 143.24+231.63 =23 434.11		23 434.11	
		机械费				
		管理费利润	见表 7.34		1 676.37	

序 号	费用名称			计算式(基数)	费率(%)	金额(元)	合计(元)
2	措施项目费		单价措施费	$\sum$(工程量×定额基价) 1 812.48+4 372.48+419.84 =6 604.80		6 604.80	9 250.21
				管理费、利润		446.46	
		总价措施费	安全文明施工费	分部分项工程、单价措施项目定额人工费 5 059.24+1 812.48=6 871.72	26	1 786.65	
			夜间施工增加费		2.5	171.79	
			二次搬运费		1.5	103.08	
			冬雨季施工增加费		2.0	137.43	
3	其他项目费		总承包服务费	招标人分包工程造价 (本工程无此项)			(本工程 无此项)
4	规费		社会保险费	分部分项工程定额人工费+单价措施项目定额人工费 6 871.72	10.6	728.40	865.83
			住房公积金		2.0	137.43	
			工程排污费	按工程所在地规定计算 (本工程无此项)			
5	人工价差调整			定额人工费×调整系数	见例7.59		5 840.96
6	材料价差调整			见材料价差计算表	见表7.35		1 844.80
7	增值税税金			(序1+序2+序3+序4+序5+序6) 2 5110.48+9 250.21+865.83+ 5 840.96+1 844.80=42 912.28	11		1 493.35
	工程预算造价			(序1+序2+序3+序4+序5+序6+序7)			44 405.63

说明:(1)表中各项费用的费率按地区的规定确定。

(2)表中序1~序6个费用均以不包含增值税可抵扣进项税额的价格计算。

7.7 施工图预算编制实例

7.7.1 小平房工程施工图

小平房工程建筑及结构施工图如图7.158—图7.161所示。

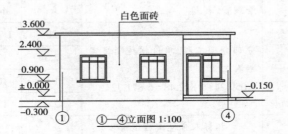

白色面砖

3.600
2.400
0.900
± 0.000
−0.300

①—④立面图 1:100

−0.150

说明:
1.台阶：C20混凝土；1:2水泥
砂浆面20厚;
2.散水：C20混凝土提浆抹光,
60厚, 沥青砂浆嵌缝。

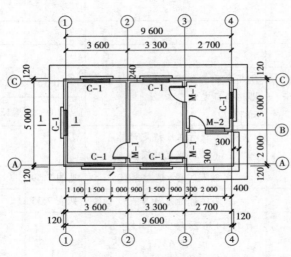

底层平面图 1:100

说明:
1.地面：1:2水泥砂浆面层20厚;
C10混凝土垫层100厚;
2.门：铝合门M0924;
3.窗：铝合金窗(成品)GC1515;
4.屋面：改性沥青卷材二道，胶黏剂三道；卷材上1:2.5水泥砂浆保护层20厚;
找坡层上1:3水泥砂浆找平层25厚。
5.顶棚：混合砂浆面层刷仿瓷涂料二遍。
6.内墙：混合砂浆面刷仿瓷涂料二遍，面砖墙裙1 800高。
7.外墙：面砖装饰，1:3水泥砂浆底，1:2水泥砂浆黏结层。

建施1

图 7.158

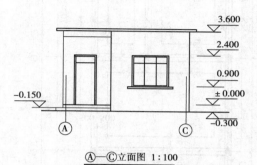

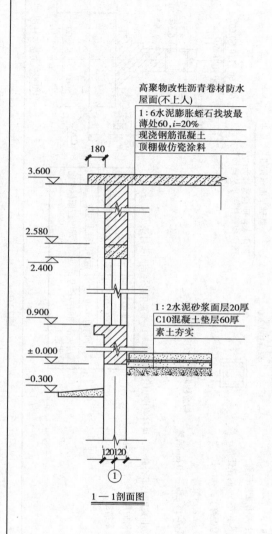

高聚物改性沥青卷材防水
屋面(不上人)
1:6水泥膨胀蛭石找坡最
薄处60, i=20%
现浇钢筋混凝土
顶棚做仿瓷涂料

1:2水泥砂浆面层20厚
C10混凝土垫层60厚
素土夯实

1—1剖面图

Ⓐ—Ⓒ立面图　1:100

门窗表

名　称	编　号	洞口尺寸		框外围尺寸		数　量
		宽	高	宽	高	
门	M—1	900	2 400	880	2 390	3
	M—2	2 000	2 400	1 980	2 390	1
窗	C—1	1 500	1 500	1 480	1 480	6

建施2

图 7.159

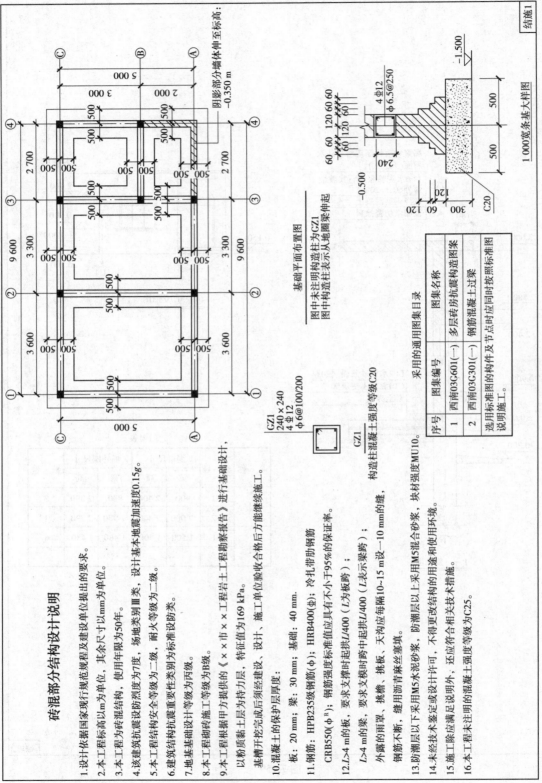

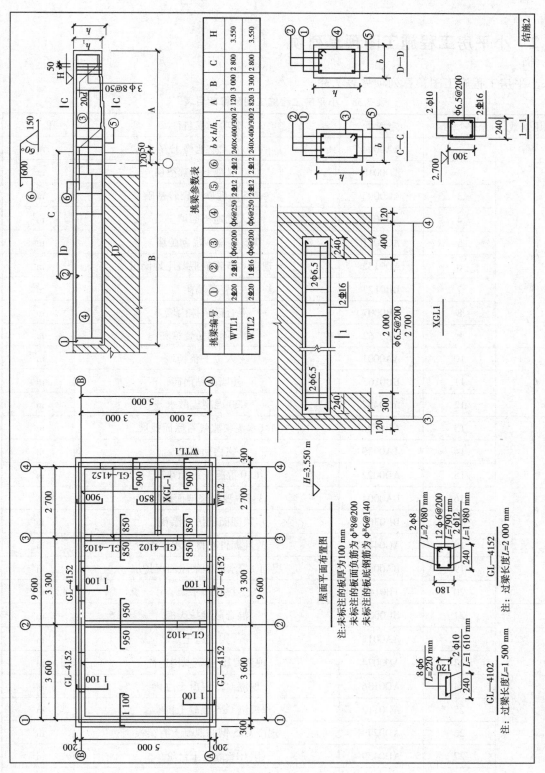

挑梁参数表

挑梁编号	①	②	③	④	⑤	⑥	$b \times h/h_1$	A	B	C	H
WTL1	2Φ20	2Φ18	Φ6@200	Φ6@250	2Φ12	2Φ12	240×400/300	2 120	3 000	2 800	3.550
WTL2	2Φ20	1Φ16	Φ6@200	Φ6@250	2Φ12	2Φ12	240×400/300	2 820	3 300	2 800	3.550

图7.161

屋面平面布置图

注：未标注的板厚为100 mm
未标注的板面负筋为Φ8@200
未标注的板底钢筋为Φ6@140

GL—4152
注：过梁长度L=2 000 mm

GL—4102
注：过梁长度L=1 500 mm

7.7.2 小平房工程施工图预算列项

小平房工程施工图预算列项见表 7.38。

表 7.38 小平房工程施工图预算项目表

利用基数	序 号	定额号	分项工程名称	单 位
$L_{中}$ $L_{内}$	1	AA0004	*人工挖地槽土方	m³
	2	AD0018	C20 混凝土基础垫层	m³
	3	AC0003	*M5 水泥砂浆砌砖基础	m³
	4	AA0039	人工地槽回填土	m³
	5	AC0011	M5 混合砂浆砌砖墙	m³
	6	AD0132	*现浇 C25 钢筋混凝土地圈梁	m³
	7	BB0173	瓷砖墙裙	m²
	8	BB0007	混合砂浆抹内墙	m²
	9	BE0362	内墙面刷仿瓷涂料	m²
$L_{外}$	10	AA0001	*人工平整场地	m²
	11	BB0165	外墙面贴面砖	m²
	12	AD0437	C20 混凝土散水	m²
$S_{底}$	13	AH0138	1:6水泥膨胀蛭石屋面找坡	m²
	14	AA0039	室内回填土	m³
	15	AD0022	C10 混凝土地面垫层	m³
	16	BA0004	1:2水泥砂浆地面面层	m³
	17	BE0362	顶棚面刷仿瓷涂料	m²
	18	AG0414	改性沥青卷材防水屋面	m²
	19	BA0001	屋面 1:2水泥砂浆屋面保护层	m²
	20	TB0140	综合脚手架	m²
	21	BC0005	混合砂浆抹天棚	m²
	22	AA0015	人工运土	m³
	23	AD0074	现浇 C25 混凝土构造柱	m³
	24	AD0136	现浇 C25 混凝土过梁	m³
	25	AD0112	现浇 C25 混凝土挑梁	m³
	26	AD0249	现浇 C25 钢筋混凝土有梁板	m³
	27	AD0439	C15 混凝土台阶	m³
	28	AD0542	预制 C25 混凝土过梁	m³

利用基数	序 号	定额号	分项工程名称	单 位
	29		基础垫层模板制安	m²
	30	T0012	构造柱模板制安	m²
	31	TB0017	现浇过梁模板制安	m²
	32	TB0016	＊现浇圈梁模板安拆	m²
	33	TB0014	现浇矩形梁模板安拆	m²
	34	TB0026	现浇有梁板模板安拆	m²
	35	TB0037	现浇混凝土台阶模板安拆	m²
	36	TB0097	预制过梁模板制安	m²
	37	BA0245	1:2水泥砂浆抹台阶面	m²
	38	AD0885	＊现浇构件圆钢筋制安φ10内	t
	39	AD0886	现浇构件圆钢筋制安φ10外	t
	40	AD0887	＊现浇构件螺纹钢筋制安	t
	41	AD0889	预制构件圆钢筋制安φ10内	t
	42	AD0890	预制构件圆钢筋制安φ10外	t
	43	BD0147	铝合金窗安装	m²
	44	BD0078	铝合金门安装	m²
	45	BB0218	梁上贴面砖	m²
	46	BB0218	窗台线贴面砖	m²
	47	BB0218	檐口天棚底贴面砖	m²

说明:本实例只用表中"＊"号部分的项目编制了建筑工程施工图预算。

7.7.3 小平房工程量计算

①工程量计算基数见表7.39。
②门窗明细表计算见表7.40。
③钢筋混凝土圈、过、挑梁明细表计算见表7.41。
④工程量计算表见表7.42。
⑤钢筋混凝土构件钢筋计算表见表7.43。

7.7.4 直接费计算及工料分析

①定额直接费计算、工料分析表见表7.44。
②材料汇总表见表7.45。
③材料价差调整表见表7.46。

7.8 传统方法计算小平房工程预算造价

传统方法小平房工程预算造价计算见表7.47。

表 7.39 基数计算表

工程名称:小平房   第 页共 页

序号	基数名称	代号	墙高（m）	墙厚（m）	单位	数量	计算式
1	外墙中线长	$L_中$	3.60	0.24	m	29.20	$(3.60+3.30+2.7+5.0)\times2=29.20$
2	内墙净长	$L_内$	3.60	0.24	m	7.52	$(5.20-0.24)+(3.0-0.24)=7.52$
3	外墙外边长	$L_外$			m	30.16	$29.20+0.24\times4=30.16$ 或：$[(3.60+3.30+2.70+0.24)+(5.0+0.24)]\times2=30.16$
4	底层面积	$S_底$			m²	51.56	$(3.60+3.30+2.70+0.24)\times(5.0+0.24)=51.56$
5	建筑面积	S			m²	49.16	$51.56-2.70\times2.0+(2.70+0.30-0.12)\times(2.0+0.20-0.12)\times\frac{1}{2}=51.56-5.40+5.99\times\frac{1}{2}=51.56-5.40+2.995=49.16$

表 7.40 门窗明细表

工程名称:小平房   第 页共 页

序号	门窗（孔洞）名称	代号	框扇断面（m²）		洞口尺寸（mm）		樘数	面积（m²）		所在部位	
			框	扇	宽	高		每樘	小计	$L_中$	$L_内$
1	铝合金平开门	M-1			900	2 400	3	2.16	6.48	2.16	4.32
2	铝合金平开门	M-2			900	2 400	1	2.16	2.16	2.16	
3	铝合金推拉窗	C-1			1 500	1 500	6	2.25	13.50	13.50	
4	铝合金推拉窗	M-2			1 100	1 500	1	1.65	1.65	1.65	
	小 计								23.79	19.47	4.32

工程名称：小平房

表 7.41 钢筋混凝土圈、过、挑梁明细表（表三）

第　页共　页

序号	名称	代号	构件尺寸及计算式(m)	件数	体积(m³)		所在部位		
					单件	小计	$L_{中}$	$L_{内}$	未在墙上
1	地圈梁		$V=(29.20+7.52)\times0.24\times0.24=2.115$	1	2.115	2.115	1.682	0.433	
			小计			2.115			
2	预制过梁	GL-4102	$V=0.24\times0.12\times1.50=0.043\,2$	3	0.043 2	0.130	0.043	0.087	
		GL-4152	$V=0.24\times0.18\times2.0=0.086\,4$	6	0.086 4	0.518	0.518		
			小计			0.648			
3	现浇过梁	XGL1	$V=0.30\times0.24\times(2.0+0.24\times2)=0.179$	1	0.179	0.179	0.179		
			小计			0.179			
4	挑梁	WTL1	$V=(3.0+0.12+0.05)\times0.24\times0.40+(2.12-0.12-0.05)\times(0.40+0.30)\times\dfrac{1}{2}\times0.24=0.304+0.164=0.468$	1	0.468	0.468	0.299		
		WTL2	$V=(3.30+0.12+0.05)\times0.24\times0.40+(2.82-0.12-0.05-0.24)\times(0.40+0.30)\times\dfrac{1}{2}\times0.24=0.333+0.202=0.535$	1	0.535	0.535	0.328	0.520	
			其中：墙外挑梁 $V=0.164+0.202+0.05\times0.40\times0.24\times2=0.376$			(0.376)			0.376
			小　计			1.003		0.520	
			合　计			3.945	3.049	0.520	0.376

表 7.42　工程量计算表

工程名称:小平房　　　　　　　　　　　　　　　　　　　　　　　　　　　　　第　页共　页

序号	定额编号	分项工程名称	单位	工程量	计算式
1	AA0001	人工平整场地	m²	127.88	$S=S_底+L_外×2+16=51.56+30.16×2+16=127.88$
2	AA0004	人工挖地槽土方	m³	71.23	$V=[L_中+L_内+0.24×2-(垫层宽+2×工作面)×\frac{1}{2}×4个接点+门廊处地槽长]×(垫层宽+2×工作面)×地槽深=[29.20+8.0-(1.0+2×0.30)×\frac{1}{2}×4+2.70+2.0-1.6]×(1.0+2×0.30)×(1.50-0.30)=37.10×1.60×1.20=71.23$
3	AD0132	C20 混凝土地圈梁	m³	2.115	$V=(L_中+L_内)×0.24×0.24=36.72×0.24×0.24=2.115$
4	AD0885	现浇构件钢筋制安φ10 内	t	0.006 5	$(3.14+3.36)÷1\,000=0.006\,5$(见表 7.43)
5	AD0887	现浇构件螺纹钢筋制安	t	0.0076	$7.62÷1\,000=0.007\,6$(见表 7.43)
6	AC0003	M5 水泥砂浆砌砖基础	m³	12.58	$V_1=(L_中+L_内)×砖基础断面=(29.2+7.52)×[(1.50-0.30-0.24)×0.24+0.007\,875×(12-2)]=36.72×(0.230\,4+0.078\,8)=36.72×0.309=11.35$ $V_2=门廊处砖基础=(2.70+2.0-0.24)×[(1.50-0.30-0.35)×0.24+0.007\,875×(12-2)]=4.46×0.283=1.26$ $V_3=构造柱在砖基础内体积=[0.3×0.24×5(处)+(0.30×0.24+0.03×0.24)×4(处)]×0.05(高)=(0.36+0.317)×0.05=0.034$ 砖基础$=V_1+V_2-V_3=11.35+1.26-0.034=12.58(m^3)$
7	TB0017	现浇过梁模板制安	m²	1.97	$(2.0+0.24×2)×0.30×2(面)+2.0×0.24=1.488+0.48=1.97(m^2)$

表 7.43　钢筋混凝土构件钢筋计算表

工程名称:小平房　　　　　　　　　　　　　　　　　　　　　　　　　　　　　第　页共　页

序号	构件名称	件数一代号	形状尺寸(mm)	直径	根数	长度(m)		分规格			
						每根	共长	直径	长度(m)	单件重(kg)	合计重(kg)
	现浇过梁	1-XGL1	2420　2420	⏀16	2	2.42	4.82	⏀16	4.82	7.62	7.62
				φ10	2	2.545	5.09	φ10	5.09	3.14	3.14
			(155)　240　180	φ6.5	13	0.995	12.94	φ6.5	12.94	3.36	3.36

表7.44　定额直接费计算、工料分析表（建筑）

工程名称：小平房

序号	定额编号	项目名称	单位	工程量	定额直接费（元）						主要材料用量								
					单价	合计	人工费		机械费		标准砖（块）	M5水泥砂浆（m³）	水（m³）	32.5水泥（kg）	组合钢模板（kg）	二等锯材（m³）	卡具和支撑钢材（kg）	钢筋Φ10内（t）	螺纹钢筋（t）
							单价	小计	单价	小计									
		土石方工程																	
	AA0001	人工平整场地	m²	127.88	0.88	112.53	0.38	48.59	0.50	63.94									
	AA0004	人工挖地槽土方	m³	71.23	1.12	79.78	1.00	71.23	0.12	8.55									
		小　计				192.31		119.82		72.49									
		砌筑工程																	
	AC0003	M5水泥砂浆砌砖基础	m³	12.58	184.95	2 326.67	45.25	569.25	0.79	9.94	524/6 591.9	0.238/2.994	0.114/1.43	53.79/676.68					
		混凝土工程																	
	AD0132	C20混凝土地圈梁	m³	2.115	251.95	532.87	53.47	113.09	5.60	11.84			1.087/2.30	352.21/744.92					
	AD0885	现浇构件钢筋Φ10内	t	0.006 5	4 783.37	31.09	595.20	3.87	30.71	0.20								1.08/0.007	
	AD0887	现浇构件螺纹钢筋	t	0.007 6	4 553.55	34.61	302.75	2.30	105.18	0.80									1.07/0.008
		小　计				598.57		119.26		12.84									
	TB0017	现浇过梁模板制安	m²	1.97	23.09	45.49	10.73	21.14	0.88	1.73					0.74/1.46	0.001 23/0.002	0.12/0.24		
		合　计				3 163.04		829.47		97.00	6 592	2.994	3.73	1 421.60	1.46	0.002	0.24	0.007	0.008

表 7.45　材料汇总表

工程名称：小平房　　　　　　　　　　　　　　　　　　　　　　　　　第 1 页共 1 页

序　号	材料名称	规格、型号	单　位	数　量
1	水泥	32.5	kg	1 421.60
2	水泥砂浆	M5	m³	2.994
3	圆钢筋	Φ10 内	t	0.007
4	螺纹钢筋	Φ10 外	t	0.008
5	卡具和支撑钢材		kg	0.24
6	钢模板	组合	kg	1.46
7	锯材	二等	m³	0.002
8	标准砖	240×115×53	块	6 592
9	水		m³	3.73

表 7.46　材料价差调整表

工程名称：小平房　　　　　　　　　　　　　　　　　　　　　　　　　第 1 页共 1 页

序　号	材料名称	规　格	单　位	数　量	现单价（元）	定额单价（元）	价差（元）	金额（元）
	（只调三材价差）							
	水泥	32.5	kg	1 421.60	0.50	0.40	0.10	142.16
	锯材	二等	m³	0.002	1 800.00	1 400.00	400.00	0.80
	光圆钢筋	Φ10 内	t	0.007	4 600.00	3 800.00	800.00	5.60
	螺纹钢筋	Φ10 外	t	0.008	4 500.00	3 800.00	700.00	5.60
	小　计							154.16

表 7.47　建筑工程预算造价计算表（单位估价法）

工程名称：小平房

序　号	费用名称	计算方法	金额（元）
（1）	直接工程费 其中　人工费：808.33 　　　材料费：2 213.95 　　　机械费：95.27	见定额直接费计算表 （已扣除模板费）	3 117.55
（2）	人工费调整	808.33×34.6%	279.68
（3）	材料价差调整	见材料价差调整表	154.16
（4）	环境保护费	（1）×0.4%	12.47
（5）	安全文明施工费	（1）×1.5%	46.76
（6）	临时设施费	（1）×2.5%	77.94
（7）	二次搬运费	（1）×1.0%	31.18
（8）	脚手架费	—	—
（9）	大型机械设备进场及安拆费	—	—

序　号	费用名称	计算方法	金额(元)
(10)	混凝土模板及支架费	见定额直接费计算表	45.49
(11)	措施费小计	(4)~(10)之和	213.84
(12)	企业管理费	(1)×7.0%	218.23
(13)	社会保障费	(1)×2.5%	77.94
(14)	住房公积金	(1)×2.0%	62.35
(15)	规费小计	(13)+(14)	140.29
(16)	利　润	(1)×8%	249.40
(17)	合　计	(1)+(2)+(3)+(11)+ (12)+(15)+(16)	4 373.15
(18)	税　金	(16)×3.48%	152.19
(19)	工程预算造价	(17)+(18)	4 525.34

注:表中各项费率均依据某地区调价文件和费用定额。

7.9　按 44 号文件费用划分规定及营改增后计算小平房工程预算造价

根据表 5.13 的"建筑安装工程施工图预算造价计算程序"计算小平房工程的预算造价。

$$管理费和利润=(定额人工费+定额机械费)×30\%$$

根据表 7.44 中人工费、机械费、定额直接费,表 5.15 中安全文明施工费费率、表 5.16 规费标准(取下限)、某地区总价措施项目费标准和人工及材料价差调整规定等依据,计算的小平房工程预算造价见表 7.48。

表 7.48　建筑安装工程施工图预算造价计算表

工程名称:小平房工程　　　　　　　　　　　　　　　　　　　　　　　第 1 页共 1 页

序　号	费用名称		计算式(基数)	费率(%)	金额(元)	合计(元)
1	分部分项工程费	人工费	$\sum$(工程量×定额基价)(见表 7.44) 3 163.04-45.49(模板) = 3 117.55		3 117.55	3 388.63
		材料费				
		机械费				
		管理费利润	$\sum$(分部分项工程定额人工费+定额机械费)×30% (数据见表 7.44) =(829.47-21.14+97.00-1.73)×30% =903.6×30%=271.08	30	271.08	

续表

序号		费用名称	计算式（基数）	费率（%）	金额（元）	合计（元）
2	措施项目费	单价措施项目 人工费、材料费、机具费	$\sum$（工程量×定额基价）模板：1.97×23.09＝45.49		45.49	348.82
			管理费、利润	（21.14＋1.73）×30%＝22.87×30%＝6.86	30	6.86	
		总价措施项目	安全文明施工费	（分部分项工程定额人工费＋单价措施项目定额人工费）×费率 定额人工费为 829.47＋97.00＝926.47	26	240.88
			夜间施工增加费		2.5	23.16
			二次搬运费		1.5	13.90
			冬雨季施工增加费		2.0	18.53
3	其他项目费	总承包服务费	招标人分包工程造价（本工程无此项）			（本工程无此项）
4	规费	社会保险费	（分部分项工程定额人工费＋单价措施项目定额人工费）×费率	11.0	101.91	120.44
		住房公积金		2.0	18.53	
		工程排污费	按工程所在地规定计算（本工程无此项）			
5		人工价差调整	926.47×34.6%＝320.56	34.6		320.56
6		材料价差调整	见材料价差计算表	见表7.46		154.16
7		增值税税金	（序1＋序2＋序3＋序4＋序5＋序6）3 388.63＋348.82＋120.44＋320.56＋154.16＝4 332.61	11		476.59
		工程预算造价	（序1＋序2＋序3＋序4＋序5＋序6＋序7）			4 809.20

说明：表中序1~序6各费用均以不包含增值税可抵扣进项税额的价格计算。

拓展思考题

（1）工程量计算规则与定额水平有关吗？为什么？

（2）请设计每边增加 5 m 的矩形建筑物平整场地工程量计算公式。

（3）请设计每边增加 2 m 的正 7 边形建筑物平整场地工程量计算公式。

（4）请总结现浇钢筋混凝土梁工程量计算的通用公式。

（5）钢筋混凝土构造柱工程量计算公式 V＝柱高×（墙厚×构造柱断面的长边＋0.03×墙厚×马牙槎的边数）对吗？请画出示意图后再讲解。

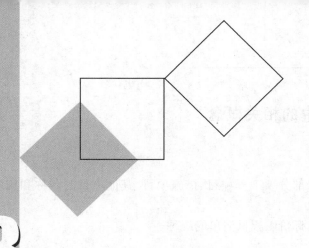

8 工程量清单计价

8.1 工程量清单计价概述

8.1.1 工程量清单计价包含的主要内容

《建设工程工程量清单计价规范》(GB 50500—2013)的主要内容包括:工程量清单编制,招标控制价、投标价、合同价款约定、工程计量、合同价款调整、合同价款期中支付、竣工结算与支付、合同价款争议的解决、工程造价鉴定等。

本教材主要介绍工程量清单、招标控制价、投标价和应用实例的编制方法。其余内容在工程造价控制、工程结算等课程中介绍。

8.1.2 工程量清单计价规范的编制依据和作用

《建设工程工程量清单计价规范》是为规范建设工程施工发承包计价行为,统一建设工程工程量清单的编制原则和计价方法,根据《中华人民共和国建筑法》《中华人民共和国合同法》《中华人民共和国招标投标法》等法律法规制定的法规性文件。

规范规定,使用国有资金投资的建设工程施工发承包,必须采用工程量清单计价。同时,规范要求非国有资金投资的建设工程,宜采用工程量清单计价。

不采用工程量清单计价的建设工程,应执行本规范除工程量清单等专门性规定外的其他规定。例如,在工程发承包过程中要执行合同价款约定、工程计量、合同价款调整、合同价款期中支付、竣工结算与支付、合同价款争议的解决等规定。

8.1.3　工程量清单计价活动中的相关概念

1) 工程量清单

工程量清单是指载明建设工程的分部分项工程项目、措施项目、其他项目的名称和相应数量及规范、税金项目等内容的明细清单。

工程量清单是招标工程量清单和已标价工程量清单的统称。

2) 招标工程量清单

招标工程量清单是指招标人依据国家标准、招标文件、设计文件以及施工现场实际情况编制的,随招标文件发布供投标报价的工程量清单,包括对其的说明和表格。

3) 已标价工程量清单

已标价工程量清单是指构成合同文件组成部分的投标文件中已标明价格,经算术性错误修正(如果有)且承包人已经确认的工程量清单,包括其说明和表格。

已标价工程量清单特指承包商中标后的工程量清单,不是指所有投标人的标价工程量清单,因为"构成合同文件组成部分"的"已标价工程量清单"只能是中标人的"已标价工程量清单"。另外,有可能在评标时存在评标专家已经修正了投标人"已标价工程量清单"的计算错误,并且投标人同意修正结果,最终又成为中标价的情况;或者投标人"已标价工程量清单"与"招标工程量清单"的工程数量有差别且评标专家没有发现错误,最终又成为中标价的情况。

上述两种情况说明"已标价工程量清单"有可能与"投标报价工程量""招标工程量清单"出现不同情况的事实,所以专门定义了"已标价工程量清单"的概念。

4) 招标控制价

招标控制价是指招标人根据国家或省级、行业建设主管部门颁发的有关计价依据和办法,以及拟定的招标文件和招标工程量清单,结合工程具体情况编制的招标工程的最高投标限价。

5) 投标价

投标价是指投标人投标时,响应招标文件要求所报出的对以标价工程量清单汇总后标明的总价。

投标价是投标人根据国家或省级、行业建设主管部门颁发的计价办法,企业定额、国家或省级、行业建设主管部门颁发的计价定额,招标文件、工程量清单及其补充通知、答疑纪要,建设工程设计文件及相关资料,施工现场情况、工程特点及拟定的投标施工组织设计或施工方案,以及与建设项目相关的标准、规范等技术资料和市场价格信息或工程造价管理机构发布的工程造价信息编制的投标时报出的工程总价。

6) 签约合同价

签约合同价是指发承包双方在工程合同中约定的工程造价,即包括了分部分项工程费、措施项目费、其他项目费、规范和税金的合同总价。

7）竣工结算价

竣工结算价是指发承包双方依据国家有关法律、法规和标准规定，承包人按合同约定完成了全部承包工作后，发包人应付给承包人的按照合同约定确定的（包括在履行合同过程中按合同约定进行的合同价款调整）合同总金额。

在履行合同过程中按合同约定进行的合同价款调整是指工程变更、索赔、政策变化等引起的价款调整。

8.1.4　工程量清单计价活动各种价格之间的关系

工程量清单计价活动各种价格主要指招标控制价、已标价工程量清单、投标价、签约合同价、竣工结算价。

1）招标控制价与各种价格之间的关系

GB 50500—2013 的第 6.1.5 条规定"投标人的投标价高于招标控制价的应予废标"。所以，招标控制价是投标价的最高限价。

GB 50500—2013 的第 5.1.2 条规定"招标控制价应由具有编制能力的招标人编制，或者委托其具有相应资质的工程造价咨询人编制和复核"。

招标控制价是工程实施时调整工程价款的计算依据。例如，分部分项工程量偏差引起的综合单价调整就需要根据招标控制价中对应的分部分项综合单价进行。

招标控制价应根据工程类型确定合适的企业等级，根据本地区的计价定额、费用定额、人工费调整文件和市场信息价编制。

招标控制价应反映建造该工程的社会平均水平工程造价。

招标控制价的质量和复核由招标人负责。

2）投标价与各种价格之间的关系

投标价一般由投标人编制。投标价根据招标工程量和有关依据进行编制。投标价不能高于招标控制价。包含工程量的投标价称为"已标价工程量清单"，它是调整工程价款和计算工程结算价的主要依据之一。

3）签约合同价与各种价格之间的关系

签约合同价根据中标价（中标人的投标价）确定。发承包双方在中标价的基础上协商确定签约合同价。一般情况下承包商能够让利的话，签约合同价要低于中标价。签约合同价也是调整工程价款和计算工程结算价的主要依据之一。

4）竣工结算价与各种价格之间的关系

竣工结算价由承包商编制。竣工结算价根据招标控制价、已标价工程量清单、签约合同价、上述工程量清单计价各种价格之间的关系示意图见图 8.1。

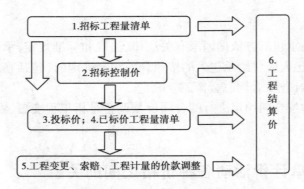

图 8.1　工程量清单计价各种价格之间的关系示意图

8.2　工程量计算规范

8.2.1　设置工程量计算规范的目的

1)规范工程造价计量行为

在工程量清单计价时,确定工程造价一般首先要根据施工图,计算以 m、m²、m³、t 等为计量单位的工程数量。工程施工图往往表达的是一个由不同结构和构造、多种几何形体组成的结合体。因此,在错综复杂的长度、面积、体积等清单工程量计算中必须要有一个权威的、强制执行的规定来统一规范工程量清单计价的计量行为。于是国家颁发了工程量计算规范。

2)规定工程量清单的项目设置和计量规则

颁发的工程量计算规范设置了各专业工程的分部分项项目,统一了清单工程量项目的划分,进而保证了每个单位工程确定工程量清单项目的一致性。

工程计量规范根据每个项目的计算特点和考虑到计价定额的有关规定,设置了每个清单工程量项目的项目名称、项目特征、计量单位、工程量计算规则和工作内容。

8.2.2　工程计量规范的内容

1)工程量计算规范包括的专业工程

2013 年颁发的工程量计算规范包括 9 个专业工程,它们是:

01-房屋建筑与装饰工程(GB 50854—2013)

02-仿古建筑工程(GB 50855—2013)

03-通用安装工程(GB 50856—2013)

04-市政工程(GB 50857—2013)

05-园林绿化工程(GB 50858—2013)

06-矿山工程(GB 50859—2013)

07-构筑物工程（GB 50860—2013）

08-城市轨道交通工程（GB 50861—2013）

09-爆破工程（GB 50862—2013）

以后,随着其他专业计量规范的条件成熟,还会不断增加新专业的工程计量规范。

2）各专业工程量计算规范包含的内容

各专业工程量计算规范除了包括总则、术语、一般规定外,其主要内容是分部分项工程项目和措施项目的内容。下面以《房屋建筑与装饰工程工程量计算规范》（GB 50854）为例,介绍工程量清单计价规范的内容。

（1）总则

各专业工程计量规范中的总则主要包括以下内容:

①阐述制定工程量计算规范的目的。例如,"为规范房屋建筑与装饰工程造价计量行为,统一房屋建筑与装饰工程工程量计算规则、工程量清单的编制方法,制定本规范"。

②规范的适用范围。例如,"本规范适用于工业与民用的房屋建筑与装饰工程发承包及实施阶段计价活动中的工程计量和工程量清单编制"。

③强制性规定。例如,"××工程计价,必须按本规范规定的工程量计算规则进行工程计量"。

（2）术语

术语是在特定学科领域用来表示概念的称谓的集合,在我国又称为名词或科技名词。术语是通过语言或文字来表达或限定科学概念的约定性语言符号,是思想和认识交流的工具。

工程量计算规范的术语通常包括对"工程量计算""房屋建筑""市政工程""安装工程"等概念的定义。例如,安装工程是指各种设备、装置的安装工程,通常包括:工业、民用设备,电气、智能化控制设备,自动化控制仪表,通风空调,工业、消防及给排水燃气管道以及通信设备安装等。

（3）工程计量

①工程量计算依据。工程量计算依据除依据规范各项规定外,尚应依据以下文件:

a.经审定通过的施工设计图纸。

b.经审定通过的施工组织设计或施工方案。

c.经审定通过的其他有关技术经济文件。

②实施过程的计量办法。工程实施过程中的计量应按照现行国家标准《建设工程工程量清单计价规范》（GB 50500）的相关规定执行。

③分部分项工程量清单计量单位的规定。分部分项工程量清单的计量单位应按附录中规定的计量单位确定。

本规范附录中有两个或两个以上计量单位的,应结合拟建工程项目的实际情况,选择其中一个确定。

工程计量时每一项目汇总的有效位数应遵守下列规定:

a.以 t 为单位,应保留小数点后三位数字,第四位小数四舍五入。

b.以 m、m^2、m^3、kg 为单位,应保留小数点后两位数字,第三位小数四舍五入。

c.以个、件、根、组、系统为单位,应取整数。

④拟建工程项目中涉及非本专业计量规范的处理方法（以《房屋建筑与装饰工程量计算规范》为例）。房屋建筑与装饰工程涉及电气、给排水、消防等安装工程的项目,按照国家标准《通

用安装工程工程量计算规范》（GB 50856）的相应项目执行；涉及小区道路、室外给排水等工程的项目，按国家标准《市政工程工程量计算规范》（GB 50857）的相应项目执行。采用爆破法施工的石方工程，按照国家标准《爆破工程工程量计算规范》（GB 50862）的相应项目执行。

（4）工程量清单编制

①编制工程量清单的依据如下：

a.本规范和现行国家标准《建设工程工程量清单计价规范》（GB 50500）。

b.国家或省级、行业建设主管部门颁发的计价依据和办法。

c.建设工程设计文件。

d.与建设工程项目有关的标准、规范、技术等资料。

e.拟订的招标文件。

f.施工现场情况、工程特点及常规施工方案。

g.其他相关资料。

②分部分项工程量清单编制。

a.工程量清单应根据附录规定的项目编码、项目名称、项目特征、计量单位和工程量计算规则进行编制。

b.工程量清单的项目编码，应采用 12 位阿拉伯数字表示，1~9 位应按附录的规定设置，10~12 位应根据拟建工程的工程量清单项目名称和项目特征设置，同一招标工程的项目编码不得有重码。例如，砖基础的清单工程量计算规范的编码为"010401001"九位数，某工程砖基础清单工程量的编码为"010401001001"十二位数，最后三位数"001"是工程量清单编制人加上的。

c.工程量清单的项目名称应按附录的项目名称，结合拟建工程的实际确定。

d.工程量清单项目特征应按附录中规定的项目特征，结合拟建工程项目的实际予以描述。

e.工程量清单中所列工程量应按附录中规定的工程量计算规则计算。

f.工程量清单的计量单位应按附录中规定的计量单位确定。

③其他项目、规费和税金项目编制。其他项目、规费和税金项目清单应按照现行国家标准《建设工程工程量清单计价规范》（GB 50500）的相关规定编制。

④补充工程量清单项目编制。编制工程量清单时出现附录中未包括的项目，编制人应作补充，并报省级或行业工程造价管理机构备案，省级或行业工程造价管理机构应汇总报住房和城乡建设部标准定额研究所。

补充项目的编码由本规范的代码"01"与"B"和三位阿拉伯数字组成，并应从"01B001"起顺序编制，同一招标工程的项目编码不得重复。补充的清单项目，需在工程量清单中附上补充项目的名称、项目特征、计量单位、工程量计算规则、工作内容。补充的不能计量的措施项目，需附有补充项目的名称、工作内容及包含范围。

⑤有关模板项目的约定。本规范现浇混凝土工程项目"工作内容"中包括模板工程的内容，同时又在措施项目中单列了现浇混凝土模板工程项目。对此，招标人应根据工程实际情况选用。若招标人在措施项目清单中未编列现浇混凝土模板项目清单，即表示现浇混凝土模板项目不单列，现浇混凝土工程项目的综合单价中应包括模板工程费用。

⑥有关成品的综合单价计算约定。本规范对预制混凝土构件按现场制作编制项目，"工作内容"中包括模板工程，不再另列。若采用成品预制混凝土构件时，构件成品价（包括模板、钢筋、混凝土等所有费用）应计入单价中。

金属结构构件按成品编制项目,构件成品价应计入综合单价中。若采用现场制作,应包括制作的所有费用。

门窗(橱窗除外)按成品编制项目,门窗成品价应计入综合单价中。若采用现场制作,应包括制作的所有费用。

⑦措施项目编制的规定。措施项目分"单价项目"和"总价项目"两种情况来确定。

措施项目中列出了项目编码、项目名称、项目特征、计量单位、工程量计算规则的项目(单价项目),编制工程量清单时,应按照本规范分部分项工程量清单编制的规定执行。

措施项目中仅列出项目编码、项目名称,未列出项目特征、计量单位和工程量计算规则的项目(总价项目),编制工程量清单时,应按本规范附录的措施项目规定的项目编码、项目名称确定。

3)《房屋建筑与装饰工程工程量计算规范》简介

《房屋建筑与装饰工程工程量计算规范》有附录 A~附录 S 共 16 个(去掉了字母 I 和 O)分部工程。

每一附录的主要内容包括:①附录名称;②小节名称;③统一要求;④工程量分节表名称;⑤分节表中的工程量项目名称、项目编码、项目特征、计量单位、工程量计算规则、工作内容;⑥注明;⑦附加表等。

例如,《房屋建筑与装饰工程工程量计算规范》附录 A 中的"A.1 土方工程",其主要内容为:

①附录名称:附录 A 土石方工程。

②小节名称:A.1 土方工程。

③统一要求:"土方工程工程量清单项目设置、项目特征描述的内容、计量单位及工程量计算规则,应按表 A.1 的规定执行。"

④工程量分节表名称:表 A.1 土方工程(编号 010101)。

⑤分节表中的工程量项目名称、项目编码、项目特征、计量单位、工程量计算规则、工作内容:例如"平整场地"项目的编码为"010101001",项目特征为"1.土壤类别 2.弃土运距 3.取土运距"。

⑥注明:例如,注 2"建筑物场地厚度≤±300 mm 的挖、填、运、找平,应按本表中平整场地项目编码列项。厚度>±300 mm 的竖向布置挖土或山坡切土应按本表中挖一般土方项目编码列项"。

⑦附加表:A.1 土方工程附加了"表 A.1-1 土壤分类表""表 A.12 土方体积折算系数表""表 A.1-3 放坡系数表""表 A.1-4 基础工程所需工作面宽度计算表""表 A.1-5 管沟施工每侧所需工作面宽度计算表"。

下面摘录《房屋建筑与装饰工程工程量计算规范》附录 A 中"A.1 土方工程"中的部分表格。

A.1 土方工程

土方工程工程量清单项目设置、项目特征描述的内容、计量单位及工程量计算规则,应按表 A.1 的规定执行。

表 A.1　土方工程(编号:010101)

项目编码	项目名称	项目特征	计量单位	工程量计算规则	工作内容
010101001	平整场地	1.土壤类别 2.弃土运距 3.取土运距	m²	按设计图示尺寸以建筑物首层建筑面积计算	1.土方挖填 2.场地找平 3.运输
010101002	挖一般土方	1.土壤类别 2.挖土深度 3.弃土运距	m³	按设计图示尺寸以体积计算	1.排地表水 2.土方开挖 3.围护(挡土板)及拆除 4.基底钎探 5.运输
010101003	挖沟槽土方			按设计图示尺寸以基础垫层底面积乘以挖土深度计算	
010101004	挖基坑土方				
010101005	冻土开挖	1.冻土厚度 2.弃土运距		按设计图示尺寸开挖面积乘厚度以体积计算	1.爆破 2.开挖 3.清理 4.运输
010101006	挖淤泥、流砂	1.挖掘深度 2.弃淤泥、流砂距离		按设计图示位置、界限以体积计算	1.开挖 2.运输
010101007	管沟土方	1.土壤类别 2.管外径 3.挖沟深度 4.回填要求	1.m 2.m³	1.以米计量,按设计图示以管道中心线长度计算 2.以立方米计量,按设计图示管底垫层面积乘以挖土深度计算;无管底垫层按管外径的水平投影面积乘以挖土深度计算。不扣除各类井的长度,井的土方并入	1.排地表水 2.土方开挖 3.围护(挡土板)、支撑 4.运输 5.回填

注:1.挖土方平均厚度应按自然地面测量标高至设计地坪标高间的平均厚度确定。基础土方开挖深度应按基础垫层底表面标高至交付施工场地标高确定,无交付施工场地标高时,应按自然地面标高确定。

2.建筑物场地厚度≤±300 mm的挖、填、运、找平,应按本表中平整场地项目编码列项。厚度>±300 mm的竖向布置挖土或山坡切土应按本表中挖一般土方项目编码列项。

3.沟槽、基坑、一般土方的划分为:底宽≤7 m且底长>3倍底宽为沟槽;底长≤3倍底宽且底面积≤150 m²为基坑;超出上述范围则为一般土方。

4.挖土方如需截桩头时,应按桩基工程相关项目列项。

5.桩间挖土不扣除桩的体积,并在项目特征中加以描述。

6.弃、取土运距可以不描述,但应注明由投标人根据施工现场实际情况自行考虑,决定报价。

7.土壤的分类应按表 A.1-1确定,如土壤类别不能准确划分时,招标人可注明为综合,由投标人根据地勘报告决定报价。

8.土方体积应按挖掘前的天然密实体积计算。非天然密实土方应按表 A.1-2折算。

9.挖沟槽、基坑、一般土方因工作面和放坡增加的工程量(管沟工作面增加的工程量)是否并入各土方工程量中,应按各省、自治区、直辖市或行业建设主管部门的规定实施,如并入各土方工程量中,办理工程结算时,按经发包人认可的施工组织设计规定计算,编制工程量清单时,可按表 A.1-3至表 A.1-5规定计算。

10.挖方出现流砂、淤泥时,如设计未明确,在编制工程量清单时,其工程数量可为暂估量,结算时应根据实际情况由发包人与承包人双方现场签证确认工程量。

11.管沟土方项目适用于管道(给排水、工业、电力、通信)、光(电)缆沟[包括:人(手)孔、接口坑]及连接井(检查井)等。

表 A.1-1　土壤分类表

土壤分类	土壤名称	开挖方法
一、二类土	粉土、砂土(粉砂、细砂、中砂、粗砂、砾砂)、粉质黏土、弱中盐渍土、软土(淤泥质土、泥炭、泥炭质土)、软塑红黏土、冲填土	用锹,少许用镐、条锄开挖。机械能全部直接铲挖满载者
三类土	黏土、碎石土(圆砾、角砾)混合土、可塑红黏土、硬塑红黏土、强盐渍土、素填土、压实填土	主要用镐、条锄,少许用锹开挖。机械需部分刨松方能铲挖满载者或可直接铲挖但不能满载者
四类土	碎石土(卵石、碎石、漂石、块石)、坚硬红黏土、超盐渍土、杂填土	全部用镐、条锄挖掘,少许用撬棍挖掘。机械需普遍刨松方能铲挖满载者

注:本表土的名称及其含义按国家标准《岩土工程勘察规范》GB 50021—2001(2009 年版)定义。

表 A.1-2　土方体积折算系数表

天然密实度体积	虚方体积	夯实后体积	松填体积
0.77	1.00	0.67	0.83
1.00	1.30	0.87	1.08
1.15	1.50	1.00	1.25
0.92	1.20	0.80	1.00

注:1.虚方指未经碾压、堆积时间≤1 年的土壤。

　　2.本表按《全国统一建筑工程预算工程量计算规则》GJDGZ—101—95 整理。

　　3.设计密实度超过规定的,填方体积按工程设计要求执行;无设计要求按各省、自治区、直辖市或行业建设行政主管部门规定的系数执行。

表 A.1-3　放坡系数表

土类别	放坡起点(m)	人工挖土	机械挖土		
			在坑内作业	在坑上作业	顺沟槽在坑上作业
一、二类土	1.20	1:0.5	1:0.33	1:0.75	1:0.5
三类土	1.50	1:0.33	1:0.25	1:0.67	1:0.33
四类土	2.00	1:0.25	1:0.10	1:0.33	1:0.25

注:1.沟槽、基坑中土类别不同时,分别按其放坡起点、放坡系数,依不同土类别厚度加权平均计算。

　　2.计算放坡时,在交接处的重复工程量不予扣除,原槽、坑做基础垫层时,放坡自垫层上表面开始计算。

表 A.1-4　基础施工所需工作面宽度计算表

基础材料	每边各增力工作面宽度(mm)
砖基础	200
浆砌毛石、条石基础	150

续表

基础材料	每边各增力工作面宽度(mm)
混凝土基础垫层支模板	300
混凝土基础支模板	300
基础垂直面做防水层	1 000(防水层面)

注:本表按《全国统一建筑工程预算工程量计算规则》GJDGZ—101—95 整理。

表 A.1-5　管沟施工每侧所需工作面宽度计算表

管沟材料　　　管道结构宽(mm)	≤500	≤1 000	≤2 500	>2 500
混凝土及钢筋混凝土管道(mm)	400	500	600	700
其他材质管道(mm)	300	400	500	600

注:1.本表按《全国统一建筑工程预算工程量计算规则》GJDGZ—101—95 整理。
　　2.管道结构宽:有管座的按基础外缘,无管座的按管道外径。

8.3　招标工程量清单编制方法

8.3.1　招标工程量清单的作用

招标工程量清单随同工程项目的招标文件一起发布,最重要的作用是编制招标控制价和投标人编制投标价的依据。其规则是:投标人报价中措施项目的安全文明施工费、规费和税金不得作为竞争性费用;投标人报价采用的分部分项工程量清单项目、措施项目清单中的计算工程量部分的项目、其他项目中的暂列金额、暂估价等,必须与招标工程量清单完全一致。若不相同,评标办法规定该投标价作废。

招标工程量也是签订工程承包合同、工程变更、施工索赔、工程价款调整、工程结算价计算的依据。

8.3.2　招标工程量清单的编制依据及其相互间的关系

1)招标工程量清单的编制依据

工程量是根据设计文件计算的,所以编制依据中施工图纸是少不了的。招标工程量是招标文件的组成部分,也是根据招标文件的要求编制的(例如招标文件确定某专业工程只给出一个暂估价),因此招标文件也是招标工程量的编制依据。

另外,招标工程量清单必须根据《建设工程工程量清单计价规范》确定内容,必须根据《××

专业工程工程量计算规范》确定项目数量及每个项目的项目编码、项目名称、项目特征、计量单位,并根据工作内容确定该项目范围,根据工程量计算规则计算清单工程量。

2)编制依据之间的关系

施工图和专业工程工程量计算规范中的五大要素是计算分部分项清单工程量的重要依据,另外还要根据《建设工程工程量清单计价规范》的规定,将清单工程量包含的分部分项工程量清单、措施项目清单、其他项目清单和规范、税金项目整理和汇总为招标工程量清单。

编制依据之间的关系可以用下列示意图说明(见图8.2)。

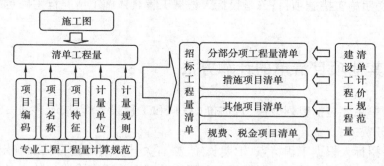

图8.2 招标工程量清单编制依据之间关系示意图

8.3.3 分部分项工程量项目列项

根据施工图、专业工程量计算规范和建筑工程工程量清单计价规范,划分一个单位工程的分部分项工程量清单项目通常又称为列项。

分部分项工程量清单项目是根据施工图和专业工程量计算规范列出的。这是造价员工作的基本功,因为必须要看懂图纸和熟悉工程量计算规范,最关键之处是能根据施工图和工程量计算规范判断本工程中有多少个什么样的分部分项工程量清单项目。

措施项目清单首先要列出非竞争项目"安全文明施工费",能计算工程量的"混凝土模板及支架""脚手架"等措施项目,要根据施工图和工程量计算规范的规定准确计算工程量。"施工排水、降水"等措施项目,根据施工方案自主确定。

其他项目清单的项目和数量主要由招标人在招标工程量清单中确定,如暂列金额的数额、计日工的数量等。

规费项目和税金项目清单是根据省级、行业主管部门颁发的计价办法确定的。

8.3.4 计算分部分项清单工程量特点

根据工程量计算规范和施工图计算出的工程量称为清单工程量。根据施工图和工程量计算规范计算清单工程量是预算员的基本功。所以,不会计算清单工程量就不会编制工程量清单。

8.3.5 确定和计算措施项目清单工程量的方法

措施项目清单从价格计算方法上可以分为两类,一是可以计算工程量的"单价项目",即可以根据工程量和计价定额编制综合单价的项目,例如脚手架措施项目。二是不能计算工程量的"总价项目",即只能以规定的计算基数和对应的费率计算价格的项目,例如安全文明施工措施项目。

措施项目可以按是否可以竞争的特性分为两类。一是清单计价规定必须收取的非竞争性项目,例如安全文明施工措施项目;二是投标人根据工程具体施工情况自主确定的项目,例如施工排水措施项目。

8.3.6 确定其他项目清单的计算方法

其他项目清单主要包括暂列金额、暂估价(材料和工程设备暂估价、专业工程暂估价)、计日工、总承包服务费。

暂列金额由招标人根据工程特点、工期长短、按有关计价规定进行估算确定的。暂列金额的数额是招标人根据设计文件和编制招标工程量清单的深入程度来确定的,一般是分部分项工程费的 10%~15%。

材料和设备暂估价根据工程造价管理机构发布的信息价或参考市场价确定。专业工程暂估价根据编制投资估算、设计概算、施工图预算等计价方法编制确定。

计日工中的人工、材料、机械台班数量由招标人根据工程特点确定。

8.3.7 确定规费和税金项目清单的计算方法

规费和税金项目清单的计算比较简单,一般根据省级、行业主管部门颁发的计价办法确定。主要是根据企业等级、工程所在地等不同情况,正确选择对应的规费费率和综合税金税率。

8.3.8 招标工程量清单编制简例

1)编制某基础工程分部分项工程量清单

【例8.1】 根据给出的施工图和《房屋建筑与装饰工程工程量计算规范》中的清单项目,编制某基础工程带形砖基础、混凝土基础垫层的分部分项工程量清单。

【解】 第1步:识图。给出的施工图如图8.3所示。

第2步:找到《房屋建筑与装饰工程工程量计算规范》中的砖基础和垫层项目。

(1)《房屋建筑与装饰工程工程量计算规范》中的砖基础清单项目摘录

《房屋建筑与装饰工程工程量计算规范》中的砖基础清单项目摘录见表D.1。

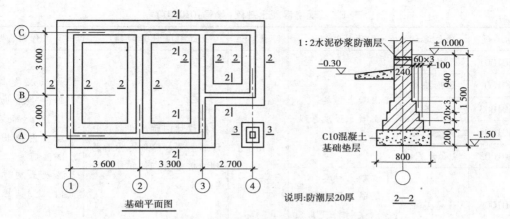

图 8.3 某工程基础施工图

表 D.1 砖砌体(编号:010401)

项目编码	项目名称	项目特征	计量单位	工程量计算规则	工作内容
010401001	砖基础	1.砖品种、规格、强度等级 2.基础类型 3.砂浆强度等级 4.防潮层材料种类	m³	按设计图示尺寸以体积计算: 　　包括附墙垛基础宽出部分体积,扣除地梁(圈梁)、构造柱所占体积,不扣除基础大放脚T形接头处的重叠部分及嵌入基础内的钢筋、铁件、管道、基础砂浆防潮层和单个面积≤0.3 m²的孔洞所占体积,靠墙暖气沟的挑檐不增加 　　基础长度:外墙按外墙中心线,内墙按内墙净长线计算	1.砂浆制作、运输 2.砌砖 3.防潮层铺设 4.材料运输
010401002	砖砌挖孔桩护壁	1.砖品种、规格、强度等级 2.砂浆强度等级		按设计图示尺寸以立方米计算	1.砂浆制作、运输 2.砌砖 3.材料运输

(2)《房屋建筑与装饰工程工程量计算规范》中的混凝土垫层清单项目摘录

《房屋建筑与装饰工程工程量计算规范》中的混凝土垫层清单项目摘录见表 E.1。

第 3 步:根据基础施工图和《房屋建筑与装饰工程工程量计算规范》中的分部分项清单项目列出的清单工程量项目,见表 8.1。

第 4 步:计算带形砖基础的分部分项清单工程量。

(1)M5 水泥砂浆砌带形砖基础

V =带形砖基础长×基础断面积

$\quad$= [(3.60+3.30+2.70+2.00+3.00)×2+2.00+3.00-0.24+3.00-0.24]×

$\quad\quad$[(1.50-0.20)×0.24+0.007 875×12]

$\quad$=(29.20+4.76+2.76)×(0.312+0.094 5)

$\quad$=36.72×0.406 6

$\quad$=14.93(m³)

表 E.1　现浇混凝土基础(编号:010501)

项目编码	项目名称	项目特征	计量单位	工程量计算规则	工作内容
010501001	垫层	1.混凝土种类 2.混凝土强度等级	m^3	按设计图示尺寸以体积计算。不扣除伸入承台基础的桩头所占体积	1.模板及支撑制作、安装、拆除、堆放、运输及清理模内杂物、刷隔离剂等 2.混凝土制作、运输、浇筑、振捣、养护
010501002	带形基础				
010501003	独立基础				
010501004	满堂基础				
010501005	桩承台基础				
010501006	设备基础	1.混凝土种类 2.混凝土强度等级 3.灌浆材料及其强度等级			

注:1.有肋带形基础、无肋带形基础应按本表中相关项目列项,并注明肋高。
　　2.箱式满堂基础中柱、梁、墙、板按本附录表 E.2、表 E.3、表 E.4、表 E.5 相关项目分别编码列项;箱式满堂基础底板按本表的满堂基础项目列项。
　　3.框架式设备基础中柱、梁、墙、板分别按本附录表 E.2、表 E.3、表 E.4、表 E.5 相关项目编码列项;基础部分按本表相关项目编码列项。
　　4.如为毛石混凝土基础,项目特征应描述毛石所占比例。

表 8.1　分部分项工程和单价措施项目清单与计价表

工程名称:某基础工程　　　　　标段:　　　　　　　　　　　　　　　　　　　　第 1 页共 1 页

序号	项目编码	项目名称	项目特征描述	计量单位	工程量	综合单价	合价	其中 暂估价
			D.砌筑工程					
1	010401001001	砖基础	1.砖品种、规格、强度等级:页岩砖、240×115×53、MU7.5 2.基础类型:带形 3.砂浆强度等级:M5 水泥砂浆 4.防潮层材料种类:1:2 防水砂浆	m^3	14.93 (注:根据第 4 步计算的结果填入)			
			小　计					
			E.混凝土及钢筋混凝土工程					
2	010501001001	基础垫层	1.混凝土种类:卵石塑性混凝土 2.混凝土强度等级:C10	m^3	5.70 (注:根据第 4 步计算的结果填入)			

序 号	项目编码	项目名称	项目特征描述	计量单位	工程量	金额(元)		其 中
						综合单价	合价	暂估价
			小 计					
			本页小计					
			合 计					

注:为计取规费等的使用,可在表中增设:"其中定额人工费"。

(2)带形砖基础 C10 混凝土垫层清单工程量计算

V =基础垫层断面积×(墙垫层长+内墙垫层长)

$= (0.80×0.20)×[(3.60+3.30+2.70+2.00+3.00)×2+2.00+3.00-0.80+$

$3.00-0.80]$

$=0.16×(29.20+6.40)$

$=0.16×35.6$

$=5.70(m^3)$

第 5 步:将分部分项清单工程量填入"分部分项工程和单价措施项目清单与计价表"内。

2)编制基础工程措施项目清单

【例 8.2】 编制基础工程的措施项目清单。

【解】 第 1 步:编制"总价项目"的措施项目清单。

总价措施项目的"安全文明施工费"是非竞争性项目,每个工程都要计算。其他措施项目根据拟建工程的实际情况和工程量计算规范的要求编制。例如,本基础工程根据施工实际情况可能会发生"二次搬运费"项目。

某基础工程的措施项目清单的总价措施项目清单与计价表见表8.2。

第 2 步:编制"单价项目"的措施项目清单。

"单价项目"是指能够计算工程量的措施项目,是招标人根据拟建工程施工图、工程量计算规范和招标文件编制的,主要包括脚手架、混凝土模板及支架、垂直运输、超高施工增加等措施项目。例如,本带形砖基础工程工程量清单编制简例中,应计算现浇混凝土基础垫层的模板措施项目。

表 8.2 总价措施项目清单与计价表

工程名称:某基础工程　　　　　　　标段:　　　　　　　　　　　　第 1 页共 1 页

序 号	项目编码	项目名称	计算基础	费率(%)	金额(元)	调整费率(%)	调整后金额(元)	备 注
1	011707001001	安全文明施工费	定额基价	按规定				
2	011707002001	夜间施工增加费	定额人工费					

续表

序 号	项目编码	项目名称	计算基础	费率 (%)	金额 (元)	调整 费率 (%)	调整后 金额 (元)	备 注
3	011707004001	二次搬运费	定额人工费					
4	011707005001	冬雨季施工增加费	定额人工费					
5	011707007001	已完工程及设备保护费	定额人工费					
合 计								

编制人(造价人员):　　　　　　　　　复核人(造价工程师):

注:1."计算基础"中安全文明施工费可为"定额基价""定额人工费"或"定额人工费+定额机械费",其他项目可为"定额
　　人工费"或"定额人工费+定额机械费"。

　　2.按施工方案计算的措施费,若无"计算基础"和"费率"的数值,也可只填"金额"数值,但应在备注栏说明施工方案出
　　处或计算方法。

《房屋建筑与装饰工程工程量清单计价》的混凝土模板及支架措施项目清单摘录见表S.2。

表S.2　混凝土模板及支架(撑)(编码:011702)

项目编码	项目名称	项目特征	计量单位	工程量计算规则	工作内容
011702001	基础	基础类型	m²	按模板与现浇混凝土构件的接触面积计算 1.现浇钢筋混凝土墙、板单孔面积≤0.3 m²的孔洞不予扣除,洞侧壁模板亦不增加;单孔面积>0.3 m²时应予以扣除,洞侧壁模板面积并入墙、板工程量内计算 2.现浇框架分别按梁、板、柱有关规定计算;附墙柱、暗梁、暗柱并入墙内工程量内计算 3.柱、梁、墙、板相互连接的重叠部分,均不计算模板面积 4.构造柱按图示外露部分计算模板面积	1.模板制作 2.模板安装、拆除、整理堆放及场内外运输 3.清理模板黏结物及模内杂物、刷隔离剂等
011702002	矩形柱				
011702003	构造柱				
011702004	异形柱	柱截面形状			
011702005	基础梁	梁截面形状			
011702006	矩形梁	支撑高度			
011702007	异形梁	1.梁截面形状 2.支撑高度			
011702008	圈梁				
011702009	过梁				
011702010	弧形、拱形梁	1.梁截面形状 2.支撑高度			

　　第3步:根据上述混凝土模板及支架量计算规范和本基础工程的实际情况,编制"单价项目"措施项目清单,见表8.3。

表 8.3　分部分项工程和单价措施项目清单与计价表

工程名称:某基础工程　　　　　　　　标段:　　　　　　　　　　第 1 页共 1 页

序　号	项目编码	项目名称	项目特征描述	计量单位	工程量	综合单价	合价	其　中暂估价
							金额(元)	
			S.措施项目					
1	011702001001	基础垫层模板	1.基础类型:带形基础	m²	13.60(注:根据第 4 步计算的结果填入)			
			分部小计					
			本页小计					
			合计					

注:为计取规费等的使用,可在表中增设"其中:定额人工费"。

第 4 步:计算"砖基础混凝土垫层"模板措施项目清单工程量。

S =模板与混凝土垫层的接触面积

=(混凝土垫层外边周长+每个房间混凝土垫层的内周长)×垫层高

=[(3.60+3.30+2.70+0.80+3.00+2.00+0.80)×2+(3.00+2.00-0.80+3.60-0.80)×2+(3.00+2.00-0.8+3.30-0.80)×2+(3.00-0.80+2.70-0.80)×2]×0.20

=[32.40+(7.00×2+6.70×2+4.10×2)]×0.20

=68.00×0.20

=13.60(m²)

3)编制基础工程其他项目清单

第 1 步:确定暂列金额数额。

根据基础工程的实际情况,预测由于地质情况的变化,可能会增加基础垫层的厚度,因此考虑 120 元的暂列金额。基础工程的其他项目清单见表 8.4。

第 2 步:确定暂估价、计日工。

本基础工程没有暂估价和计日工。

表 8.4　其他项目清单与计价汇总表

工程名称:某基础工程　　　　　　　工程标段:　　　　　　　　　第 1 页共 1 页

序　号	项目名称	金额(元)	结算金额(元)	备　注
1	暂列金额	120		明细详见表 12.1(略)
2	暂估价			
2.1	材料(工程设备)暂估价			明细详见表 12.2(略)
2.2	专业工程暂估价			明细详见表 12.3(略)
3	计日工			明细详见表 12.4(略)
4	总承包服务费			明细详见表 12.5(略)
5	索赔与现场签证			明细详见表 12.6
合　计				

注:材料(工程设备)暂估单价进入清单项目综合单价,此处不汇总。

4)某基础工程招标工程量清单文件汇总

某基础工程招标工程量清单文件如图 8.4 至图 8.9 所示。

_____××幼儿园基础_____工程

招标工程量清单

招　标　人:　　__××幼儿园__　　　　造价咨询人:　　__××造价咨询公司__
　　　　　　　　(单位盖章)　　　　　　　　　　　　　(单位资质专用章)

法定代表人:　　　　__×××__　　　　法定代表人:　　　　__×××__
　　　　　　　　(签字或盖章)　　　　　　　　　　　(签字或盖章)

编　制　人:　　　　__×××__　　　　复　核　人:　　　　__×××__
　　　　　　(造价人员签字盖专用章)　　　　　　　(造价工程师签字盖专用章)

编制时间:2013年8月3日　　　　　　复核时间:2013年8月3日

图 8.4

分部分项工程和单价措施项目清单与计价表

工程名称:某基础工程　　　　　　　　　　　　　标段:　　　　　　　　　　　　第1页共1页

序号	项目编码	项目名称	项目特征描述	计量单位	工程量	金额(元)		
						综合单价	合价	其中
								暂估价
			D.砌筑工程					
1	010401001001	砖基础	1.砖品种、规格、强度等级;页岩砖、240×115×53、MU7.5 2.基础类型:带形 3.砂浆强度等级:M5 水泥砂浆 4.防潮层材料种类;1:2防水砂浆	m³	14.93			
		小计						
		E.混凝土及钢筋混凝土工程						
2	010501001001	基础垫层	1.混凝土种类:卵石塑性混凝土 2.混凝土强度等级:C10	m³	5.70			
		小计						
		本页小计						
		合计						

注:为计取规费等的使用,可在表中增设"其中:定额人工费"。

图 8.5

总价措施项目清单与计价表

工程名称:某基础工程　　　　　　　　　　　　　标段:　　　　　　　　　　　　第1页共1页

序号	项目编码	项目名称	计算基础	费率(%)	金额(元)	调整费率(%)	调整后金额(元)	备注
1	011707001001	安全文明施工费	定额基价	按规定				
2	011707002001	夜间施工增加费	定额人工费					
3	011707004001	二次搬运费	定额人工费					
4	011707005001	冬雨季施工增加费	定额人工费					
5	011707007001	已完工程及设备保护费	定额人工费					
		合　计						

编制人(造价人员):　　　　　　　　　　　　　复核人(造价工程师):

注:1."计算基础"中安全文明施工费可为"定额基价""定额人工费"或"定额人工费+定额机械费",其他项目可为"定额人工费"或"定额人工费+定额机械费"。

2.按施工方案计算的措施费,若无"计算基础"和"费率"的数值,也可只填"金额"数值,但应在备注栏说明施工方案出处或计算方法。

图 8.6

分部分项工程和单价措施项目清单与计价表

工程名称:某基础工程 　　　　　　标段:　　　　　　　　　　　　　　第1页共1页

序　号	项目编码	项目名称	项目特征描述	计量单位	工程量	金额(元)		
						综合单价	合价	其　中
								暂估价
		S.措施项目						
1	011702001001	基础垫层模板	1.基础类型:带形基础	m²	13.60			
		小计						
			本页小计					
			合　计					

注:为计取规费等的使用,可在表中增设其中:"定额人工费"。

图 8.7

其他项目清单与计价汇总表

工程名称:某基础工程 　　　　　　工程标段:　　　　　　　　　　　　第1页共1页

序　号	项目名称	金额(元)	结算金额(元)	备　注
1	暂列金额	120		
2	暂估价			
2.1	材料(工程设备)暂估价			
2.2	专业工程暂估价			
3	计日工			
4	总承包服务费			
5	索赔与现场签证			
	合　计			

注:材料(工程设备)暂估单价进入清单项目综合单价,此处不汇总。

图 8.8

规费、税金项目计价表

工程名称:某基础工程　　　　　　　　　标段:　　　　　　　　　　第1页共1页

序 号	项目名称	计算基础	计算基数	计算费率(%)	金额(元)
1	规费	定额人工费			
1.1	社会保险费	定额人工费			
(1)	养老保险费	定额人工费			
(2)	失业保险费	定额人工费			
(3)	医疗保险费	定额人工费			
(4)	工伤保险费	定额人工费			
(5)	生育保险费	定额人工费			
1.2	住房公积金	定额人工费			
1.3	工程排污费	按工程所在地环境保护部门收取标准,按实计入			
2	税金	分部分项工程费+措施项目费+其他项目费+规费-按规定不计税的工程设备金额			
合　计					

编制人(造价人员):　　　　　　　　　　　复核人(造价工程师):

图 8.9

从以上基础工程的工程量清单汇总内容可以看出,招标工程量清单主要由封面(扉页),分部分项工程和单价措施项目清单与计价表(分部分项工程),分部分项工程和单价措施项目清单与计价表(单价措施项目),总价措施项目清单与计价表,其他项目清单与计价汇总表,规费、税金项目计价表等表格构成。

8.4　招(投)标控制(标)价编制方法

8.4.1　概述

招(投)标控制(标)价是根据清单计价规范、招标工程量清单、拟建工程施工图,采用国家或省级、行业建设主管部门颁发的有关计价依据和办法等依据编制的。一般招标文件和评标办法规定,招标控制价的分部分项工程和单价措施项目的数量必须与招标工程量清单的数量完全一致,如果不一致就有可能是废标。

招标控制价的主要编制内容和步骤如下:

首先,招标控制价的工作是在招标工程量清单基础上,分别填上对应的综合单价,然后用该综合单价乘以对应的清单工程量计算出分部分项工程费和单价措施项目费。编制和确定综合单价是招标控制价的主要工作,也是我们学习的难点。

其次,根据国家或省级、行业建设主管部门颁发的有关计价依据和办法,计算"总价措施项目清单与计价表",完成"其他项目清单与计价汇总表"的填写和计算工作(包括填写暂列金额、填写专业工程暂估价、计算计日工表中的总价、计算总承包服务费等),完成"规费、税金项目清单与计价表"计算工作。

最后,将上述计算完成的分部分项工程费、措施项目费、其他项目费、规费和税金项目费汇总填写至"单位工程投标报价汇总表"内,计算出单位工程招标控制价。若有几个单位工程项目,编制过程同上,最终将若干个单位工程报价汇总在"单项工程投标报价汇总表"内,并填写好"投标总价"表,装订成册。

招标控制价编制示意如图 8.10 所示。

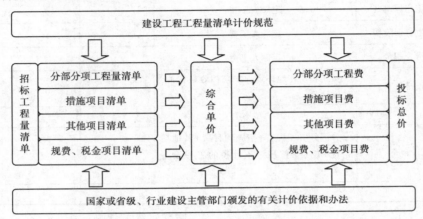

图 8.10   招标控制价编制示意图

通过图 8.4 可以看出,投标人在招标工程量清单的基础上报上自己的各项价格,汇总后就成了投标总价。

8.4.2   综合单价编制方法

每一个分部分项工程量清单项目和单价措施项目中的工程量项目都要编制综合单价。编制综合单价需要完成两件事,一是要根据选用计价定额的工程量计算规则,计算每个项目的定额工程量(因为清单计价规范的工程量计算规则与计价定额的工程量计算规则有不同的规定);二是要根据清单工程量项目的工作内容,确定该项目与计价定额有几个对应项目,计算这些项目的单价,并确定综合单价。

1)选用计价定额

由于综合单价是根据计价定额确定的,所以首先要找到与清单工程量项目匹配的计价定额项目。

根据"第三节   如何掌握好招标工程量清单编制方法"中的 3 个清单工程量项目,两个分部分项工程量清单项目,一个措施项目的模板清单项目,我们在省计价定额中选用的 3 个定额如下:

(1)M5 水泥砂浆砖基础(A3-1)

A.3.1.1 基础及实砌内外墙

工作内容：1.调动砂浆（包括筛砂子及淋灰膏）、砌砖。基础包括清理基槽。

　　　　　2.砌窗台虎头砖、腰线、门窗套。

　　　　　3.安放木砖、铁件。

单位：10 m³

定额编号			A3-1	A3-2	A3-3	A3-4
项目名称			砖基础	砖砌内外墙（墙厚）		
				一砖以内	一砖	一砖以上
基价（元）			2 918.52	3 467.25	3 204.01	3 214.17
其中	人工费（元）		584.40	985.20	798.60	775.20
	材料费（元）		2 293.77	2 447.91	2 366.10	2 397.59
	机械费（元）		40.35	34.14	39.31	41.38
名　称		单位	单价（元）	数　量		
人工	综合用工二类	工日	60.00	9.740	16.420	13.310	12.920
材料	水泥砂浆 M5（中砂）	m³	—	(2.360)	—	—	—
	水泥石灰砂浆 M5（中砂）	m³	—	—	(1.920)	(2.250)	(2.382)
	标准砖 240×115×53	千块	380.00	5.236	5.661	5.314	5.345
	水泥 32.5	t	360.00	0.505	0.411	0.482	0.510
	中砂	t	30.00	3.783	3.078	3.607	3.818
	生石灰	t	290.00	—	0.157	0.185	0.195
	水	m³	5.00	1.760	2.180	2.280	2.360
机械	灰浆搅拌机 200 L	台班	103.45	0.390	0.330	0.380	0.400

（2）C10 混凝土基础垫层（B1-24）

B.1.1 垫层

工作内容：混凝土搅拌、浇筑、捣固、养护等全部操作过程。

单位：10 m³

定额编号		B1-24	B1-25	B1-26
项目名称		混凝土	预拌混凝土	陶粒混凝土
基价（元）		2 624.85	2 812.36	3 484.09
其中	人工费（元）	772.80	418.80	543.60
	材料费（元）	1 779.32	2 379.76	2 867.76
	机械费（元）	72.73	13.80	72.73

续表

定额编号				B1-24	B1-25	B1-26
名 称		单位	单价(元)	数 量		
人工	综合用工二类	工日	60.00	12.880	6.980	9.060
材料	现浇混凝土(中砂碎石)C15-40	m³	—	(10.100)	—	—
	预拌混凝土 C15	m³	230.00	—	10.332	—
	陶粒混凝土 C15	m³	—	—	—	(10.200)
	水泥 32.5	t	360.00	2.626	—	3.142
	中砂	t	30.00	7.615	—	7.069
	碎石	t	42.00	13.605	—	—
	陶粒	m³	170.00	—	—	8.731
	水	m³	5.00	6.820	0.680	8.060
机械	混凝土振捣器(平板式)	台班	18.65	0.740	0.740	0.740
	滚筒式混凝土搅拌机 500 L 以内	台班	151.10	0.390	—	0.390

（3）1：2 水泥砂浆防潮层（A7-217）

A.7.3.3 刚性防水

工作内容:清理基层、调运砂浆、抹灰、养护等全部操作过程。 单位:10 m²

定额编号				A7-212	A7-213	A7-214	A7-215	A7-216
项目名称				水泥砂浆五层做法		防水砂浆		
				平面	立面	墙 基	平 面	立 面
基价(元)				1 713.02	1 921.10	1 619.72	1 198.52	1 409.57
其中	人工费(元)			978.60	1 184.40	811.80	550.20	733.20
	材料费(元)			713.73	716.01	774.82	622.46	649.47
	机械费(元)			20.69	20.69	33.10	25.86	26.90
名 称		单位	单价(元)	数 量				
人工	综合用工二类	工日	60.00	16.310	19.740	13.530	9.170	12.220
材料	水泥砂浆 1：2.5(中砂)	m³	—	(1.620)	(1.630)	—	—	—
	防水砂浆(防水粉 5%)1：2(中砂)	m³	—	—	—	(2.530)	(2.020)	(2.110)
	素水泥浆	m³	—	(0.610)	(0.610)	—	—	—
	水泥 32.5	t	360.00	1.702	1.707	1.394	1.113	1.163
	中砂	t	30.00	2.597	2.613	3.684	2.941	3.072
	防水粉	kg	2.00	—	—	69.830	55.750	58.240
	水	m³	5.00	4.620	4.620	4.560	4.410	4.430
机械	灰浆搅拌机 200 L	台班	103.45	0.200	0.200	0.320	0.250	0.260

（4）基础垫层模板安装、拆除（A12-77）

A.12.1.3 木模板

工作内容：1.包括模板制作、安装、拆除。2.包括模板场内水平运输。

定额编号				A12-77	A12-78
项目名称				混凝土基础垫层	二次灌浆
				100 m²	10 m³
基价（元）				4 155.02	1 358.56
其中	人工费（元）			651.60	454.80
	材料费（元）			3 446.07	875.20
	机械费（元）			57.35	28.56
名 称		单位	单价（元）	数 量	
人工	综合用工二类	工日	60.00	10.860	7.580
材料	水泥砂浆 1:2（中砂）	m³	—	(0.012)	—
	水泥 32.5	t	360.00	0.007	—
	中砂	t	30.00	0.017	—
	木模板	m³	2 300.00	1.445	0.370
	隔离剂	kg	0.98	10.000	—
	铁钉	kg	5.50	19.730	4.400
	镀锌铁丝 22#	kg	6.70	0.180	—
	水	m³	5.00	0.004	—
机械	载货汽车 5 t	台班	476.04	0.110	0.060
	木工圆锯机 ϕ500	台班	31.19	0.160	—

2）定额工程量计算

（1）M5 水泥砂浆砌带形砖基础

主项工程量：M5 水泥砂浆砌带形砖基础同清单工程量。

$V = [（3.60+3.30+2.70+2.00+3.00）×2+2.00+3.00-0.24+3.00-0.24]×$

$[（1.50-0.20）×0.24+0.007\ 875×12]$

$= （29.20+4.76+2.76）×（0.312+0.094\ 5）$

$= 36.72×0.406\ 6$

$= 14.93（m³）$

附项工程量：1：2 水泥砂浆防潮层。

$V = 防潮层宽×（外墙防潮层长+内墙防潮层长）$

$= 0.24×[（3.60+3.30+2.70+2.00+3.00）×2+2.00+3.00-0.24+3.00-0.24]$

$= 0.24×（29.20+7.52）$

$= 0.24×36.72$

$$= 8.81(m^2)$$

（2）带形砖基础 C10 混凝土垫层定额工程量计算

由于计价定额中该项目的工程量计算规则与清单工程量计算规则相同，所以计算式相同。

V = 基础垫层断面积×（墙垫层长+内墙垫层长）

$$= (0.80×0.20)×[(3.60+3.30+2.70+2.00+3.00)×2+2.00+3.00-0.80+3.00-$$
$$0.80]$$

$$= 0.16×(29.20+6.40)$$

$$= 0.16×35.6$$

$$= 5.70(m^3)$$

（3）1：2 水泥砂浆墙基防潮层清单工程量计算

由于计价定额中该项目的工程量计算规则与清单工程量计算规则相同，所以计算式相同。

V = 防潮层宽×（外墙防潮层长+内墙防潮层长）

$$= 0.24×[(3.60+3.30+2.70+2.00+3.00)×2+2.00+3.00-0.24+3.00-0.24]$$

$$= 0.24×(29.20+7.52)$$

$$= 0.24×36.72$$

$$= 8.81(m^2)$$

（4）"砖基础混凝土垫层"模板措施项目清单工程量计算

由于计价定额中该项目的工程量计算规则与清单工程量计算规则相同，所以计算式相同。

S = 模板与混凝土垫层的接触面积

= （混凝土垫层外边周长+每个房间混凝土垫层的内周长）×垫层高

$$= [(3.60+3.30+2.70+0.80+3.00+2.00+0.80)×2+(3.00+2.00-0.80+3.60-$$
$$0.80)×2+(3.00+2.00-0.8+3.30-0.80)×2+(3.00-0.80+2.70-0.80)×$$
$$2]×0.20$$

$$= [32.40+(7.00×2+6.70×2+4.10×2)]×0.20$$

$$= 68.00×0.20$$

$$= 13.60(m^2)$$

3）综合单价编制

（1）M5 水泥砂浆砌带型砖基础综合单价计算

第 1 步：将主项清单项目编码（010401001001）、项目名称（M5 水泥砂浆砌带形砖基础）、计量单位（m³）填入表内。

第 2 步：根据选用的计价定额，将编号（A3-1、A7-214）、项目名称（M5 水泥砂浆砌带形砖基础）、（1：2 水泥砂浆墙基防潮层）、定额单位（10 m³、100 m²）、数量（0.10 m³、8.81÷14.93÷100 = 0.005 9 m²）填入综合单价计算表；将砖基础的人工费单价 584.40 元、材料费单价2 293.77元、机械费单价 40.35 元，防潮层的人工费单价 811.80 元、材料费单价 774.82 元、机械费单价 33.10 元填入表内。

根据规定，管理费和利润按定额人工费的 30% 计取，故砖基础项目的管理费和利润为 584.40×30% = 175.32 元，防潮层的管理费和利润 = 811.80×30% = 243.54 元。

注意：该项目的定额单位分别是 10 m³ 和 100 m²，综合单价的单位是 m³。

第 3 步：根据选用的计价定额，将砖基础的材料名称（标准砖、32.5 水泥、中砂、水）、单位

（千块、t、t、m³）和对应的数量及单价（0.523 6 千块/380 元、0.050 5 t/360 元、0.378 3 t/30 元、0.176 m³/5.00 元）填入综合单价分析表的材料费明细内；将防潮层的材料名称（32.5 水泥、中砂、防水粉、水），单位（t、t、kg、m³）和对应的数量及单价（1.394×0.005 9 = 0.008 22 t/360 元、3.684×0.005 9 = 0.021 7/30 元、69.83×0.005 9 = 0.412/2.00 元、45.6×0.005 9 = 0.027/5.00元）等数据填入综合单价分析表的材料费明细表内。

第 4 步：根据填入表中的数据以及它们之间的关系计算清单综合单价和材料费，见表8.5。

表 8.5　工程量清单综合单价分析表

工程名称：某基础工程　　　　　　标段：　　　　　　　　　　　　　第 1 页共 3 页

项目编码	010401001001			项目名称		砖基础		计量单位	m³
清单综合单价组成明细									
定额编号	定额项目名称	定额单位	数量	单价（元）				合价（元）			

定额编号	定额项目名称	定额单位	数量	人工费	材料费	机械费	管理费和利润	人工费	材料费	机械费	管理费和利润
A3-1	M5 水泥砂浆砌带形砖基础	10 m³	0.10	584.40	2 293.77	40.35	175.32	58.44	229.38	4.04	17.53
A7-214	1∶2 水泥砂浆墙基防潮层	100 m²	0.005 9	811.80	774.82	33.10	243.54	4.79	4.57	0.20	1.44
人工单价			小　计					63.23	233.95	4.24	18.97
60.00 元/工日			未计价材料费								
清单项目综合单价								320.39			

材料费明细	主要材料名称、规格、型号	单位	数量	单价（元）	合价（元）	暂估单价（元）	暂估合价（元）
	标准砖	千块	0.523 6	380.00	198.97		
	32.5 水泥	t	0.050 5	360.00	18.18		
	中砂	t	0.378 3	30.00	˙11.35		
	水	m³	0.176	5.00	0.88		
	32.5 水泥	t	0.008 22	360.00	2.96		
	中砂	t	0.021 7	30.00	0.65		
	防水粉	kg	0.412	2.00	0.82		
	水	m³	0.027	5.00	0.14		
	其他材料费			—		—	
	材料费小计			—	233.95	—	

注：1. 如不使用省级或行业建设主管部门发布的计价依据，可不填定额项目、编号等。

　　2. 招标文件提供了暂估单价的材料，按暂估的单价填入表内"暂估单价"栏及"暂估合价"栏。

（2）C10 混凝土基础垫层综合单价计算

第 1 步：将清单项目编码（010501001001）、项目名称（C10 混凝土基础垫层）、计量单位（m³）填入表内。

第 2 步：根据选用的计价定额，将编号（B1-24）、项目名称（C10 混凝土基础垫层）、定额单位（10 m³）、数量（0.10）、工料机及管理费和利润单价等（人工费单价 772.80 元、材料费单价 1 779.32 元、机械台班费单价 72.73 元、管理费和利润单价＝772.80×30%＝231.84 元）数据填入表内，注意定额单位是 10 m³，综合单价的单位是 m³。

第 3 步：根据选用的计价定额，将材料名称（32.5 水泥、中砂、碎石、水）、单位（t、t、t、m³）、数量（0.262 6、0.761 5、1.360 5、0.682）、单价（360 元、30 元、42 元、5.00 元）等数据填入表内。

第 4 步：根据填入表中的数据以及它们之间的关系计算清单综合单价和材料费，见表8.6。

表 8.6　工程量清单综合单价分析表

工程名称：某基础工程　　　　　　　　　　标段：　　　　　　　　　　第 2 页共 3 页

项目编码		10501001001			项目名称		基础垫层		计量单位		m³
清单综合单价组成明细											
定额编号	定额项目名称	定额单位	数量	单价（元）				合价（元）			
				人工费	材料费	机械费	管理费和利润	人工费	材料费	机械费	管理费和利润
B1-24	C10 混凝土基础垫层	10 m³	0.10	772.80	1 779.32	72.73	231.84	77.28	177.93	7.27	23.18
人工单价			小　　计					77.28	177.93	7.27	23.18
60.00 元/工日			未计价材料费								
清单项目综合单价								285.66			
材料费明细	主要材料名称、规格、型号			单　位	数　量	单价（元）	合价（元）	暂估单价（元）	暂估合价（元）		
	碎石			t	1.360 5	42.00	57.14				
	32.5 水泥			t	0.262 6	360.00	94.54				
	中砂			t	0.761 5	30.00	22.84				
	水			m³	0.682	5.00	3.41				
	其他材料费					—	—				
	材料费小计					—	177.93				

注：1.如不使用省级或行业建设主管部门发布的计价依据，可不填定额项目、编号等。

　　2.招标文件提供了暂估单价的材料，按暂估的单价填入表内"暂估单价"栏及"暂估合价"栏。

（3）混凝土基础垫层模板综合单价计算

第1步：将清单项目编码（011702001001）、项目名称（混凝土基础垫层模板安拆）、计量单位（m²）填入表内。

第2步：根据选用的计价定额，将编号（A12-77）、项目名称（混凝土基础垫层模板安拆）、定额单位（100 m²）、数量（0.01）、人工费单价（651.10 元）、材料费单价（3 446.07 元）、机械台班费单价（57.35 元）、管理费和利润单价（651.10×30% = 195.33 元）等数据填入表内。注意定额单位是 100 m²，综合单价的单位是 m²。

第3步：根据选用的计价定额，将材料名称（水泥、中砂、木模板、隔离剂、铁钉、镀锌铁丝、水）、单位（t、t、m³、kg、kg、kg、m³）、数量（0.000 07、0.000 17、0.014 45、0.10、0.197 3、0.001 8、0.000 04），单价（360 元、30 元、2 300 元、0.98 元、5.50 元、6.70 元、5.00 元）等数据填入表内。

第4步：根据填入表中的数据以及它们之间的关系计算清单综合单价和材料费，见表8.7。

表8.7　工程量清单综合单价分析表

工程名称：某基础工程　　　　　　　　　　　　标段：　　　　　　　　　　　第3页共3页

项目编码	11702001001		项目名称		基础垫层模板		计量单位		m²
清单综合单价组成明细									
定额编号	定额项目名称	定额单位	数量	单价（元）				合价（元）	

定额编号	定额项目名称	定额单位	数量	人工费	材料费	机械费	管理费和利润	人工费	材料费	机械费	管理费和利润
A12-77	混凝土基础垫层模板安拆	100 m²	0.01	651.60	3 446.07	57.35	195.33	6.52	34.46	0.57	1.95
人工单价			小　计								
60.00 元／工日			未计价材料费								
清单项目综合单价								43.50			

材料费明细	主要材料名称、规格、型号	单位	数量	单价（元）	合价（元）	暂估单价（元）	暂估合价（元）
	32.5 水泥	t	0.000 07	360.00	0.02		
	中砂	t	0.000 17	30.00	0.01		
	木模板	m³	0.014 45	2 300.00	33.23		
	隔离剂	kg	0.1	0.98	0.10		
	铁钉	kg	0.197 3	5.50	1.09		
	22 号铁丝	kg	0.001 8	6.70	0.01		
	水	m³	0.000 04	5.00	0.00		
	其他材料费			—			
	材料费小计			—	34.46	—	

8.4.3 分部分项工程和单价措施项目费计算

基础工程的分部分项工程费是通过"分部分项工程量清单与计价表"计算确定的。我们要用招标工程量清单提供的"分部分项工程量清单与计价表"的全部内容,在该表中填上刚才确定的综合单价就可以计算出分部分项工程费。计算过程为:合价=工程量×综合单价,见表8.8。

表 8.8 分部分项工程和措施项目计价表

工程名称:某基础工程　　　　　　　标段:　　　　　　　　　　　第1页共1页

| 序号 | 项目编码 | 项目名称 | 项目特征描述 | 计量单位 | 工程量 | 金额(元) | | |
						综合单价	合价	其中 暂估价
		D.砌筑工程						
1	010401001001	砖基础	1.砖品种、规格、强度等级:页岩砖、240×115×53、MU7.5 2.基础类型:带形 3.砂浆强度等级:M5水泥砂浆 4.防潮层材料种类:1:2 水泥砂浆	m³	14.93	320.39	4 783.42	
		小　计					4 783.42	
		E.混凝土及钢筋混凝土工程						
2	010501001001	基础垫层	1.混凝土类别:碎石塑性混凝土 2.强度等级:C10	m³	5.70	285.66	1 628.26	
		小　计					1 628.16	
		S.措施项目						
3	11702001001	基础垫层模板	基础类型:带形	m²	13.60	43.50	591.60	
		小　计					591.60	
	本页小计						7 003.18	
	合　计						7 003.18	

8.4.4 总价措施项目费计算

总价措施项目主要包括"安全文明施工费""夜间施工费"等内容。该类费用分为非竞争性费用(安全文明施工费等)和竞争性费用(二次搬运费)两部分。其计算方法是按国家、省市或者行业行政主管部门颁发的规定计算,一般是按人工费或人工加机械费作为基数乘上规定的费率计算。

例如,《××省建设工程安全文明施工费计价管理办法》规定:"第六条 建设工程安全文明施工费为不参与竞争费用。在编制概算、招标控制价、投标价时应足额计取,即安全文明施工费费率按基本费费率加现场评价费以最高费率计列。环境保护费费率=环境保护基本费费率×2;文明施工费费率=文明施工基本费费率×2;安全施工费费率=安全施工基本费费率×2;临时设施费费率=临时设施基本费费率×2。"

某地区安全文明施工费率见表8.9。

表8.9 安全文明施工基本费费率表(工程在市区时)

序 号	项目名称	工程类型	取费基础	费率(%)
一	环境保护费基本费费率	建筑工程	分部分项工程和单价措施项目定额人工费	0.5
二	文明施工基本费费率	建筑工程		6.5
三	安全施工基本费费率	建筑工程		9.5
四	临时设施基本费费率	建筑工程		9.5

(1)M5水泥砂浆砌砖基础(含防潮层)

定额人工费=工程量×定额人工费单价

$$=14.93×58.44+0.59×8.12$$

$$=872.51+4.79$$

$$=877.30(元)$$

(2)C10混凝土基础垫层项目

定额人工费=工程量×定额人工费单价

$$=5.70×77.28$$

$$=440.50(元)$$

(3)基础垫层模板

定额人工费=工程量×定额人工费单价

$$=13.60×6.52$$

$$=88.67(元)$$

分部分项工程和单价项目措施费定额人工费小计:

$$877.30+440.50+88.67=1\ 406.47(元)$$

最后,根据上述规定和下面表格,计算总价措施项目费(见表8.10)。

表 8.10　总价措施项目清单与计价表

工程名称:某基础工程　　　　　　　　　标段:　　　　　　　　　第 1 页共 1 页

序号	项目编码	项目名称	计算基础	费率（%）	金额（元）	调整费率（%）	调整后金额（元）	备　注
1	011707001001	安全文明施工	分部分项工程和单价措施项目定额人工费	26×2＝52	731.36			1 406.47 ×52%
2	011707002001	夜间施工	（本工程不计算）					
3	011707004001	二次搬运	（本工程不计算）					
4	011707005001	冬雨季施工	（本工程不计算）					
5	011707007001	已完工程及设备保护	（本工程不计算）					
		合　计			731.36			

编制人(造价人员):　　　　　　　　　　　　　　复核人(造价工程师):

8.4.5　计算其他项目费

其他项目费主要根据招标工程量清单中的"其他项目清单与计价汇总表"内容计算。基础工程项目只有暂列金额一项(见表8.11)。

表 8.11　其他项目清单与计价汇总表

工程名称:某基础工程　　　　　　　　　标段:　　　　　　　　　第 1 页共 1 页

序　号	项目名称	金额（元）	结算金额（元）	备　注
1	暂列金额	120.00		明细详见表 12-1
2	暂估价			
2.1	材料（工程设备）暂估价			明细详见表 12-2
2.2	专业工程暂估价			明细详见表 12-3
3	计日工			明细详见表 12-4

序　号	项目名称	金额(元)	结算金额(元)	备　注
4	总承包服务费			明细详见表12-5
5	索赔与现场签证			明细详见表12-6
合　计		120.00		

注:材料(工程设备)暂估单价进入清单项目综合单价,此处不汇总。

8.4.6　规费、税金计算

规费和税金是按国家、省市或者行业行政主管部门颁发的规定计算,一般是按人工费或人工加机械费作为基数乘上规定的费率计算。例如,××省的规定见表8.12和表8.13。

表8.12　××省规费标准

序　号	规费名称	计算基础	费率(%)
1	养老保险	分部分项工程和单价措施项目定额人工费	6.0~11.0
2	失业保险	同上	0.6~1.1
3	医疗保险	同上	3.0~4.5
4	工伤保险	同上	0.8~1.3
5	生育保险	同上	0.5~0.8
6	住房公积金	同上	2.0~5.0
7	工程排污费	按工程所在地区规定计取	

表8.13　××省税金计取标准

序　号	税金项目	税率(%)	备　注
1	增值税	11%	

基础工程的规费按规定的上限费率计取,工程排污费暂不计取。该工程在市区,税率为3.48%。基础工程的分部分项工程清单定额人工费+单价措施项目清单定额人工费=1 406.47元。计算过程见表8.14。

表 8.14 规费、税金项目计价表

工程名称:某基础工程　　　　　　标段:　　　　　　　　　　　第 1 页共 1 页

序　号	项目名称	计算基础	计算基数	计算费率(%)	金额(元)
1	规费	定额人工费			333.32
1.1	社会保障费	定额人工费	(1)+…+(5)		263.00
(1)	养老保险费	定额人工费	1 406.47	11	154.71
(2)	失业保险费	定额人工费	1 406.47	1.1	15.47
(3)	医疗保险费	定额人工费	1 406.47	4.5	63.29
(4)	工伤保险费	定额人工费	1 406.47	1.3	18.28
(5)	生育保险费	定额人工费	1 406.47	0.8	11.25
1.2	住房公积金	定额人工费	1 406.47	5.0	70.32
1.3	工程排污费	按工程所在地区规定计取	(不计算)		
2	增值税税金	分部分项工程费+措施项目费+其他项目费+规费-按规定不计税的工程设备金额	(7 003.28+731.36+120.00+333.32)×11%	11	900.68
	合　计				1 234.00

8.4.7　投标报价汇总表计算

基础工程的投标价汇总表计算见表 8.15。

表 8.15　单位工程投标报价汇总表

工程名称:某基础工程　　　　　　标段:　　　　　　　　　　　第 1 页共 1 页

序　号	汇总内容	金额(元)	其中:暂估价(元)
1	分部分项工程	7 003.18	
0104	砌筑工程	4 783.42	
0105	混凝土及钢筋混凝土工程	1 628.16	
1170	措施项目	591.60	

序　号	汇总内容	金额(元)	其中:暂估价(元)
2	措施项目	731.36	
2.1	其中:安全文明施工费	731.36	
3	其他项目	120.00	
3.1	其中:暂列金额	120.00	
3.2	其中:专业工程暂估价	无	
3.3	其中:计日工	无	
3.4	其中:总承包服务费	无	
4	规费	333.32	
5	增值税税金	900.68	
	招标控制价合计 = 1+2+3+4+5	9 088.54	

说明:表中序 1~序 4 各费用均以不包含增值税可抵扣进项税额的价格计算。

8.4.8　招标控制价封面

　　招标控制价的封面是"招标控制价",其中的数据根据"单位工程招标控制价汇总表"中的内容填写,如图 8.11 所示。

8.4.9　清单报价简例的完整内容

　　图 8.11 至图 8.19 为一个清单报价简例,本节的招标控制价编制是一个比较简单的例子,还有措施项目费、其他项目费等较多的内容没有包含在内,这些内容和完整的报价实例将在后面详细介绍。掌握了招标控制价的编制方法,就可以很快掌握招标控制价的编制方法。

8.4.10　招标控制价编制程序

　　学习了上述内容,我们可以归纳如下招标控制价编制程序示意图如图 8.21 所示。

_____某基础_____工程

招标控制价

招标控制价(小写):_____9 088.54 元_____
　　　　(大写):_____玖仟零捌拾捌元伍角肆分整_____

招　标　人:_____×××_____　　造价咨询人:_____×××_____
　　　　　　　(单位盖章)　　　　　　　　　　　(单位咨询专业章)

法定代表人　　　　　　　　　　法定代表人
或其授权人:_____×××_____　　或其授权人:_____×××_____
　　　　　　　(签字或盖章)　　　　　　　　　　(签字或盖章)

编　制　人:_____×××_____　　复　核　人:_____×××_____
　　　　　(造价人员签字盖专业章)　　　　　(造价工程师签字盖专业章)

编制时间:2013 年 5 月 12 日　　　复核时间:2013 年 5 月 18 日

图 8.11

单位工程投标报价汇总表

工程名称:某基础工程　　　　　　　　　　　标段:　　　　　　　　　　第1页共1页

序　号	汇总内容	金额(元)	其中:暂估价(元)
1	分部分项工程	7 003.18	
0104	砌筑工程	4 783.42	
0105	混凝土及钢筋混凝土工程	1 628.16	
1170	措施项目	591.60	
2	措施项目	731.36	
2.1	其中:安全文明施工费	731.36	
3	其他项目	120.00	
3.1	其中:暂列金额	120.00	
3.2	其中:专业工程暂估价	无	
3.3	其中:计日工	无	
3.4	其中:总承包服务费	无	
4	规费	333.32	
5	增值税税金	900.68	
	招标控制价合计=1+2+3+4+5	9 088.54	

说明:表中序1~序4各费用均以不包含增值税可抵扣进项税额的价格计算。

图 8.12

分部分项工程和措施项目计价表

工程名称:某基础工程　　　　　　　　　　　标段:　　　　　　　　　　第1页共1页

序号	项目编码	项目名称	项目特征描述	计量单位	工程量	综合单价	合　价	其中暂估价
		D.砌筑工程						
1	010401001001	砖基础	1.砖品种、规格、强度等级:页岩砖、240×115×53 MU7.5 2.基础类型:带形 3.砂浆强度等级:M5 水泥砂浆 4.防潮层材料种类1:2 水泥砂浆	m³	14.93	320.39	4 783.42	
		小　计					4 783.42	
		E.混凝土及钢筋混凝土工程						
2	010501001001	基础垫层	1.混凝土类别:碎石塑性混凝土 2.强度等级:C10	m³	5.70	285.66	1 628.26	
		小　计					1 628.26	
		S 措施项目						
3	11702001001	基础垫层模板	基础类型:带形	m²	13.60	43.50	591.60	
		小　计					591.60	
		本页小计					7 003.18	
		合计					7 003.18	

图 8.13

工程量清单综合单价分析表

工程名称:某基础工程　　　　　　　　标段:　　　　　　　　第1页共3页

项目编码	010401001001	项目名称	砖基础	计量单位	m³

清单综合单价组成明细

定额编号	定额项目名称	定额单位	数量	单价(元)				合价(元)			
				人工费	材料费	机械费	管理费和利润	人工费	材料费	机械费	管理费和利润
A3-1	M5水泥砂浆砌带形砖基础	10 m³	0.10	584.40	2 293.77	40.35	175.32	58.44	229.38	4.04	17.53
A7-214	1:2水泥砂浆墙基防潮层	100 m³	0.005 9	811.80	774.82	33.10	243.54	4.79	4.57	0.20	1.44
人工单价			小　计					63.23	233.95	4.24	18.97
60.00元/工日			未计价材料费								
清单项目综合单价								320.39			

	主要材料名称、规格、型号	单位	数量	单价(元)	合价(元)	暂估单价(元)	暂估合价(元)
材料费明细	标准砖	千块	0.523 6	380.00	198.97		
	32.5水泥	t	0.050 5	360.00	18.18		
	中砂	t	0.378 3	30.00	11.35		
	水	m³	0.176	5.00	0.88		
	32.5水泥	t	0.008 22	360.00	2.96		
	中砂	t	0.021 7	30.00	0.65		
	防水粉	kg	0.412	2.00	0.82		
	水	m³	0.027	5.00	0.14		
	其他材料费			—		—	
	材料费小计			—	233.95	—	

注:1.如不使用省级或行业建设主管部门发布的计价依据,可不填定额项目、编号等。

2.招标文件提供了暂估单价的材料,按暂估的单价填入表内"暂估单价"栏及"暂估合价"栏。

图 8.14

工程量清单综合单价分析表

工程名称:某基础工程　　　　　　　　　　标段:　　　　　　　　　　第 2 页共 3 页

项目编码	10501001001	项目名称		基础垫层		计量单位		m³

清单综合单价组成明细

定额编号	定额项目名称	定额单位	数 量	单价(元)				合价(元)			
				人工费	材料费	机械费	管理费和利润	人工费	材料费	机械费	管理费和利润
B1-24	C10 混凝土基础垫层	10 m³	0.10	772.80	1 779.32	72.73	231.84	77.28	177.93	7.27	23.18
人工单价			小　计					77.28	177.93	7.27	23.18
60.00 元/工日			未计价材料费								
清单项目综合单价								285.66			

	主要材料名称、规格、型号				单 位	数 量	单价(元)	合价(元)	暂估单价(元)	暂估合价(元)
材料费明细	碎石				t	1.360 5	42.00	57.14		
	32.5 水泥				t	0.262 6	360.00	94.54		
	中砂				t	0.761 5	30.00	22.84		
	水				m³	0.682	5.00	3.41		
	其他材料费						—		—	
	材料费小计						—	177.93	—	

注:1.如不使用省级或行业建设主管部门发布的计价依据,可不填定额项目、编号等。

　2.招标文件提供了暂估单价的材料,按暂估的单价填入表内"暂估单价"栏及"暂估合价"栏。

图 8.15

工程量清单综合单价分析表

工程名称:某基础工程 标段: 第 3 页共 3 页

项目编码	11702001001		项目名称		基础垫层模板		计量单位			m²

清单综合单价组成明细

定额编号	定额项目名称	定额单位	数量	单价(元)				合价(元)			
				人工费	材料费	机械费	管理费和利润	人工费	材料费	机械费	管理费和利润
A12-77	混凝土基础垫层模板安拆	100 m²	0.01	651.60	3 446.07	57.35	195.33	6.52	34.46	0.57	1.95
人工单价		小 计									
60.00 元/工日		未计价材料费									
清单项目综合单价								43.50			

	主要材料名称、规格、型号	单 位	数 量	单价(元)	合价(元)	暂估单价(元)	暂估合价(元)
材料费明细	32.5 水泥	t	0.000 07	360.00	0.02		
	中砂	t	0.000 17	30.00	0.01		
	木模板	m³	0.014 45	2 300.00	33.23		
	隔离剂	kg	0.1	0.98	0.10		
	铁钉	kg	0.197 3	5.50	1.09		
	22 号铁丝	kg	0.001 8	6.70	0.01		
	水	m³	0.000 04	5.00	0.00		
	其他材料费				—		—
	材料费小计				—	34.46		

图 8.16

总价措施项目清单与计价表

工程名称:某基础工程　　　　　　　　　　　　标段:　　　　　　　　　　第1页共1页

序　号	项目编码	项目名称	计算基础	费率(%)	金额(元)	调整费率(%)	调整后金额(元)	备　注
1	011707001001	安全文明施工	分部分项工程和单价措施项目定额人工费	26×2=52	731.36			1 406.47×52%
2	011707002001	夜间施工	（本工程不计算）					
3	011707004001	二次搬运	（本工程不计算）					
4	011707005001	冬雨季施工	（本工程不计算）					
5	011707007001	已完工程及设备保护	（本工程不计算）					
		合　计			731.36			

编制人(造价人员):　　　　　　　　　　　　　　　　复核人(造价工程师):

图 8.17

其他项目清单与计价汇总表

工程名称:某基础工程　　　　　　　　　　　　标段:　　　　　　　　　　第1页共1页

序　号	项目名称	金额(元)	结算金额(元)	备　注
1	暂列金额	120.00		明细详见表12-1
2	暂估价			
2.1	材料(工程设备)暂估价			明细详见表12-2
2.2	专业工程暂估价			明细详见表12-3
3	计日工			明细详见表12-4
4	总承包服务费			明细详见表12-5
5	索赔与现场签证			明细详见表12-6
	合　计	120.00		

注:材料(工程设备)暂估单价进入清单项目综合单价,此处不汇总。

图 8.18

规费、税金项目计价表

工程名称:某基础工程　　　　　　　　　　　标段:　　　　　　　　　　　第1页共1页

序　号	项目名称	计算基础	计算基数	计算费率(%)	金额(元)
1	规费	定额人工费			333.32
1.1	社会保障费	定额人工费	(1)+…+(5)		263.00
(1)	养老保险费	定额人工费	1 406.47	11	154.71
(2)	失业保险费	定额人工费	1 406.47	1.1	15.47
(3)	医疗保险费	定额人工费	1 406.47	4.5	63.29
(4)	工伤保险费	定额人工费	1 406.47	1.3	18.28
(5)	生育保险费	定额人工费	1 406.47	0.8	11.25
1.2	住房公积金	定额人工费	1 406.47	5.0	70.32
1.3	工程排污费	按工程所在地区规定计取	(不计算)		
2	税金	分部分项工程费+措施项目费+其他项目费+规费−按规定不计税的工程设备金额	(7 003.28 + 731.36 + 120.00 + 333.32) × 3.48%	3.48	284.94
	合　计				618.26

图 8.19

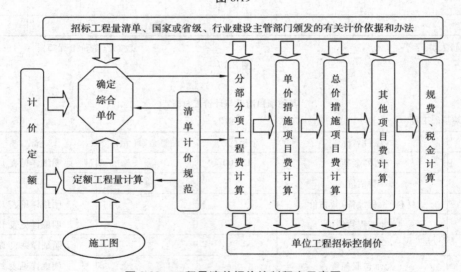

图 8.20　工程量清单报价编制程序示意图

8.5　工程量清单计价与定额计价的区别

1) 计价依据不同

(1) 依据不同定额

定额计价按照政府主管部门颁发的预算定额计算各项消耗量;工程量清单计价按照企业定额计算各项消耗量,也可以选择政府主管部门颁发的计价定额或消耗量定额计算工料机消耗量。选择何种定额,由投标人自主确定。

（2）采用的单价不同

定额计价的人工单价、材料单价、机械台班单价采用预算定额基价中的单价或政府指导价；工程量清单计价的人工单价、材料单价、机械台班单价采用市场价或政府指导价，由投标人自主确定。

（3）费用项目不同

定额计价的费用根据政府主管部门颁发的费用计算程序所规定的项目和费率计算；工程量清单计价的费用除清单计价规范和文件规定强制性的项目外，可以按照工程量清单计价规范的规定和根据拟建工程和本企业的具体情况自主确定费用项目和费率。

2）费用的划分不同

定额计价方式的工程造价费用构成一般由直接费（包括直接工程费和措施费）、间接费（包括规费和企业管理费）、利润和税金（包括营业税、城市维护建设税和教育费附加）构成；工程量清单计价的工程造价费用由分部分项工程项目费、措施项目费、其他项目费、规费和税金构成。

3）计价方法不同

定额计价方式常采用单位估价法和实物金额法计算直接费，然后再计算间接费、利润和税金。而工程量清单计价则采用综合单价的方法计算分部分项工程量清单项目费，然后再计算措施项目费、其他措施项目费、规费和税金。

4）本质特性不同

定额计价方式确定的工程造价，具有计划价格的特性；工程量清单计价方式确定的工程造价具有市场价格的特性。两者有着本质上的区别。

拓展思考题

（1）清单计价定额、计价定额和消耗量定额三者之间有哪些共同点和不同点？

（2）编制工程量清单报价时，是使用清单计价定额、计价定额、预算定额还是消耗量定额？为什么？

（3）在编制综合单价时为什么要计算定额工程量？可以规定不计算吗？

（4）如何判断和确定一个分部分项工程量清单项目包含几个定额项目？

（5）你掌握"工程量清单综合单价分析表"的方法了吗？请试着自己设计一个类似的分析表。

9 设计概算

9.1　设计概算的概念及其作用

1)设计概算的概念

设计概算是确定设计概算造价的文件,一般由设计部门编制。

在两阶段设计中,扩大初步设计阶段编制设计概算;在三阶段设计中,初步设计阶段编制设计概算,技术设计阶段编制修正概算。

2)设计概算的作用

设计概算的主要作用包括以下几个方面:

①国家规定,竣工结算不能突破施工图预算,施工图预算不能突破设计概算,因此,概算是国家控制建设投资、编制建设投资计划的依据。

②设计部门在初步设计阶段要选择最佳设计方案,设计概算是从经济角度衡量设计方案经济合理性的重要依据。因此,设计概算是选择最佳设计方案的重要依据。

③设计概算是建设投资包干和招标承包的依据。

④设计概算中的主要材料用量是编制建设材料需用量计划的依据。

⑤建设项目总概算是根据各单项工程综合概算汇总而成的,单项工程综合概算又是根据各设计概算汇总而成的。所以,设计概算是编制建设项目总概算的基础资料。

9.2　设计概算的编制方法及其特点

1)设计概算的编制方法

设计概算的编制,一般采用 3 种方法:

①用概算定额编制概算。

②用概算指标编制概算。

③用类似工程预算编制概算。

设计概算的编制方法主要由编制依据决定。设计概算的编制依据除了概算定额、概算指标、类似工程预算外,还必须有初步设计图纸(或施工图纸)、费用定额、地区材料预算价格、设备价目表等有关资料。

2)设计概算编制方法的特点

(1)用概算定额编制概算的特点

①各项数据较齐全,结果较准确。

②用概算定额编制概算,必须计算工程量,故设计图纸要能满足工程量计算的需要。

③用概算定额编制概算,计算的工作量较大,所以,比用其他方法编制概算所用的时间要长一些。

(2)用概算指标编制概算的特点

①编制时必须选用与所编概算工程相近的设计概算指标。

②对所需要的设计图纸要求不高,只需满足符合结构特征、计算建筑面积的需要即可。

③不如用概算定额编制概算所提供的数据那么准确和全面。

④编制速度较快。

(3)用类似工程预算编制概算的特点

①要选用与所编概算工程结构类型基本相同的工程预算为编制依据。

②设计图纸应满足能计算出工程量的要求。

③个别项目要按拟编工程施工图要求进行调整。

④提供的各项数据较齐全、较准确。

⑤编制速度较快。

由上面的叙述可以得出:在编制设计概算时,应根据编制要求、条件恰当地选择其编制方法。

9.3 用概算定额编制概算

概算定额是在预算定额的基础上,按建筑物的结构部位划分的项目,再将若干个预算定额项目综合为一个概算定额项目的扩大结构定额。例如,在预算定额中,砖基础、墙基防潮层、人工挖地槽土方均分别各为一个分项工程项目。但在概算定额中,将这几个项目综合成了一个项目,称为砖基础工程项目,它包括了从挖地槽到墙基防潮层的全部施工过程。

用概算定额编制概算的步骤与施工图预算的编制步骤基本相同,也要列项、计算工程量、套用概算定额、进行工料分析、计算直接工程费、计算间接费、计算利润和税金等各项费用。

1)列项

与施工图预算的编制一样,概算的编制遇到的首要问题就是列项。

概算的项目是根据概算定额的项目而定的,所以,列项之前必须先了解概算定额的项目划分情况。

概算定额的分部工程是按照建筑物的结构部位确定的。例如,某省的建筑工程概算定额划分为 10 个分部:

- 土石方、基础工程
- 墙体工程
- 柱、梁工程
- 门窗工程
- 楼地面工程
- 屋面工程
- 装饰工程
- 厂区道路
- 构筑物工程
- 其他工程

各分部中的概算定额项目一般都是由几个预算定额的项目综合而成的,经过综合的概算定额项目的定额单位与预算定额的定额单位是不相同的。只有了解了概算定额的综合的基本情况,才能正确应用概算定额,列出工程项目,并据以计算工程量。

概算定额综合预算定额项目情况的对照表见表 9.1。

表 9.1　概算定额项目与预算定额项目对照表

概算定额项目	单 位	综合的预算定额项目	单 位
砖基础	m^3	砖砌基础	m^3
		水泥砂浆墙基防潮层	m^2
		基础挖土方、回填土	m^3
砖外墙	m^2	砖墙砌体	m^3
		外墙面抹灰或勾缝	m^2
		钢筋加固	t
		钢筋混凝土过梁	m^3
		内墙面抹灰	m^2
		刷石灰浆或涂料	m^2
		零星抹灰	m^2
现浇混凝土墙	m^2	现浇钢筋混装土墙体	m^3
		内墙面抹灰	m^2
		刷涂料	m^2
门窗	m^2	门窗制作	m^2
		门窗安装	m^2
		门窗运输	m^2
		门窗油漆	m^2
现浇混凝土楼板	m^2	楼面面层	m^2
		现浇钢筋混凝土楼板	m^3
		顶棚面抹灰	m^2
		刷涂料	m^2

续表

概算定额项目	单 位	综合的预算定额项目	单 位
预制空心板楼板	m²	楼板面层 预制空心板 板运输 板安装 板缝灌浆 顶棚面抹灰 刷涂料	m² m³ m³ m³ m³ m² m²

2) 工程量计算

概算工程量计算必须依据概算定额规定的计算规则进行。

由于综合项目的原因和简化计算的原因,概算工程量计算规则不同于预算工程量计算规则。现以某地区的概算与预算定额为例(见表9.2),说明它们之间的差别。

表9.2　部分概、预算工程量计算规则对比

项目名称	概算工程量计算规则	预算工程量计算规则
内墙基础、垫层	按中心线尺寸计算工程量后乘以系数0.97	按图示尺寸计算工程量
内墙	按中心线长计算工程量,扣除门窗洞口面积	按净长尺寸计算工程量、扣除门窗外围面积
内、外墙	不扣除嵌入墙身的过梁体积	要扣除嵌入墙身的过梁体积
楼地面垫层、面层	按中心线尺寸计算工程量后乘以系数0.90	按净面积计算工程量
门窗	按门面洞口面积计算	按门窗框外围面积计算

3) 直接费计算及工科分析

概算的直接费计算及工料分析与施工图预算的方法相同,见表9.3的例子。

表9.3　概算直接费计算及工料分析表

定额编号	项目名称	单位	工程量	单价(元)			总价(元)			锯材(m³)	42.5级水泥(kg)	中砂(m³)
				基价	人工费	机械费	小计	人工费	机械费			
1-51	M5水泥砂浆砌砖基础	m³	14.251	110.39	21.22	0.25	1 573.17	302.41	3.56		79.54 1 133.52	0.30 4.275
1-48	C10混凝土基础垫层	m³	5.901	108.59	13.55	1.22	640.79	79.96	7.20	0.007 0.041	239.37 1 412.52	0.48 2.832
	小　计						2 213.96	382.37	10.76	0.041	2 546.04	7.107

4)设计概算造价的计算

概算的间接费、利润和税金计算,与施工图预算完全相同,其计算过程详见施工图预算造价计算的有关章节。

9.4 用概算指标编制概算

概算指标的内容和形式已在前面介绍了,这里不再赘述。

应用概算指标编制概算的关键问题是要选择合理的概算指标。对拟建工程选用较合理的概算指标,应符合以下3个方面的条件:

①拟建工程的建筑地点与概算指标中的工程地点在同一地区(如不同时需调整地区人工单价和地区材料预算价格)。

②拟建工程的工程特征和结构特征与概算指标中的工程、结构特征基本相同。

③拟建工程的建筑面积与概算指标中的建筑面积比较接近。

某地区砖混结构住宅概算指标见表9.4~表9.6。

表 9.4 某地区砖混结构住宅概算指标

工程名称	××住宅	结构类型	砖混结构	建筑层数	6层
建筑面积	2 960 m²	施工地点	××市	竣工日期	2007 年 2 月

结构及构造特征	基 础	墙 体	楼 面	地 面
	混凝土带形基础	240 mm 厚标准砖墙	预应力空心板、现浇平板、水泥砂浆面、水磨石面	混凝土地面垫层、水泥砂浆面、水磨石面
	屋 面	门 窗	装 饰	电 照	给排水
	水泥炉渣找坡、APP改性沥青卷材防水层	塑料门窗	混合砂浆抹内墙面、乳胶漆面、瓷砖墙裙、外墙面水刷石、外墙涂料	导线塑料管暗敷、白炽灯	塑料给排水管、蹲式大便器

工程造价及各项费用组成									
项 目	平方米指标(元/m²)	其中各项费用占工程造价百分比/%					企业管理费	规费	利润	税金
		直接工程费								
		人工费	材料费	机械费	措施费	直接费小计				
工程总造价	884.81	9.00	60.70	2.15	5.25	77.10	7.84	5.78	6.20	3.08
其中 土建工程	723.30	9.49	59.68	2.44	5.31	76.92	7.89	5.77	6.34	3.08
其中 给排水工程	86.04	5.85	68.52	0.65	4.55	79.57	6.96	5.39	5.01	3.07
其中 电照工程	75.47	7.03	63.17	0.48	5.48	76.17	8.34	6.44	6.00	3.06

表 9.5 某地区砖混结构住宅工程每 m² 人工、主要材料用量指标

序 号	名 称	单 位	每 m² 用量	序 号	名 称	单 位	每 m² 用量
1	定额用工	工日	5.959	7	砂子	m²	0.470
2	钢筋	t	0.014	8	石子	m²	0.234
3	型钢	kg	0.720	9	APP 卷材	m²	0.443
4	水泥	t	0.168	10	乳胶漆	kg	0.682
5	锯材	m³	0.021	11	地砖	m²	0.120
6	标准砖	千块	0.175	12	水落管	m	0.021

表 9.6 某地区砖混结构住宅工程分部结构占直接费百分比及每 m² 主要工程量指标

项 目	单位	每 m² 工程量	占直接费(%)	项 目	单位	每 m² 工程量	占直接费(%)
一、基础工程			12.04	四、门窗工程			11.93
人工挖土	m³	0.753		塑料窗	m²	0.226	
混凝土带形基础	m³	0.033		塑料门	m²	0.171	
混凝土挡土墙	m³	0.013		五、楼地面工程			4.11
砖基础	m³	0.071		混凝土垫层	m³	0.019	
二、结构工程			43.06	水泥砂浆楼地面	m²	0.646	
混凝土构造柱	m³	0.032		水磨石楼地面	m²	0.116	
砖墙	m³	0.295		地砖楼地面	m²	0.012	
现浇混凝土过梁	m³	0.032		六、室内装修			12.48
现浇混凝土圈梁	m³	0.064		内墙面抹灰	m²	2.271	
现浇混凝土平板	m³	0.006		乳胶漆面	m²	2.271	
其他现浇构件	m³	0.031		瓷砖墙裙	m²	0.020	
预制过梁	m³	0.002		轻钢龙骨石膏板面吊顶天棚	m²	0.126	
预制平板	m³	0.002		七、外墙装饰			6.10
预应力空心板	m³	0.047		水刷石墙面	m²	0.071	
三、屋面工程			5.02	外墙涂料	m²		0.139
水泥炉渣找坡	m³	0.152		八、其他工程	m²		5.26
APP 改性沥青卷材	m²	0.443		(检查井、化粪池等)			
塑料水落管	m	0.004					

下面通过例 9.1 来说明概算的编制方法。

【例 9.1】 拟在××市修建一幢 3 000 m² 的混合结构住宅,其工程特征与结构特征与表 9.4

的概算指标的内容基本相同。试根据该概算指标,编制土建工程概算。

【解】 由于拟建工程与概算指标的工程在同一地区(不考虑材料价差),所以可以直接根据表9.4、表9.5和表9.6的概算指标计算。其工程概算价值计算见表9.7,工程工料需用量见表9.8。

表9.7　某住宅工程概算价值计算表

序　号	项目名称	计算式	金额(元)
1	土建工程造价	3 000×723.30＝2 169 900.00	2 169 900.00
2	直接费 其中:人工费 材料费 机械费 措施费	2 169 900.00×76.92%＝1 669 087.08 2 169 900.00×9.49%＝205 923.51 2 169 900.00×59.68%＝1 294 996.32 2 169 900.00×2.44%＝52 945.56 2 169 900.00×5.31%＝115 221.69	1 669 087.08 205 923.51 1 294 996.32 52 945.56 115 221.69
3	企业管理费	2 169 900.00×7.89%＝171 205.11	171 205.11
4	规费	2 169 900.00×5.77%＝125 203.23	125 203.23
5	利润	2 169 900.00×6.34%＝137 571.66	137 571.66
6	税金	2 169 900.00×3.08%＝66 823.92	66 823.92

说明:上述措施费、企业管理费、规费、利润、税金还可以根据本地区费用定额的规定计算出概算造价。

表9.8　某住宅工程工料需用量计算表

序　号	工料名称	单　位	计算式	数　量
1	定额用工	工日	3 000×5.959	17 877 工日
2	钢筋	t	3 000×0.014	42 t
3	型钢	kg	3 000×0.720	2 160 kg
4	水泥	t	3 000×0.168	504 t
5	锯材	m³	3 000×0.021	63 m²
6	标准砖	千块	3 000×0.175	525 千块
7	砂子	m³	3 000×0.470	1 410 m³
8	石子	m³	3 000×0.234	702 m³
9	APP 卷材	m²	3 000×0.443	1 329 m²
10	乳胶漆	kg	3 000×0.682	2 046 kg
11	地砖	m²	3 000×0.120	360 m²
12	水落管	m	3 000×0.021	63 m

用概算指标编制概算的方法较为简便,其主要工作是计算拟建工程的建筑面积,然后再套用概算指标,直接算出各项费用和工料需用量。

在实际工作中,用概算指标编制概算时往往选不到工程特征和结构特征完全相同的概算指标,遇到这种情况时可采取调整的方法修正这些差别。

调整方法一:修正每 m^2 造价指标。

该方法适用于拟建工程在同一地点,建筑面积接近,但结构特征不完全一样时。例如,拟建工程是一砖外墙、木窗,概算指标中的工程是一砖半外墙、钢窗,这就要调整工程量和修正概算指标。

调整的基本思路是:从原概算指标中,减去每 m^2 建筑面积需换出的结构构件的价值,增加每 m^2 建筑面积需换入结构构件的价值,即得每 m^2 造价修正指标。再将每 m^2 造价修正指标乘上设计对象的建筑面积,就得到该工程的概算造价。

计算公式如下:

每 m^2 建筑面积造价修正指标 = 原指标单方造价 − 每 m^2 建筑面积换出结构构件价值 + 每 m^2 建筑面积换入结构构件价值

式中

$$每 m^2 建筑面积换出结构构件价值 = \frac{原指标结构构件工程量×地区概算定额工程单价}{原指标面积单位}$$

$$每 m^2 建筑面积换入结构构件价值 = \frac{拟建工程结构构件工程量×地区概算定额工程单价}{拟建工程建筑面积}$$

$$设计概算造价 = 拟建工程建筑面积×每 m^2 建筑面积造价修正指标$$

【例9.2】 拟建工程建筑面积 3 500 m^2。按图算出一砖外墙 632.51 m^2,塑钢窗 250 m^2。原概算指标每 100 m^2 建筑面积一砖半外墙 25.71 m^2,钢窗 15.36 m^2,每 m^2 概算造价 723.76 元。求修正后的单方造价和概算造价,见表9.9。

表9.9 建筑工程概算指标修正表(每 100 m^2 建筑面积)

序 号	定额编号	项目名称	单位	工程量	基价(元)	合价(元)	备 注
		换入部分					
	2-78	混合砂浆砌1砖外墙	m^2	18.07	123.76	2 236.34	632.51×(100÷3 500) = 18.07(m^2)
	4-68	塑钢窗	m^2	7.14	174.52	1 246.07	250×(100÷3 500) = 7.14(m^2)
		小 计				3 482.41	
		换出部分					
	2-79	混合砂浆砌1砖半外墙	m^2	25.71	117.31	3 016.04	
	4-90	单层钢窗	m^2	15.36	120.16	1 845.66	
		小 计				4 861.70	

每 m^2 建筑面积概算造价修正指标 = 723.76 + (3 482.41÷100) − (4 861.70÷100) = 709.96(元/m^2)

拟建工程概算造价 = 3 500×709.96 = 2 484 860(元)

调整方法二:不通过修正每 m^2 造价指标的方法,而直接修正原指标中的工料数量。

具体做法是:从原指标的工料数量和机械费中,换出拟建工程不同的结构构件人工、材料数量和调整机械费,换入所需的人工、材料和机械费。这些费用根据换入、换出结构构件工程量乘以相应概算定额中的人工、材料数量和机械费算出。

用概算指标编制概算,工程量的计算量较小,也节省了大量套定额和工料分析的时间,编制速度较快,但相对来说准确性要差一些。

9.5 用类似工程预算编制概算

类似工程预算是指已经编好并用于某工程的施工图预算。用类似工程预算编制概算具有编制时间短、数据较为准确等特点。如果拟建工程的建筑面积和结构特征与所选的类似工程预算的建筑面积和结构特征基本相同,那么就可以直接采用类似工程预算的各项数据编制拟建工程概算。

当出现下列两种情况时,需要修正类似工程预算的各项数据:

①拟建工程与类似工程不在同一地区,这时就要产生工资标准、材料预算价格、机械费、间接费等的差异。

②拟建工程与类似工程在结构上有差异。

当出现第②种情况的差异时,可参照修正概算造价指标的方法加以修正。

当出现第①种情况的差异时,则需计算修正系数。

计算修正系数的基本思路是:先分别求出类似工程预算的人工费、材料费、机械费、间接费和其他间接费在全部预算成本中所占的比例(分别以 γ_1、γ_2、γ_3、γ_4、γ_5 表示),然后再计算这 5 种因素的修正系数,最后求出总修正系数。

计算修正系数的目的是求出类似工程预算修正后的单方造价。用拟建工程的建筑面积乘上修正系数后的单方造价,就得到了拟建工程的概算造价。

修正系数计算公式如下:

$$工资修正系数 K_1 = \frac{编制概算地区一级工工资标准}{类似工程所在地区一级工工资标准}$$

$$材料预算价格修正系数 K_2 = \frac{\sum 类似工程各主要材料用量 \times 编制概算地区材料预算价格}{\sum 类似工程主要材料费}$$

$$机械使用费修正系数 K_3 = \frac{\sum 类似工程各主要机械台班量 \times 编制概算地区机械台班预算价格}{\sum 类似工程各主要机械使用费}$$

$$间接费修正系数 K_4 = \frac{编制概算地区间接费费率}{类似工程所在地间接费费率}$$

$$其他间接费修正系数 K_5 = \frac{编制概算地区其他间接费费率}{类似工程所在地区其他间接费费率}$$

预算成本总修正系数 $K = \gamma_1 K_1 + \gamma_2 K_2 + \gamma_3 K_3 + \gamma_4 K_4 + \gamma_5 K_5$

拟建工程概算造价计算公式:

拟建工程概算造价=修正后的类似工程单方造价×拟建工程建筑面积

其中修正后的类似工程单方造价=类似工程修正后的预算成本×(1+利税率)

类似工程修正后的预算成本=类似工程预算成本×预算成本总修正系数

【例9.3】 有一幢新建办公大楼,建筑面积 2 000 m²,根据下列类似工程预算的有关数据计算该工程的概算造价。

(1)建筑面积:1 800 m²。

(2)工程预算成本:1 098 000 元。

(3)各种费用占成本的百分比:

人工费 8%,材料费 62%,机械费 9%,间接费 16%,规费 5%。

(4)已计算出的各修正系数为:

$K_1 = 1.08, K_2 = 1.05, K_3 = 0.99, K_4 = 1.0, K_5 = 0.95$。

【解】 (1)计算预算成本总修正系数 K

$K = 0.08 \times 1.08 + 0.62 \times 1.05 + 0.09 \times 0.99 + 0.16 \times 1.0 + 0.05 \times 0.95 = 1.03$

(2)计算修正预算成本

修正预算成本 = 1 098 000 × 1.03 = 1 130 940(元)

(3)计算类似工程修正后的预算造价(利税率为 8%)

类似工程修正后的预算造价 = 1 130 940 × (1 + 8%) = 1 221 415.20(元)

(4)计算修正后的单方造价

类似工程修正后的单方造价 = 1 221 415.20 ÷ 1 800 = 678.56(元/m²)

(5)计算拟建办公楼的概算造价

办公楼概算造价 = 2 000 × 678.56 = 1 357 120(元)

如果拟建工程与类似工程相比较,结构构件有局部不同时,应通过换入和换出结构构件价值的方法,计算净增(减)值,然后再计算拟建工程的概算造价。其计算公式如下:

$$修正后的类似工程预算成本 = 类似工程预算成本 \times 总修正系数 + 结构件净价值 + (1 + 修正间接费费率)$$

$$修正后的类似工程预算造价 = 修正后类似工程预算成本 \times (1 + 利税率)$$

$$修正后的类似工程单方造价 = \frac{修正后类似工程预算造价}{类似工程建筑面积}$$

$$拟建工程概算造价 = 拟建工程建筑面积 \times 修正后的类似工程单方造价$$

【例9.4】 假设上例办公楼的局部结构构件不同,净增加结构构件价值 1 550 元,其余条件相同,试计算该办公楼的概算造价。

【解】 修正后的类似工程预算成本 = 1 098 000 × 1.03 + 1 550 × (1 + 16% × 1.0 + 5% × 0.95) = 1 132 811.63(元)

修正后的类似工程预算造价 = 1 132 811.63 × (1 + 8%) = 1 223 436.56(元)

拓展思考题

(1)3 种编制概算的方法各有哪些特点?

(2)用类似工程预算编制概算的关键点是什么?

(3)自己设计一个编制概算的方法。

10 工程结算

10.1 概　述

1) 工程结算

工程结算也称工程竣工结算,是指单位工程竣工后,施工单位根据施工实施过程中实际发生的变更情况,对原施工图预算工程造价或工程承包价进行调整、修正、重新确定工程造价的经济文件。

虽然承包商与业主签订了工程承包合同,按合同价支付工程价款,但是,施工过程中往往会发生地质条件的变化、设计变更、业主提出新的要求、施工情况的变化等。如果这些变化通过工程索赔已获得确认,那么,工程竣工后就要在原承包合同价的基础上进行调整,重新确定工程造价。这一过程就是编制工程结算的主要过程。

2) 工程结算与竣工决算的联系和区别

工程结算是由施工单位编制的,一般以单位工程为对象;竣工决算是由建设单位编制的,一般以一个建设项目或单项工程为对象。

工程结算如实反映了单位工程竣工后的工程造价;竣工决算则综合反映了竣工项目的建设成果和财务情况。

竣工决算由若干个工程结算和费用概算汇总而成。

3) 工程结算的内容

①封面。内容包括:工程名称、建设单位、建筑面积、结构类型、结算造价、编制日期等,并设有施工单位、审查单位以及编制人、复核人、审核人的签字盖章的位置。

②编制说明。内容包括:编制依据、结算范围、变更内容、双方协商处理的事项及其他必须说明的问题。

③工程结算直接工程费计算表。内容包括:定额编号、分项工程名称、单位、工程量、定额基价、合价、人工费、机械费等。

④工程结算费用计算表。内容包括:费用名称、费用计算基础、费率、计算式、费用金额等。

⑤附表。内容包括:工程量增减计算表、材料价差计算表、补充基价分析表等。

4)工程结算编制依据

编制工程结算除了应具备全套竣工图纸、预算定额、材料价格、人工单价、取费标准外,还应具备以下资料:

①工程施工合同。

②施工图预算书。

③设计变更通知单。

④施工技术核定单。

⑤隐蔽工程验收单。

⑥材料代用核定单。

⑦分包工程结算书。

⑧经业主、监理工程师同意确认的应列入工程结算的其他事项。

5)工程结算的编制程序和方法

单位工程竣工结算的编制,应在施工图预算的基础上,根据业主和监理工程师确认的设计变更资料、修改后的竣工图、其他有关工程索赔资料,先进行直接工程费的增减调整计算,再按取费标准计算各项费用,最后汇总为工程结算造价。其编制程序和方法概述为:

①收集、整理、熟悉有关原始资料。

②深入现场,对照观察竣工工程。

③认真检查复核有关原始资料。

④计算调整工程量。

⑤套定额基价,计算调整直接工程费。

⑥计算结算造价。

10.2　工程结算编制实例

某营业用房工程已竣工,在工程施工过程中发生了一些变更情况,根据这些情况需要编制工程结算。

10.2.1　营业用房工程变更情况

营业用房基础平面图如图 10.1 所示,基础详图如图 10.2 所示。

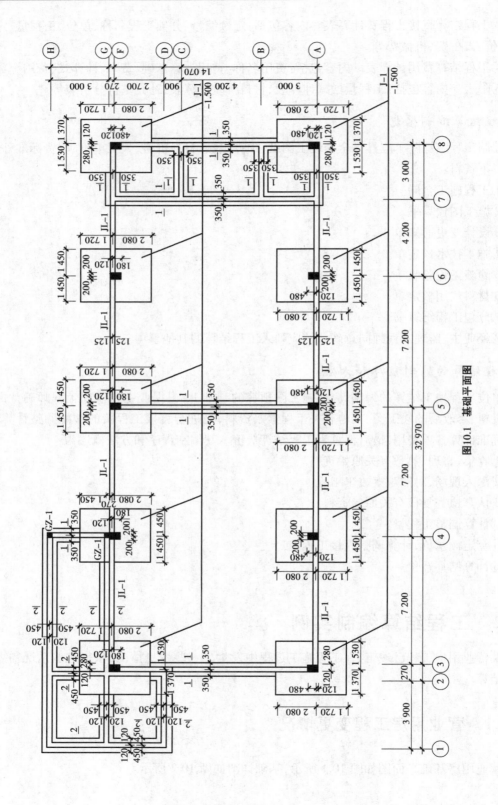

图10.1 基础平面图

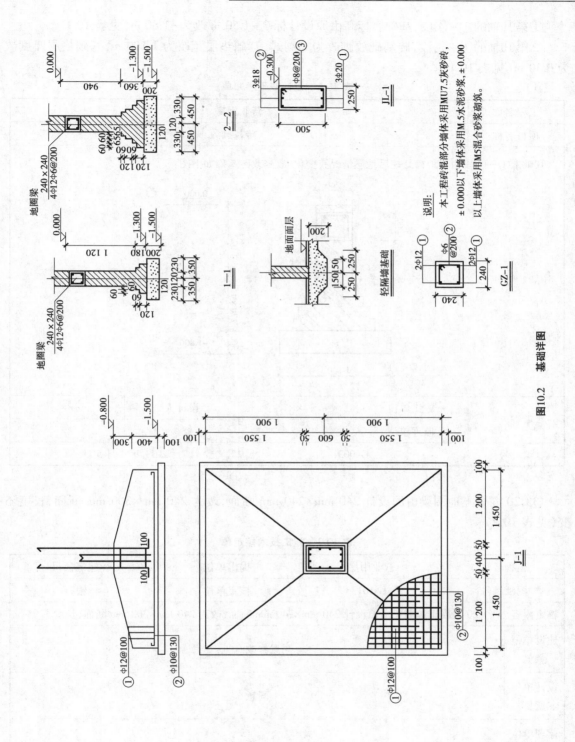

图10.2　基础详图

①第⑪轴的①~④段，基础底标高由原设计标高−1.50 m 改为−1.80 m（见表 10.1）。

②第⑪轴的①~④段，砖基础放脚改为等高式，基础垫层宽改为 1.100 m，基础垫层厚度改为 0.30 m（见表 10.1）。

表 10.1　设计变更通知单

工程名称	营业用房		
项目名称	砖基础		
⑪轴上①—④段由于地槽开挖后地质情况有变化，故修改砖基础如下图： 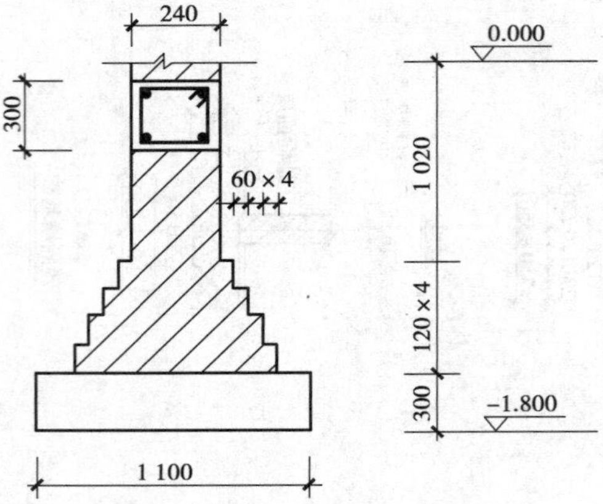			
审查人	施工单位	××	设计人	××
	监理单位	××	校核	××
编　号	G-003		2011 年 4 月 5 日

③C20 混凝土地圈梁由原设计 240 mm×240 mm 断面，改为 240 mm×300 mm 断面，长度不变（见表 10.2）。

表 10.2　施工技术核定单

工程名称	营业用房	提出单位	××建筑公司
图纸编号	G-101	核定单位	××银行
核定内容	C20 混凝土地圈梁由原设计 240 mm×240 mm 断面，改为 240 mm×300 mm 断面，长度不变		
建设单位意见	同意修改意见		
设计单位意见	同意		
监理单位意见	同意		

提出单位	核定单位	监理单位
技术负责人(签字) ×× 2011 年 8 月 5 日	核定人(签字) ×× 2011 年 8 月 5 日	现场代表(签字) ×× 2011 年 8 月 5 日

④基础施工图 2—2 剖面有垫层砖基础计算结果有误,需更正(见表 10.3)。

表 10.3　隐蔽工程验收单

建设单位:××银行　　　　　　　　　　　　　　　　　　　施工单位:

工程名称	营业用房	隐蔽日期	2011 年 6 月 6 日
项目名称	砖基础	施工图号	G-101

<table>
<tr>
<td rowspan="3">施工说明及简图</td>
<td colspan="3">按照 4 月 5 日签发的设计变更通知单,⑪轴上①～④段的地槽、砖基础、混凝土垫层、施工后的验收情况如下图:

</td>
</tr>
<tr>
<td>建设单位:××银行

主管负责人:××</td>
<td>监理单位:公正监理公司

现场代表:××</td>
<td>施工单位:诚信建筑公司
施工负责人:××
质检员:××</td>
</tr>
</table>

2011 年 6 月 6 日

10.2.2　计算调整工程量

1)原预算工程量

(1)人工挖地槽

$$V = (3.90+0.27+7.20) \times (0.90+2 \times 0.30) \times 1.35$$
$$= 11.37 \times 1.50 \times 1.35$$
$$= 23.02(\mathrm{m}^3)$$

（2）C10 混凝土基础垫层

$$V = 11.37 \times 0.90 \times 0.20$$
$$= 2.05(\text{m}^3)$$

（3）M5 水泥砂浆砌砖基础

$$V = 11.37 \times [1.06 \times 0.24 + 0.007\,875 \times (12-4)]$$
$$= 11.37 \times 0.317\,4$$
$$= 3.61(\text{m}^3)$$

（4）C20 混凝土地圈梁

$$V = (12.10 + 39.18 + 8.75 + 32.35) \times 0.24 \times 0.24$$
$$= 92.38 \times 0.24 \times 0.24$$
$$= 5.32(\text{m}^3)$$

（5）地槽回填土

$$V = 23.02 - 2.05 - 3.61 - (0.24 - 0.15) \times 0.24 \times 11.37$$
$$= 23.02 - 2.05 - 3.61 - 0.25$$
$$= 17.11(\text{m}^3)$$

2）工程变更后工程量

（1）人工挖地槽

$$V = 11.37 \times [1.10 + 0.3 \times 2 + \overset{1.65\,深}{(1.80 - 0.15)} \times \overset{放坡系数}{0.30}] \times 1.65$$
$$= 11.37 \times 2.195 \times 1.65$$
$$= 41.18(\text{m}^3)$$

（2）C10 混凝土基础垫层

$$V = 11.37 \times 1.10 \times 0.30$$
$$= 3.75(\text{m}^3)$$

（3）M5 水泥砂浆砌砖基础

$$砌基础深 = (1.80 - \overset{垫层}{0.30} - \overset{圈梁}{0.30}) = 1.20$$
$$V = 11.37 \times (1.20 \times 0.24 + 0.007\,875 \times 20)$$
$$= 11.37 \times 0.445\,5$$
$$= 5.07(\text{m}^3)$$

（4）C20 混凝土地圈梁

$$V = 92.38 \times 0.24 \times 0.30 = 6.65(\text{m}^3)$$

（5）地槽回填土

$$V = 41.18 - 3.75 - 5.07 - 6.65 - (0.30 - 0.15) \times 0.24 \times 11.37 = 25.30(\text{m}^3)$$

3）Ⓗ轴①——④段工程变更后工程量调整

（1）人工挖地槽

$$V = 41.18 - 23.02 = 18.16(\text{m}^3)$$

（2）C10 混凝土基础垫层

$$V = 3.75 - 2.05 = 1.70(\text{m}^3)$$

（3）M5 水泥砂浆砌砖基础

$$V = 5.07 - 3.61 = 1.46(\text{m}^3)$$

（4）C20 混凝土地圈梁

$$V = 6.65 - 5.32 = 1.33(\text{m}^3)$$

（5）地槽回填土

$$V = 25.30 - 17.11 = 8.19(\text{m}^3)$$

4）C20 混凝土圈梁变更后，砖基础工程量调整

（1）需调整的砖基础长

$$L = 92.38 - 11.37 = 81.01(\text{m})$$

（2）圈梁高度调整为 0.30 m 后，砖基础减少

$$V = 81.01 \times (0.30 - 0.24) \times 0.24$$
$$= 81.01 \times 0.014\ 4$$
$$= 1.17(\text{m}^3)$$

5）原预算砖基础工程量计算有误调整

（1）原预算有垫层砖基础 2—2 剖面工程量

$$V = 10.27(\text{m}^3)$$

（2）2—2 剖面更正后的工程量

$$V = 32.25 \times [1.06 \times 0.24 + 0.007\ 875 \times (20 - 4)]$$
$$= 12.31(\text{m}^3)$$

（3）砖基础工程量调整

$$V = 12.31 - 10.27 = 2.04(\text{m}^3)$$

（4）由砖基础增加引起地槽回填土减少

$$V = -2.04(\text{m}^3)$$

（5）由砖基础增加引起人工运土增加

$$V = 2.04(\text{m}^3)$$

10.2.3　调整项目工、料、机分析

调整项目工、料、机分析见表 10.4。

工程名称：营业用房

表 10.4　调整项目工、料、机分析

序号	定额编号	项目名称	单位	工程数量	综合工日	机械台班					材料用量					
						电动打夯机	200 L 灰浆机	平板振动器	400 L 搅拌机	插入式振动器	M5 水泥砂浆 (m³)	黏土砖 (块)	水 (m³)	C20 混凝土 (m³)	草袋子 (m³)	C10 混凝土 (m³)
		一、调整项目														
1-46		人工地槽回填土	m³	18.16	0.294/5.34	0.08/1.45										
8-16		C10 混凝土基础垫层	m³	1.70	1.225/2.08			0.079/0.13	0.101/0.17				0.50/0.85			1.01/1.72
4-1		M5 水泥砂浆砌砖基础	m³	1.46	1.218/1.78		0.039/0.06				0.236/0.345	524/765	0.105/0.15			
5-408		C20 混凝土地圈梁	m³	1.33	2.41/3.21				0.039/0.05	0.077/0.10			0.984/1.31	1.105/1.35	0.826/1.10	
1-46		人工地槽回填土	m³	8.19	0.294/2.41	0.08/0.66										
4-1		M5 水泥砂浆砌砖基础	m³	2.04	1.218/2.48		0.039/0.08				0.236/0.48	524/1 069	0.105/0.21			
1-49		人工运土	m³	2.04	0.204/0.42											
		调增小计			17.22	2.11	0.14	0.13	0.22	0.10	0.83	1 834	2.52	1.35	1.10	1.72
		二、调减项目														
4-1		M5 水泥砂浆砌砖基础	m³	1.17	1.218/1.43		0.039/0.05				0.236/0.28	524/613	0.105/0.12			
1-46		人工回填土	m³	2.04	0.294/0.60	0.08/0.16										
		调减小计			2.03	0.16	0.05				0.28	613	0.12			
		合　计			15.69	1.95	0.09	0.13	0.22	0.10	0.55	1 221	2.40	1.35	1.10	1.72

10.2.4 调整项目直接工程费计算

调整项目直接工程费计算见表 10.5。

表 10.5 调整项目直接工程费计算表(实物金额法)

工程名称:营业用房

序 号	名 称	单 位	数 量	单价(元)	金额(元)
一	人工	工日	15.69	25.00	392.25
二	机械				64.43
1	电动打夯机	台班	1.95	20.24	39.47
2	200 L 灰浆搅拌机	台班	0.09	15.92	1.43
3	400 L 混凝土搅拌机	台班	0.22	94.59	20.81
4	平板振动器	台班	0.13	12.77	1.66
5	插入式振动器	台班	0.10	10.62	1.06
三	材料				696.00
	M5 水泥砂浆	m^3	0.55	124.32	68.38
	黏土砖	块	1 221	0.15	183.15
	水	m^3	2.40	1.20	2.88
	C20 混凝土	m^3	1.35	155.93	210.51
	草袋子	m^2	1.10	1.50	1.65
	C10 混凝土	m^3	1.72	133.39	229.43
	小 计				1 152.68

10.2.5 营业用房调整项目工程造价计算

营业用房调整项目工程造价计算的费用项目及费率完全同预算造价计算过程,见表10.6。

表 10.6　营业用房调整项目工程造价计算表

序号	费用名称		计算式	金额(元)
(1)	直接工程费		见表 10.5	1 152.68
(2)	单项材料价差调整		采用实物金额法不计算此费用	
(3)	综合系数调整材料价差		采用实物金额法不计算此费用	
(4)	措施费	环境保护费	1 152.68×0.4% = 4.61	58.78
		文明施工费	1 152.68×0.9% = 10.37	
		安全施工费	1 152.68×1.0% = 11.53	
		临时设施费	1 152.68×2.0% = 23.05	
		夜间施工增加费	1 152.68×0.5% = 5.76	
		二次搬运费	1 152.68×0.3% = 3.46	
		大型机械进出场及安拆费	—	
		脚手架费	—	
		已完工程及设备保护费	—	
		混凝土及钢筋混凝土模板及支架费	—	
		施工排、降水费	—	
(5)	规费	工程排污费	—	87.68
		工程定额测定费	1 152.68×0.12% = 1.38	
		社会保障费	见表 23.5;392.25×16% = 62.76	
		住房公积金	见表 23.5;392.25×6.0% = 23.54	
		危险作业意外伤害保险	—	
(6)	企业管理费		1 152.68×5.1% = 58.79	58.79
(7)	利润		1 152.68×7% = 80.69	80.69
(8)	增值税税金		1 438.62×11% = 50.06	158.25
	工程造价		(1)~(8)之和	1 596.87

10.2.6　营业用房工程结算造价

(1)营业用房原工程预算造价

预算造价 = 590 861.22 元

（2）营业用房调整后增加的工程造价

调增造价为 1 488.68 元（见表 10.6）。

（3）营业用房工程结算造价

工程结算造价 = 590 861.22+1 596.87 = 592 458.09（元）

拓展思考题

（1）工程结算采用清单计价方式还是定额计价方式？为什么？

（2）站在业主角度，应如何办好工程结算？

（3）站在承包商角度，应如何办好工程结算？

（4）有没有工程结算时不调整工程量或费用的情况？为什么？

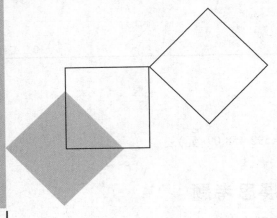

11 工程造价综合练习

11.1 综合练习任务书

工程造价综合练习任务书

任务班级＿＿＿＿＿＿＿＿＿

任务时间＿＿＿＿＿＿＿＿＿

一、综合练习目的

工程造价综合练习是一门综合性、实践性都很强,且着重培养学生动手能力的课程,是在建筑工程造价课理论教学任务完成后,在校进行的以两种不同的计价方法确定工程造价的综合练习。

目的:通过综合练习,使学生进一步巩固从事工程造价工作所必备的专业理论知识和专业技能,能够系统、熟练地掌握现行的工程造价计价模式下的两种不同的计价方法,为毕业后能在工程项目施工管理中掌握好工程造价计算的各项工作奠定基础。

二、综合练习内容

根据建筑、结构施工图,预算定额或计价定额,《建设工程工程量清单计价规范》及有关资料,用定额计价和清单计价两种不同的计价方法,分别完成完整的单位工程的工程造价计算工作。

①完成建筑工程预算编制。

②完成工程量清单编制。

③完成建筑工程工程量清单报价编制。

三、综合练习要求

①在老师的指导下,认真、独立地完成综合练习的各项内容。

②在规定的时间内,按时完成各阶段的综合练习内容。

四、综合练习时间安排

综合练习时间:分一周时间类型和两周时间类型。

五、成绩评定

工程造价综合练习的成绩评定分为优、良、中、及格、不及格 5 个等级。

评定方法:首先要通过口试答辩检查,然后检查预算书、清单报价书的书面内容是否完整、形式是否规范、格式的应用是否正确和书写是否工整、计算过程是否清晰,再根据出勤等情况作为考核内容和评定成绩的依据。

考核的比重:口试占 40%,书面考核占 40%,出勤占 20%。对不遵守练习时间和要求,缺勤、迟到、抄袭作业者,按不及格处理。

六、综合实训资料(具体内容详见各指导书)

11.2　综合练习指导书

建筑工程预算编制练习指导书

一、练习目的

通过连贯的、完整的建筑工程预算编制的练习,使学生熟练掌握施工图预算的编制方法,提高编制施工图预算的技能,是本次建筑工程预算编制练习的目的。

一般来说,学生虽然学完了工程造价概论课程,知道了预算的编制内容、主要步骤和方法,也做了一些练习,但是,对预算的整体性把握还不够,具体表现在拿到一套新的图纸后对如何列项、如何计算工程量还有些不知从何下手的感觉。

通过建筑工程预算编制练习,可以使学生在较短的时间内全面、全过程地集中精力编制建筑工程预算,使学生在理论知识学习的基础上,通过实训的操作将所学知识转化为编制建筑工程预算的技能。

二、练习依据

①计价定额:××省建筑工程计价定额、××省建设工程费用定额。

②施工图纸:××工程建筑施工图、结构施工图。

③材料价格:当地现行材料价格。

④施工组织设计。

⑤各项费用的计算均按有关规定计算。

三、练习内容与要求

序　号	内　容	要　求
1	列项	全面反映图纸设计内容,符合预算定额规定
2	基数计算	视具体工程施工图来确定、计算"三线一面"
3	门窗明细表填写计算	按表格要求内容填写计算
4	圈、过、挑梁明细表填写计算	按表格要求内容填写计算

续表

序 号	内 容	要 求
5	工程量计算	工程量计算、算式力求简洁清晰
6	钢筋工程量计算	按钢筋计算表格式要求填写计算
7	套预算定额及定额换算	按表格要求直接套用定额编号和基价,需要换算的按规定在单价换算表中进行定额基价换算及换后内容分析
8	定额直接工程费计算及工、料分析	按定额直接工程费计算表格式要求填写、计算、分析
9	工料汇总表	按品种、规格分类汇总,并在备注中注明分部用量
10	单项材料价差调整表	按单项材料价差调整表要求填写计算
11	工程造价计算	根据有关资料按照费用计算程序和标准正确计算
12	技术经济指标分析	按表格要求分析填写计算
13	编写说明、填写封面	编写编制说明等,按要求认真填写封面内容

四、练习指导

1.列项

一份完整的建筑工程预算,应该有完整的分项工程项目。分项工程项目是构成单位工程预算的最小单位。一般情况下,我们说编制的预算出现了漏项或重复项目,就是指漏掉了分项工程项目或有些项目重复计算了。

1)建筑工程预算项目完整性的判断

每个建筑工程预算的分项工程项目包含了完成这个工程的全部实物工程量。因此,首先应判断按施工图计算的分项工程量项目是否完整,即是否包括了实际应完成的工程量。另外,计算出分项工程量后还应判断套用的定额是否包含了施工中这个项目的全部消耗内容。如果这两个方面都没有问题,则单位工程预算的项目是完整的。

2)列项的方法

建筑工程预算列项的方法是指按什么样的顺序把这个预算完整的项目列出来。一般常用以下几种方法进行列项:

（1）按施工顺序

按施工顺序列项比较适用于基础工程。例如砖混结构的建筑,其基础施工顺序依次为平整场地→基础土方开挖→浇灌基础垫层→基础砌筑→基础防潮层或地圈梁→基础回填夯实等,不可随意改变施工顺序,必须依次进行。因此,基础工程项目按施工顺序列项,可避免漏项或重项,保证基础工程项目的完整性。

（2）按预算定额顺序

由于预算定额一般包含了工业与民用建筑的基本项目,所以我们可以按照预算定额的分部分项项目的顺序翻看定额项目内容进行列项,若发现定额项目中正好有施工图设计的内容,就列出这个项目,没有的就翻过去。这种方法比较适用于主体工程。

（3）按图纸顺序

以施工图为主线,对应预算定额项目,施工图翻完,项目即列完。比如,首先根据图纸设计说明,将说明中出现的项目与预算定额项目对号入座后列出,然后再按施工图顺序一张一张地搜索清楚,遇到新的项目就列出,直到把全部图纸看完。

（4）按适合自己习惯的方式列项

列项可以按上面说的一种方法,也可以将几种方法结合在一起使用,还可以按自己的习惯方式列项,比如,按统筹法计算工程量的顺序列项等。

总之,列项的方法没有严格的界定,无论采用什么方式方法列项,只要满足列项的基本要求即可。

列项的基本要求是:全面反映设计内容,符合预算定额的有关规定,做到项目的列制不重不漏。

2.工程量计算

工程量计算是施工图预算编制的重要环节。一份单位工程施工图预算是否正确,主要取决于两个因素:一是工程量,二是定额基价。因为定额直接工程费是这两个因素相乘后的总和。

工程量计算应严格执行工程量计算规则,在理解计算规则的基础上,列出算式,计算出结果。因此在计算工程量时,一定要认真学习和理解计算规则,掌握常用项目的计算规则,有利于提高计算速度和计算的准确性。

计算结果以 t 为计算单位的可保留 3 位小数,土方以 m^3 为单位可保留整数,其余项目工程量均可保留 2 位小数。

3.预算定额的应用

1）定额套用提示

定额套用包括直接使用定额项目中的基价、人工费、机械费、材料费,各种材料用量及各种机械台班使用量。

当施工图设计内容与预算定额的项目内容一致时,可直接套用预算定额。在编制建筑工程预算的过程中,大多数分项工程项目可以直接套用预算定额。

套用预算定额时,应注意以下几点:

①根据施工图、设计说明、标准图作法说明,选择预算定额项目。

②应从工程内容、技术特征和施工方法上仔细核对,才能较准确地确定与施工图相对应的预算定额项目。

③根据施工图所列出的分项工程名称、内容和计量单位要与预算定额项目相一致。

2）定额换算提示

在编制建筑工程预算时,当施工图中出现的分项工程项目不能直接套用预算定额时,就产生了定额换算问题。为了保持原定额水平不变,预算定额的说明中规定了有关换算原则,一般包括:

①若施工图设计的分项工程项目中的砂浆、混凝土强度等级与定额对应项目不同时,允许按定额附录的砂浆、混凝土配合比表的用量进行换算,但配合比表中规定的各种材料用量不得调整。

②预算定额中的抹灰项目已考虑了常规厚度,各层砂浆的厚度一般不作调整,如果设计有特殊要求,定额中的各种消耗量可按比例调整。

是否需要换算,怎样换算,必须按预算定额的规定执行。

4.直接费计算

直接费由直接工程费(人工费、材料费、机械费)、措施费等内容构成。

在工程量计算完成后,通过套用定额,在定额直接工程费计算表中完成定额直接工程费的计算。

5.材料分析及汇总

其计算表达式为：

$$分项工程各项材料用量 = 分项工程量 \times 分项工程定额各项材料用量$$

$$单位工程各项材料用量 = \sum 分项工程各项材料用量$$

6.材料价差调整

由于材料价格具有地区性和时间性，因此，每个工程都需要调整材料价差。材料价差是指工程所在地执行的材料单价与预算定额中取定的材料单价之差，应根据材料汇总表中汇总的材料，按照地区有关规定进行材料价差的调整计算。调整的方法如下：

（1）单项材料价差调整

$$单位工程单项材料价差调整金额（元） = \sum 单位工程某项材料汇总量 \times \left(现行工程材料单价 - 预算定额中材料单价 \right)$$

（2）综合系数调整材料价差

$$单位工程采用综合系数调整材料价差的金额（元） = 单位工程定额材料费 \left(或定额直接费 \right) \times 材料价差调整系数$$

7.工程造价计算

1）取费基础

（1）以定额人工费为取费基础

$$各项费用 = 单位工程定额人工费 \times 费率$$

（2）以定额直接工程费为取费基础

$$各项费用 = 单位工程定额直接工程费 \times 费率$$

2）取费项目的确定

①国家、地方有关费用项目的构成和划分。

②地方费用定额中规定的各项取费内容。

③本工程实际发生的应该计取的费用项目。

3）取费费率

按照费用定额中规定的条件和标准确定。

4）费用计算

各项费用的计算方法、计算程序依据费用定额的规定执行。

8.编写编制说明

1）编制说明的内容

完成以上建筑工程预算的编制内容后，要写出编制说明。编制说明一般从以下几个方面编写：

（1）编制依据

①采用的××工程施工图、标准图、规范等。

②××省（市）××年建筑工程预算定额、费用定额等。

③有关合同，包括工程承包合同、购货合同、分包合同等。

④有关人工、材料、机械台班价格等。

⑤取费标准的确定。

（2）有关说明

编制说明中应包括采用的施工方案、基础工程计算方法、图纸中不明确的问题处理方法、土方、构件运输方式及运距,暂定项目工程量的说明,暂定价格的说明,采用垂直运输机械的说明等。

2）编写说明中对各种问题处理的写法

（1）图纸表述不明确时

当图纸中出现含糊不清的问题时,可以写"××项目暂按××尺寸或做法计算""暂按××项目列项计算"等。

（2）价格未确定时

当某种价格没有明确时,自己可以暂按市场价确定一个价格,以便完成预算编制工作,这时可以写"××材料暂按市场价××元计算""暂按××工程上的同类材料价格××元计算"等。

（3）合同没有约定

当出现的项目在合同中没有约定时,可以写"按××文件规定,计算了××项目按××工程做法,增加了××项目"等。

五、时间安排

序　号	工作内容	时间（d）
1	工程量计算	1
2	套预算定额及定额换算	0.3
3	定额直接工程费计算及工、料分析	0.5
4	单项材料价差调整表、工程造价计算	0.2
	小　计	2

工程量清单编制指导书

一、编制依据

①××工程招标文件。

②《建设工程工程量清单计价规范》《房屋建筑与装饰工程工程量计算规范》。

③施工图纸:××工程建筑施工图。

④工程地点:××市区。

⑤工程量清单有关表格。

二、编制内容

①计算分部分项清单项目工程量。

②计算和确定措施项目清单工程量。

③确定其他项目清单数量,编写说明和填写工程量清单封面。

三、步骤与方法

（1）分部分项清单工程量项目列项和确定清单工程量

根据××工程招标文件、《建设工程工程量清单计价规范》《房屋建筑与装饰工程工程量计算规范》和××工程施工图,列出分部分项清单工程量项目和计算清单工程量。

（2）措施项目清单项目列项和确定清单工程量

根据××工程招标文件、《建设工程工程量清单计价规范》《房屋建筑与装饰工程工程量计算规范》和××工程施工图,列出措施项目清单项目和确定清单工程量。

（3）其他项目清单列项和确定清单数量

根据××工程招标文件、《建设工程工程量清单计价规范》《房屋建筑与装饰工程工程量计算规范》和××工程施工图,列出其他项目清单列项并确定清单数量。

（4）填写分部分项工程量清单表

根据《房屋建筑与装饰工程工程量计算规范》、分部分项清单工程量项目编码和清单工程量,填写分部分项工程量清单表。

（5）填写措施项目清单表

根据《建设工程工程量清单计价规范》《房屋建筑与装饰工程工程量计算规范》中措施项目编码和清单工程量,填写措施项目清单表。

（6）填写其他项目清单表

根据《建设工程工程量清单计价规范》《房屋建筑与装饰工程工程量计算规范》中其他项目编码和清单工程量,填写其他项目清单表。

（7）填写工程量清单封面

根据××工程招标文件、《建设工程工程量清单计价规范》《房屋建筑与装饰工程工程量计算规范》和××工程施工图,填写工程量清单封面。

四、时间安排

序　号	工作内容	时间（d）
1	计算分部分项清单项目工程量	1.0
2	计算和确定措施项目清单工程量	0.2
3	确定其他项目清单数量,编写说明和填写工程量清单封面	0.2
	小　计	1.4

工程量清单报价编制指导书

一、编制依据

①××工程招标文件。

②××工程建筑、工程量清单。

③《建设工程工程量清单计价规范》《房屋建筑与装饰工程工程量计算规范》。

④计价定额:××省建筑工程计价定额或预算定额、××省措施项目费、规费费率。

⑤施工图纸:××工程施工图。

⑥材料价格:当地现行材料价格。

⑦工程地点:××市区。

⑧有施工场地。

⑨按规定调整人工费、机械费。

二、编制内容

①计价工程量计算。

②分部分项工程量清单综合单价分析。

③措施项目综合单价分析。

④计算分部分项工程量清单计价表。

⑤计算其他项目清单计价表。

⑥计算规费、税金项目清单目计价表。

⑦填写单位工程投标报价汇总表。

⑧填写单项工程投标报价汇总表。

⑨汇总主要材料价格。

⑩编写总说明。

⑪填写投标总价封面。

三、步骤与方法

（1）计价工程量计算

根据××工程清单工程量、××省建筑预算定额、《建设工程工程量清单计价规范》《房屋建筑与装饰工程工程量计算规范》,计算建筑工程计价工程量。

（2）分部分项工程量清单综合单价分析与确定

根据清单工程量、计价工程量、人工和材料市场价、管理费率、利润率,自主确定建筑工程各分部分项工程量清单综合单价。

（3）计算分部分项工程量清单费

根据分部分项清单工程量和分部分项清单综合单价,计算建筑工程工程分部分项工程量清单费。

（4）单价措施项目综合单价分析与确定

根据单价措施项目的工程量清单分析和确定综合单价。

（5）计算措施项目清单费

根据总价措施项目的项目及安全文明费率,分析和确定建筑工程工程的单价措施项目的费用;根据总价措施项目的工程量清单和综合单价,计算总价措施项目的清单项目费。

（6）计算其他项目清单费

按招标文件要求填写暂列金额、材料暂估价、专业工程暂估价、计日工表;根据招标文件规定和有关条件计算总承包服务费。

（7）计算规费、税金

根据建筑工程的分部分项工程量清单综合单价计算表和搬迁房工程量清单,分别计算分部分项工程量清单计价表。

（8）汇总主要材料价格

根据分部分项工程量清单综合单价计算表,汇总建筑工程工程的主要材料价格。

（9）填写单位工程投标报价汇总表

根据建筑工程的分部分项工程量清单计价表、措施项目清单计价表、其他项目清单计价表、规费和税金项目清单计价表,分别填写单位工程费汇总表。

（10）填写单项工程投标报价汇总表

根据建筑工程的单位工程投标报价汇总表,填写单项工程投标报价汇总表。

（11）编写投标报价总说明

根据招标文件、工程量清单、施工图和有关资料,编写投标报价总说明。

（12）填写投标总价封面

根据单项工程投标报价汇总表和有关资料,填写投标总价封面。

四、招标文件及计算规费的有关规定

①暂列金额:建筑工程_____万元。

②安全文明施工费:人工费×_____%。

③养老保险费:人工费×_____%。

④失业保险费:人工费×_____%。

⑤医疗保险费:人工费×_____%。

⑥住房公积金:人工费×_____%。

⑦危险作业意外伤害保险:人工费×_____%。

⑧工程在市区的税率:3.48%。

五、时间安排

序　号	工作内容	时间（d）
1	计价工程量计算	0.5
2	分部分项工程量清单综合单价分析	0.5
3	计算分部分项工程量清单计价表	0.2
4	计算措施项目、其他项目清单计价表	0.2
5	计算规费、税金项目清单计价表	0.2
	小　计	1.6

11.3 综合练习项目

根据××车库工程施工图、清单计价规范、预算定额、各种表格和有关依据,按下列要求完成练习任务。

一、建筑工程预算编制

（1）工作目标

根据给定的施工图,编制建筑工程施工图预算。

（2）要求

按练习指导书指定的建筑工程定额、建筑材料单价、人工单价、机械台班单价、费用定额、费用计算程序编制预算。

（3）考核点

①分项工程项目的完整性。

②钢筋工程量计算的准确性。

③工程量计算式的规范性。

④定额套用的合理性。

⑤直接费计算和工料分析的正确性。

⑥费用计算的符合性。

⑦预算书装订的完整性、规范性。

二、建筑工程工程量清单编制

（1）工作目标

根据给定的施工图、《建设工程工程量清单计价规范》《房屋建筑与装饰工程工程量计算规范》和招标文件，编制建筑工程工程量清单。

（2）要求

按《房屋建筑与装饰工程工程量计算规范》的分部分项工程量和措施项目清单的编码、项目名称、项目特征、计算规则、编制建筑工程工程量清单。

（3）考核点

①清单项目的完整性。

②清单项目计算式的规范性。

③清单项目的完整性。

④清单书装订的完整性、规范性。

三、建筑工程工程量清单报价编制

（1）工作目标

根据给定的施工图、《建设工程工程量清单计价规范》《房屋建筑与装饰工程工程量计算规范》、招标文件，编制建筑工程工程量清单报价。

（2）要求

按练习指导书指定的建筑工程计价定额、工料机市场指导价、取费文件、清单报价计算程序，编制建筑工程工程量清单报价。

（3）考核点

①定额工程量项目计算的完整性。

②综合单价分析的准确性。

③分部分项工程量清单费计算的规范性。

④措施项目清单费计算的合理性。

⑤规费计算的正确性。

⑥投标报价计算的准确性。

⑦工程量清单报价书装订的完整性、规范性。

四、车库工程施工图

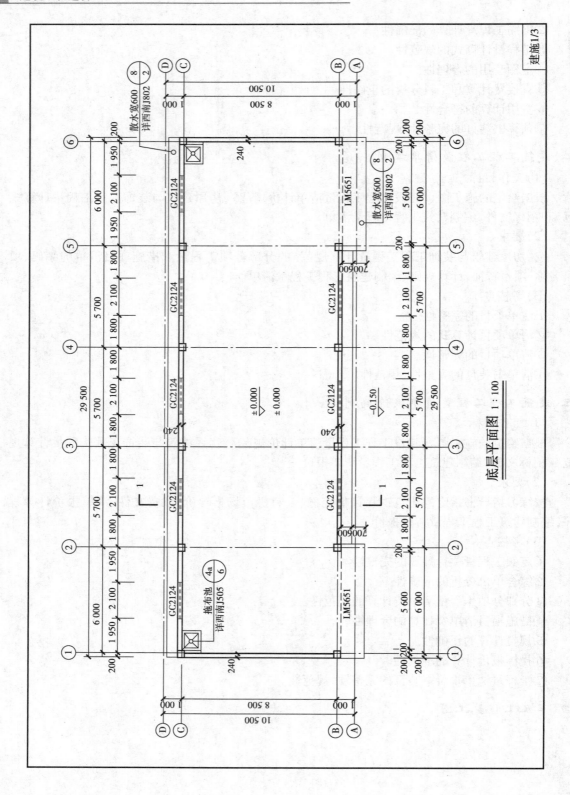

底层平面图 1 : 100

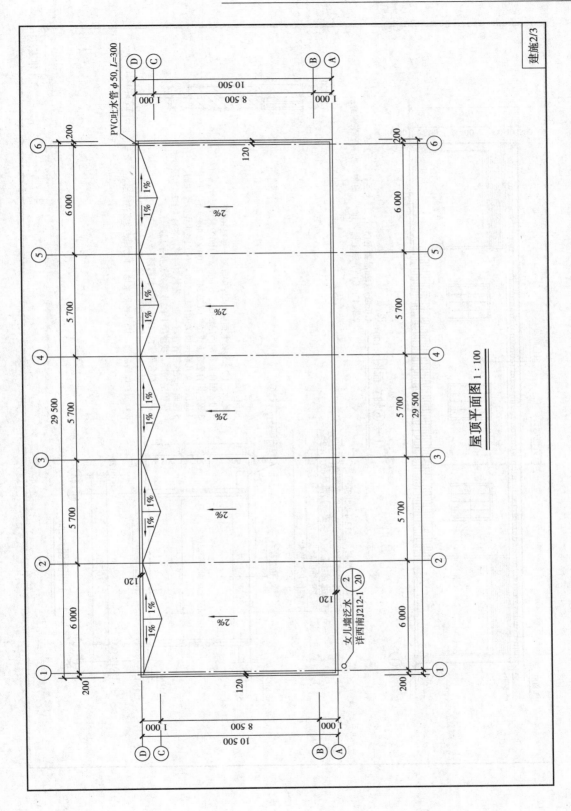

屋顶平面图 1∶100

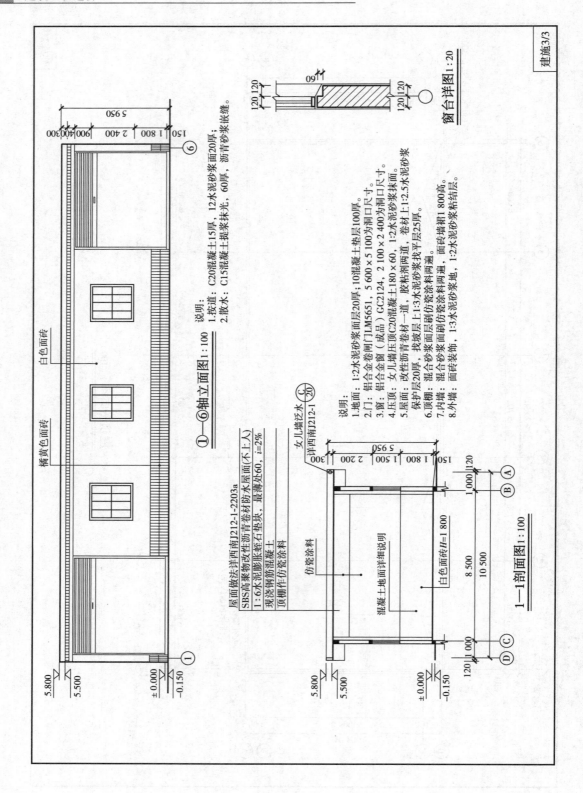

窗台详图1:20

①—⑥轴立面图1:100

说明:
1.坡道: C20混凝土15厚,12水泥砂浆面20厚;
2.散水: C15混凝土提浆抹光, 60厚, 沥青砂浆嵌缝。

1—1剖面图1:100

说明:
1.地面: 1:2水泥砂浆面层20厚;10混凝土垫层100厚。
2.门: 铝合金卷闸门LM5651, 5 600×5 100为洞口尺寸。
3.窗: 铝合金窗(成品)GC2124, 2 100×2 400为洞口尺寸。
4.压顶: 女儿墙压顶C20混凝土180×60, 1:2水泥砂浆抹面。
5.屋面: 改性沥青卷材一道, 胶粘剂涂两遍, 卷材上1:2.5水泥砂浆
保护层20厚, 找坡层上1:3水泥砂浆找平层25厚。
6.顶棚: 混合砂浆面层刷仿瓷涂料两遍。
7.内墙: 混合砂浆面层刷仿瓷涂料两遍。面砖墙裙1 800高。
8.外墙: 面砖装饰, 1:3水泥砂浆地, 1:2水泥砂浆结层。

屋面做法洋西南J212-1-2203a
SBS高聚物改性沥青卷材屋面(不上人)
1:6水泥膨胀蛭石垫块, 最薄处60, i=2%
现浇钢筋混凝土
顶棚作仿瓷涂料

仿瓷涂料

女儿墙泛水 L/20

混凝土地面详细说明

白色面砖H=1 800

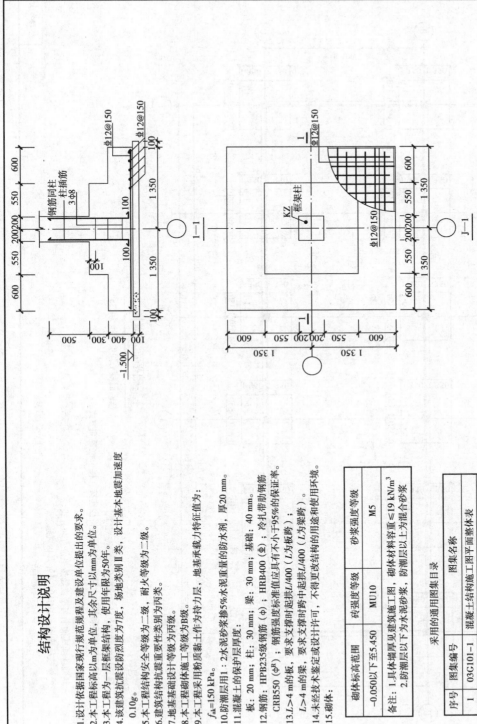

结构设计说明

1.设计依据国家现行规范规程及建设单位提出的要求。

2.本工程高程以m为单位，其余尺寸以mm为单位。

3.本工程为一层框架结构，使用年限为50年。

4.该建筑抗震设防烈度为7度，场地类别为Ⅱ类，设计基本地震加速度0.10g。

5.本工程结构安全等级为二级，耐火等级为二级。

6.建筑结构抗震重要性等级为丙类。

7.地基基础设计等级为B级。

8.本工程砌体施工质量控制等级为B级。

9.本工程采用粉质黏土作为持力层，地基承载力特征值为：f_{ak}=150 kPa。

10.防潮层用1：2水泥砂浆掺5%水泥重量的防水剂，厚20 mm。

11.混凝土的保护层厚度：
    板：20 mm；柱：30 mm；梁：30 mm；基础：40 mm。

12.钢筋：HPB235级钢筋（φ）；HRB400（Φ）；冷扎带肋钢筋CRB550（φ^R）；钢筋强度标准值应具有不小于95%的保证率。

13.L>4 m的板，要求支撑时起拱L/400（L为板跨）；
    L>4 m的梁，要求支撑时跨中起拱L/400（L为梁跨）。

14.未经技术鉴定或设计许可，不得更改结构的用途和使用环境。

15.砌体：

砌体标高范围	砖强度等级	砂浆强度等级
-0.050以下至5.450	MU10	M5

备注：1.具体墙厚见建筑施工图。
2.防潮层以下为水泥砂浆，防潮层以上为混合砂浆。
砌体材料容重≤19 kN/m³

采用的通用图集目录

序号	图集编号	图集名称
1	03G101-1	混凝土结构施工图平面整体表
2	西南03G301	钢筋混凝土过梁
		选用标准图的构件及节点时应同时按照标准图说明施工

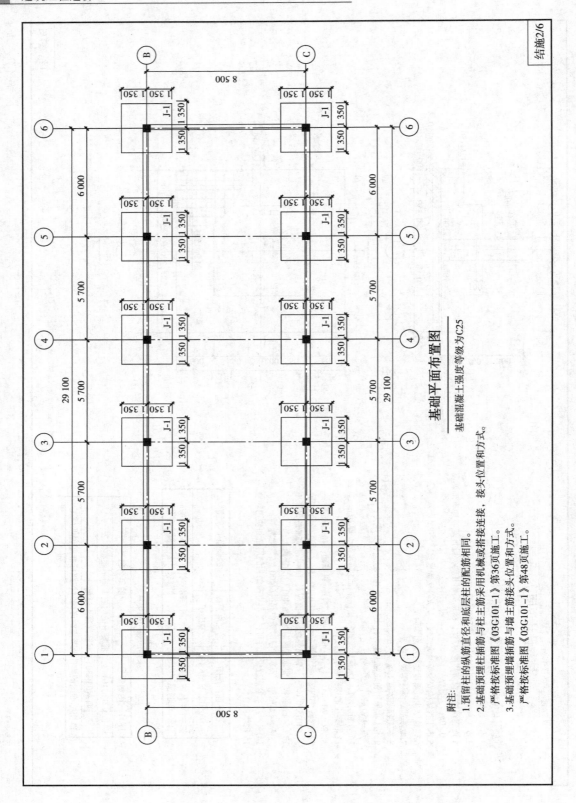

基础平面布置图

基础混凝土强度等级为C25

附注:
1.预留柱的纵筋首径和底层柱的配筋相同。
2.基础顶预埋柱插筋与柱主筋采用机械或搭接连接,接头位置和方式。
严格按标准图《03G101-1》第36页施工。
3.基础预埋墙插筋与墙主筋接头位置和方式。
严格按标准图《03G101-1》第48页施工。

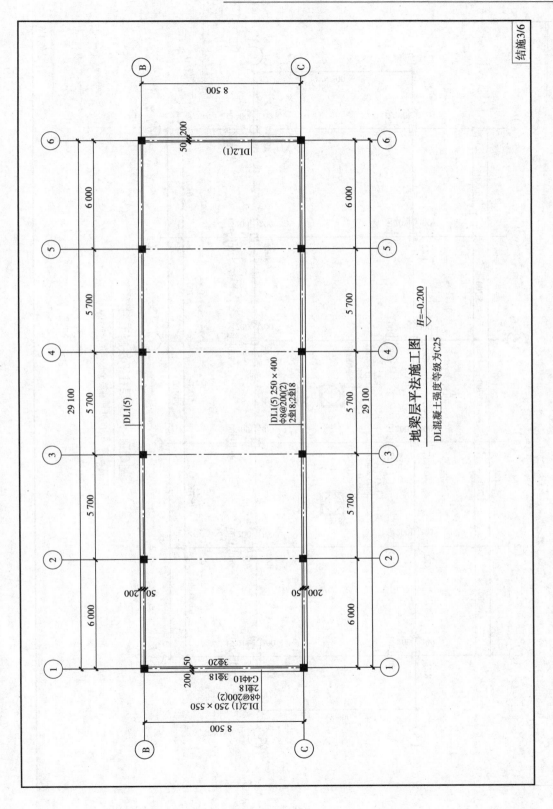

地梁层平法施工图

$\overset{\nabla}{\underset{}{}} H=-0.200$

DL混凝土强度等级为C25

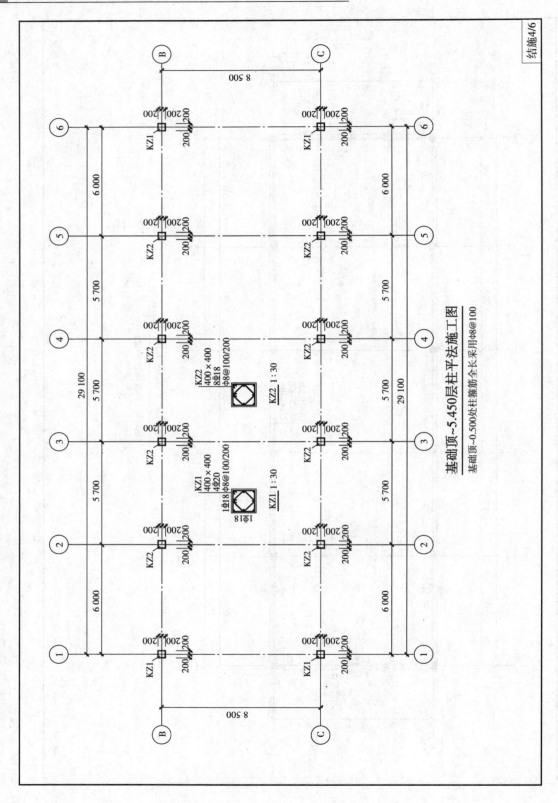

基础顶~5.450层柱平法施工图

基础顶~-0.500处柱箍筋全长采用φ8@100

结施4/6

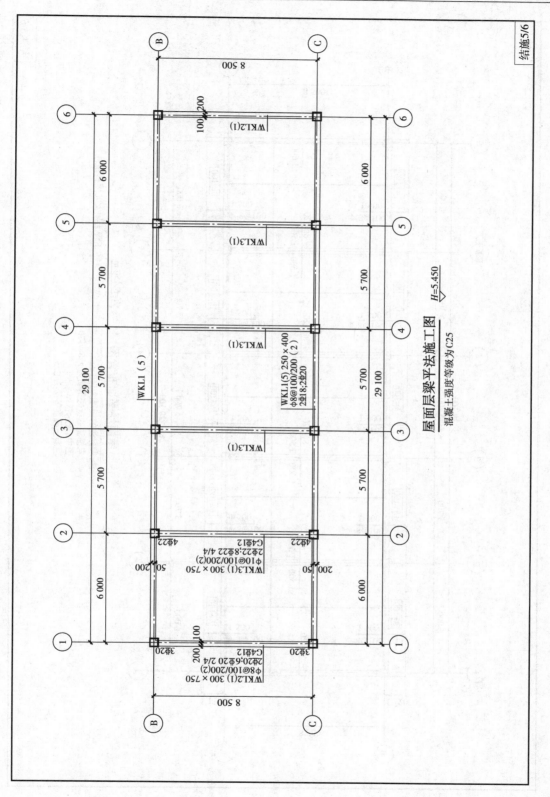

结施5/6

屋面层梁平法施工图

∇ _H=5.450_

混凝土强度等级为C25

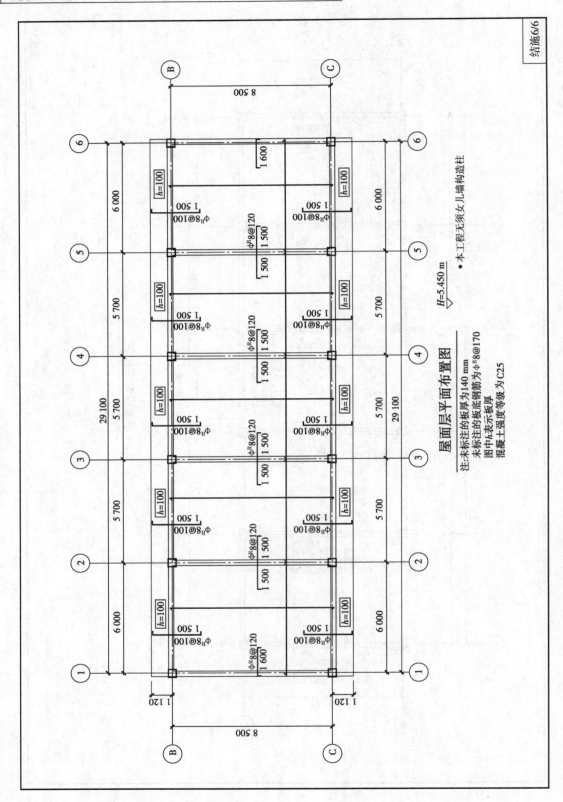

屋面层平面布置图

注:未标注的板厚为140 mm
未标注的板底钢筋为 φ^R8@170
图中 h 表示板厚
混凝土强度等级为C25

● 本工程无须女儿墙构造柱

参考文献

[1] 中华人民共和国国家标准.GB 50500—2013 建设工程工程量清单计价规范[S].北京:中国计划出版社,2013.

[2] 中华人民共和国国家标准.GB 50854—2013 房屋建筑与装饰工程工程量计算规范[S].北京:中国计划出版社,2013.

[3] 中华人民共和国建筑标准图集.11G101—1 混凝土结构施工图平面整体表示方法制图规则和构造详图[S].北京:中国计划出版社,2011.

[4] 袁建新.企业定额编制原理与实务[M].北京:中国建筑工业出版社,2003.

[5] 袁建新,迟晓明.施工图预算与工程造价控制[M].2版.北京:中国建筑工业出版社,2008.

[6] 袁建新,朱维益.建筑工程识图及预算快速入门[M].3版.北京:中国建筑工业出版社,2015.

[7] 袁建新.袖珍建筑工程造价计算手册[M].3版.北京:中国建筑工业出版社,2015.

[8] 袁建新.建筑工程计量与计价[M].2版.北京:人民交通出版社,2009.

[9] 袁建新.工程造价管理[M].北京:高等教育出版社,2005.

[10] 袁建新.市政工程计量与计价[M].北京:中国建筑工业出版社,2008.

[11] 袁建新.工程造价概论[M].2版.北京:中国建筑工业出版社,2012.

[12] 袁建新,迟晓明.建筑工程预算[M].6版.北京:中国建筑工业出版社,2018.

[13] 袁建新.工程量清单计价[M].5版.北京:中国建筑工业出版社,2018.

[14] 袁建新.工程造价综合实训[M].北京:中国建筑工业出版社,2011.

[15] 袁建新.高级建筑装饰工程预算与估价[M].北京:中国建筑工业出版社,2002.

[16] 袁建新.建筑工程概预算[M].北京:中国建筑工业出版社,1998.

[17] 袁建新.建筑装饰工程预算[M].4版.北京:科学出版社,2018.